教科書の公式ガイドブック

教科書ガイド

東京書籍 版

新しい科学

完全準拠

中学理科

2年

教科書の内容がよくわかる

編集発行 あすとろ出版

もくじ

この本の内容

この本は，東京書籍の教科書「新しい科学」にピッタリ合わせてつくられていますので，授業の予習・復習や定期テスト対策が効率的にできるようになっています。
この本は次の❶～❻を中心に構成されています。

❶「**要点のまとめ**」で教科書の内容を簡潔でわかりやすく説明しています。
❷‘**調べよう**’‘**学びをいかして考えよう**’などの教科書の中の問いかけで，重要なものについて解答例や解説を示しています。また，実験や観察についても解説しています。
❸教科書に出ている問題（**学んだことをチェックしよう・確かめと応用・確かめと応用［活用編］**）については全て解答例を示し，必要に応じて解説を加えています。
❹つまずきやすい内容について「**定着ドリル**」を設けています。
❺教科書と同じ動画やシミュレーションが見られる「**二次元コード**」を掲載しています。
　＊二次元コードに関するコンテンツの使用料はかかりませんが，通信費は自己負担となります。
❻章末に「**定期テスト対策**」を設けています。定期テストによく出る問題で構成しています。

この本の使い方・役立て方

学校の授業に合わせて上記の❶～❺の内容を，予習あるいは復習で学習するようにしましょう。教科書のページ番号を各所に示していますので，教科書を見ながら学習すればより理解が深まります。

また，定期テストが近づいてきたら，❻の「**定期テスト対策**」に取り組むとともに，テスト範囲の❶～❺の内容についても，もう一度確認しておきましょう。

この本を最大限活用することで，皆さんが理科を好きになり，得意教科にしてくれることを願っています。

単元 1 化学変化と原子・分子

この単元で学ぶこと

第1章　物質のなり立ち

物質が原子(げんし)・分子(ぶんし)でできていることを学ぶ。

第2章　物質どうしの化学変化

化学変化(かがくへんか)を化学反応式(かがくはんのうしき)で表すことができるようになる。

第3章　酸素がかかわる化学変化

燃焼(ねんしょう)とは物質が酸素と結びつくことであることを理解する。また，酸化物(さんかぶつ)から酸素をとって，金属をとり出す方法を学ぶ。

第4章　化学変化と物質の質量

物質が化学変化したときの前後の質量を調べ，質量保存(しつりょうほぞん)の法則(ほうそく)がなり立つことを学ぶ。さらに，物質と物質が結びつくときの質量の割合を調べ，その決まりを理解する。

第5章　化学変化とその利用

化学変化において熱の出入りがあることを実験で確かめ，生活のなかで化学変化がどのように利用されているかを学ぶ。

第1章 物質のなり立ち

これまでに学んだこと

▶**物質が水にとけるようす**(中1)　物質を水にとかすと，顕微鏡でも見えないほど小さな粒子になり，水がその粒子の間に均一に入りこむ。そのため，物質が水にとけると，次のような状態になる。

①液が透明になる。

②液のこさはどの部分も同じになる。

③時間がたっても液のこさはどの部分も変わらない。

▶**金属の性質**(中1)

①金属光沢をもつ。

②電気をよく通し，熱をよく伝える。

③引っ張ると細くのび(延性)，たたくとのびてうすく広がる(展性)。

▶**状態変化**(中1)　温度によって，物質の状態が固体⇄液体⇄気体と変化すること。物質によっては，直接，固体から気体に，あるいは，気体から固体に変化する物もある。

▶**状態変化と粒子のモデル**(中1)　固体→液体→気体と状態変化するにつれて，**粒子の運動が激しくなり，粒子と粒子の間が広がって体積が大きくなるが，粒子の数そのものは変化しないので，質量は変化しない**。状態変化では，物質がなくなったり別の物質に変化したりすることはない。(**水は例外**で，固体から液体になると，質量は変化しないが体積が小さくなる。)

▶**気体の性質の調べ方**(中1)

・水素…マッチの火を近づけると，ポンと音を立てて水素が燃える。

・酸素…火のついた線香を入れると，線香が炎を出して激しく燃える。

●**物質が水にとけるようす**
(砂糖が水にとけるようすを表したモデル)

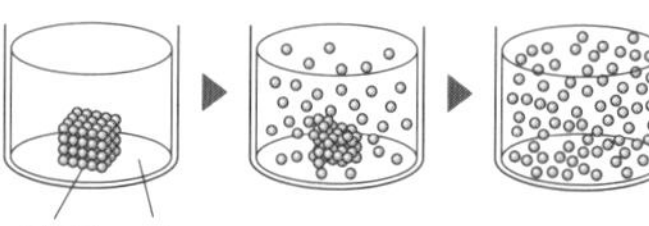

●**状態変化と粒子のモデル**

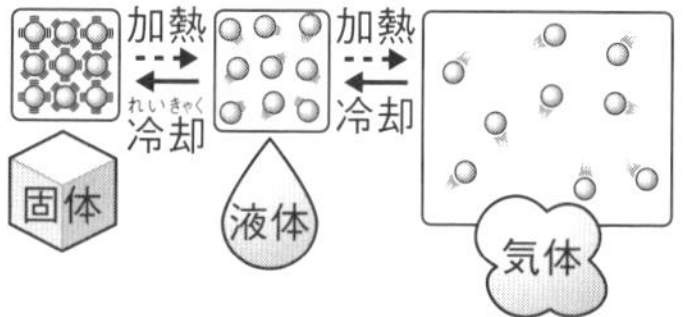

氷が水にうかぶのは，液体の水より固体の氷の方が密度が小さいからだったね。

第1節 ホットケーキの秘密

要点のまとめ

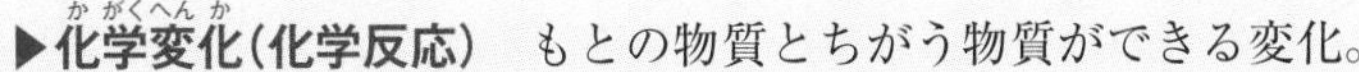

▶**化学変化（化学反応）** もとの物質とちがう物質ができる変化。

▶**分解** 1種類の物質が，2種類以上の物質に分かれる化学変化。

物質A ⟶ 物質B ＋ 物質C ＋ 物質D ＋ …

▶**炭酸水素ナトリウムの分解** **炭酸水素ナトリウムを熱すると，炭酸ナトリウムと二酸化炭素と水に分解される。**

炭酸水素ナトリウム ⟶ 炭酸ナトリウム ＋ 二酸化炭素 ＋ 水

・試験管Aの内側の液体…**水（塩化コバルト紙が青色から桃色に変わる）**

・試験管Bに集めた気体…**二酸化炭素（石灰水を白くにごらせる）**

・試験管Aに残った物質…**炭酸ナトリウム**

▶**酸化銀の分解** **酸化銀**（黒色）**を熱すると，銀**（白色）**と酸素に分解される。**

酸化銀 ⟶ 銀 ＋ 酸素

▶**熱分解** 炭酸水素ナトリウムや酸化銀の分解のような，加熱による分解。

●**炭酸水素ナトリウムの分解**

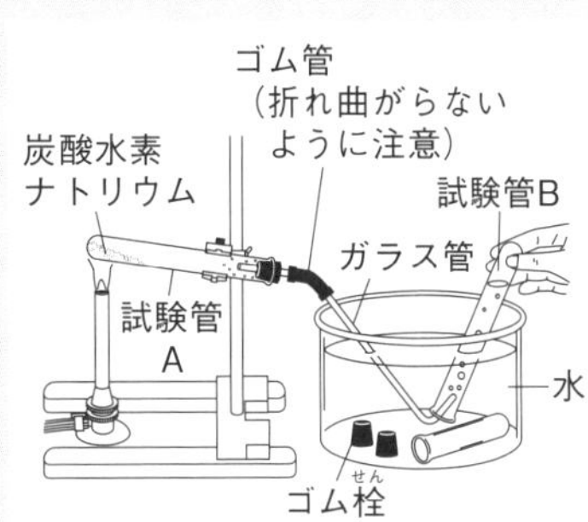

・試験管Aの口を底よりもわずかに下げる。

・ガスバーナーの火を消す前に，ガラス管の先を水の中から出す。

●**酸化銀の分解**

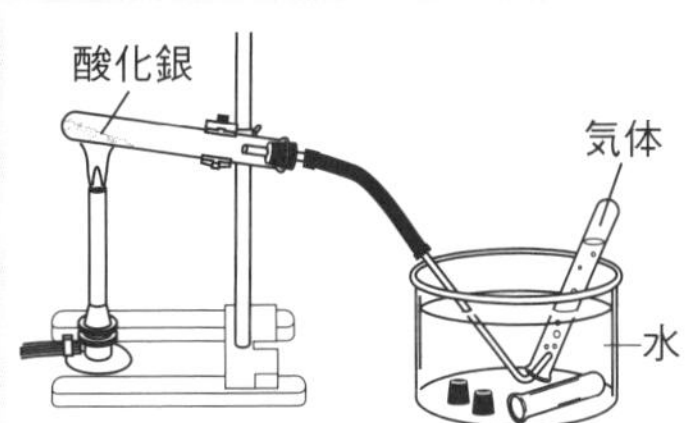

・熱したあとは白くなり，これをみがくと光る。（銀ができた。）

・集めた気体に火のついた線香を入れると，線香が炎を出して燃える。出てきた気体は酸素。

実験 1

炭酸水素ナトリウムを加熱したときの変化

○ **実験のアドバイス**

・炭酸水素ナトリウムを熱すると，試験管の内側に液体がつく。この液体が試験管の加熱部分に流れると，試験管が割れることがあるので，**試験管の口を底よりもわずかに下げる**。

・発生した気体を集めるとき，初めのうちは，加熱している試験管の中にあった空気が出てくるので，１本目は使わずに捨てる。

・水槽（すいそう）の水が，加熱した試験管に逆流して試験管が割れるのを防ぐため，**ガスバーナーの火を消す前に，ガラス管の先を水の中から出す**。

・**塩化コバルト紙は，水にふれると青色から桃色に変わる**ので，水があるかを確かめるために使う。

・フェノールフタレイン溶液は，アルカリ性の水溶液に入れると赤くなる。アルカリ性が強いほど，色はこくなる。

○ **結果の見方**

●③～⑦で，どのような変化が見られたか。

③白くにごった。　④線香の火が消えた。　⑤変化は見られなかった。

⑥青色の塩化コバルト紙が桃色に変化した。

⑦

	加熱前（炭酸水素ナトリウム）	試験管の底に残った物質
見た目	白い粉末	白い粉末
水へのとけ方	少しとける	よくとける
フェノールフタレイン溶液との反応	うすい赤色（弱いアルカリ性）	赤色（強いアルカリ性）

○ **考察のポイント**

●発生した気体や液体は何だと考えられるか。

発生した気体…二酸化炭素　熱した試験管の内側についた液体…水

●加熱後に試験管の底に残った物質は，炭酸水素ナトリウムと同じ物質か。

熱した試験管の底に残った物質は，加熱前の炭酸水素ナトリウムとは別の物質であり，この物質は炭酸ナトリウムである。

●炭酸水素ナトリウムを加熱すると，どのような変化が起こったか。

炭酸水素ナトリウムを熱すると，炭酸ナトリウムと二酸化炭素と水に分解した。

教科書 p.19

調べよう

酸化銀を加熱して，どのような変化が起こるか調べてみよう。

○ **解説**

酸化銀(黒色)を熱すると，酸素と銀(白色の固体，みがくと銀色に光る)に分解する。

教科書 p.20

活用　学びをいかして考えよう

水が氷になる変化は，化学変化といえるだろうか。そのように考えた理由と合わせて説明しよう。

解答(例)

水が氷になる変化は，化学変化とはいえない。理由…水が氷になる変化は，液体から固体に状態が変化するだけで，水が別の物質に変わったり分解したりしたものではないから。

第2節　水の分解

要点のまとめ

▶電気分解　物質に電流を流して分解すること。

▶電気分解装置の使い方

・簡易型電気分解装置

①装置上部の２つのあなに軽くゴム栓をして，装置を横にたおし，背面のあなからろうとをさして，中に電気分解する液体を入れる。

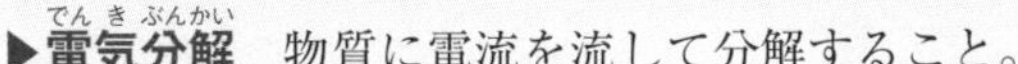

②装置の前面を液体で満たし，前面に空気が残らないように装置を立てる。

③２つの電極と電源装置をつないで，電流を流す。

・H形ガラス管電気分解装置

①電極がついたゴム栓２つを，H形ガラス管の左右の下部にそれぞれしっかりとおしこんでから，H形ガラス管をスタンドに固定する。

②ピンチコックで，H形ガラス管の下部のゴム管を閉じる。

③電気分解する液体をH形ガラス管の上部から入れ，気泡が管内に残らないように注意しながら，ゴム栓を軽くのせて，ふたをする。

④ゴム管を閉じているピンチコックを外してから，上部のゴム栓をしっかりとおしこむ。その後電流を流す。

管内にたまった気体の性質を調べるときは，電流を流すのをやめ，ピンチコックでゴム管を閉じてから行う。

▶水の電気分解

水に電流を流すと水素と酸素に分解する。水に電流を流すときは，**電流を流れやすくするために水酸化ナトリウムを少し水にとかす。**

陰極に発生する気体…水素　**陽極に発生する気体…酸素**

●H形ガラス管電気分解装置の使い方

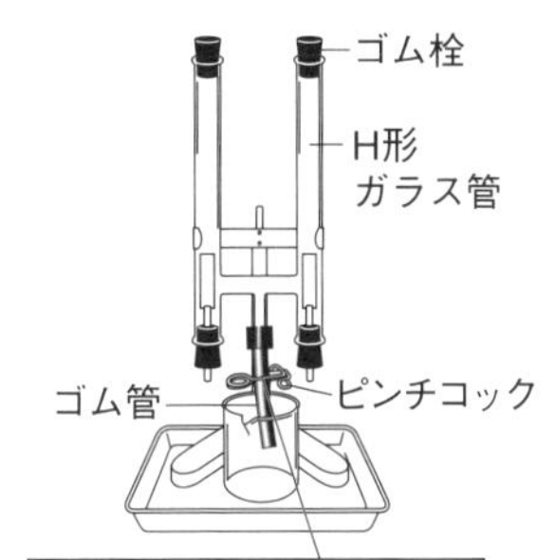

電流を流さないときはピンチコックでゴム管を閉じておく。

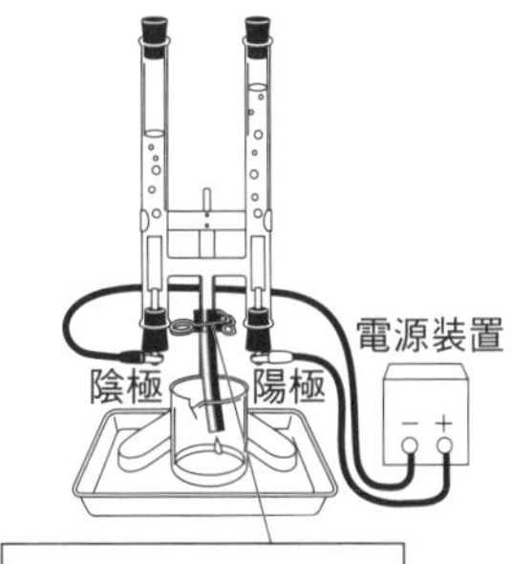

電流を流すときはピンチコックを外す。

 教科書 p.23

実験2

水に電流を流したときの変化

実験のアドバイス

・純粋な水に電流はほとんど流れない。**水に電流を流しやすくするために**，水酸化ナトリウムを少しとかす。

結果の見方

●**気体の集まった量には，どのようなちがいがあったか。**

どちらの極からも気体が発生したが，**気体の体積は陰極の方が大きかった。**

●**陰極側，陽極側で気体の性質を調べたとき，どのような変化が見られたか。**

陰極側に火のついたマッチを近づけると，ポンと音を立てて気体が燃えた。

陽極側に火のついた線香を入れると，炎を出して線香が激しく燃えた。

結果(例)

	陰極	陽極
気体の集まった量	4 cm^3	2 cm^3
集めた気体の性質	火のついたマッチを近づけると，気体がポンと音を立てて燃えた。	火のついた線香を入れると，線香が炎を出して激しく燃えた。

考察のポイント

●**陰極，陽極で発生した気体は何か。**

陰極では水素が，陽極では酸素が発生したと考えられる。

(発生した気体の体積の比は，水素：酸素＝2：1だった。)

●**水に電流を流すと，どのような変化が起こったといえるか。**

水に電流を流すと，水素と酸素に分解する。　水 ⟶ 水素 ＋ 酸素

解説

水酸化ナトリウムは分解されていないことに注意する。

教科書 p.25

活用　学びをいかして考えよう

「電気分解」は，私たちの身近なところでどのように利用されているのだろうか。本やインターネットなどを使って調べよう。

解答(例)

めっき，水素の生産，など

解説

めっきとは，金属などの固体の表面に金属の膜をかぶせて，さびにくくしたり，強度を高めたりすることである。めっきの多くは，電気分解の原理を利用して行われている。

第3節 物質をつくっているもの

要点のまとめ

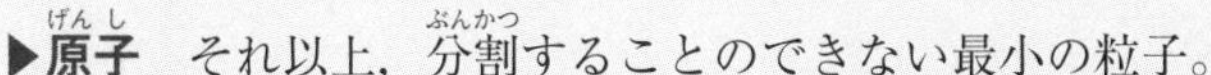

▶**原子**（げんし）　それ以上，分割（ぶんかつ）することのできない最小の粒子。

▶**原子の性質**

①化学変化によって，**原子はそれ以上に分割することができない。**

②原子の種類によって，質量や大きさが決まっている。

③化学変化によって，原子がほかの種類の原子に変わったり，なくなったり，新しくできたりすることはない。

▶**元素**（げんそ）　原子の種類。

▶**元素記号**（げんそきごう）　元素を表す1文字，または2文字のアルファベット。

〔非金属〕

元素	元素記号
水素	H
炭素	C
窒素（ちっそ）	N
酸素	O
硫黄（いおう）	S
塩素	Cl

〔金属〕

元素	元素記号
ナトリウム	Na
マグネシウム	Mg
アルミニウム	Al
カリウム	K
カルシウム	Ca
鉄	Fe
銅	Cu
亜鉛（あえん）	Zn
銀	Ag
バリウム	Ba

▶**元素の周期表**（しゅうきひょう）　元素の性質を整理した表。縦の列に化学的性質がよく似た元素が並ぶように配置されている。（教科書10～11ページ参照）

●**原子の性質**

①
銀の原子　銀の原子

②
銀の原子　銅の原子

③
銀の原子　銅の原子
銀の原子
銀の原子

●**元素記号の表し方**

鉄
読み方：「エフ，イー」
Fe
1文字目は活字体の大文字で書く。
2文字目は活字体の小文字で書く。

炭素
読み方：「シー」
C

教科書 p.29

活用　学びをいかして考えよう

教科書28ページの表１に示された元素以外に，知っている元素を元素記号で表そう。

解答(例)

金属……リチウム(Li)，チタン(Ti)，白金(Pt)，水銀(Hg)，ウラン(U)など

非金属…フッ素(F)，ネオン(Ne)，リン(P)，ヨウ素(I)など

解説

ほかに，日本で発見された元素であるニホニウム(Nh)などがある。教科書10～11ページに元素の周期表が載っているので，そちらも参照すること。

第4節　分子と化学式

要点のまとめ

▶**分子**　いくつかの原子が結びついた粒子。

▶**化学式**　元素記号を使って物質を表した式。**その物質をつくっている元素とその原子の各個数がわかる。**

●**化学式の表し方**

例：酸素(酸素分子は，酸素原子が２個結びついている。)

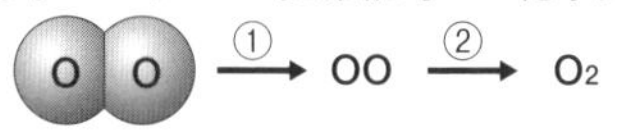

①分子のモデルを元素記号に置きかえる。

②原子をまとめ，個数を右下に小さく書く。(原子が１個の場合は，１を省略する。)

教科書 p.31

活用　学びをいかして考えよう

水分子２個にふくまれる元素とそれぞれの原子の個数について説明しよう。

解答(例)

水分子には，水素と酸素の２種類の元素がふくまれている。

また，水分子１個は，水素原子２個と酸素原子１個が結びついている。よって，水分子２個には，水素原子４個と酸素原子２個がふくまれている。

第5節 単体と化合物・物質の分類

要点のまとめ

▶**単体**（たんたい） 1種類の元素からできている物質。 例：H_2，Mg

▶**化合物**（かごうぶつ） 2種類以上の元素からできている物質。 例：H_2O，NaCl

▶**混合物**（こんごうぶつ） 2種類以上の物質が混じり合っているもの。混合物は1つの化学式で表すことができない。 例：食塩水（NaCl と H_2O）

▶**物質の分類**

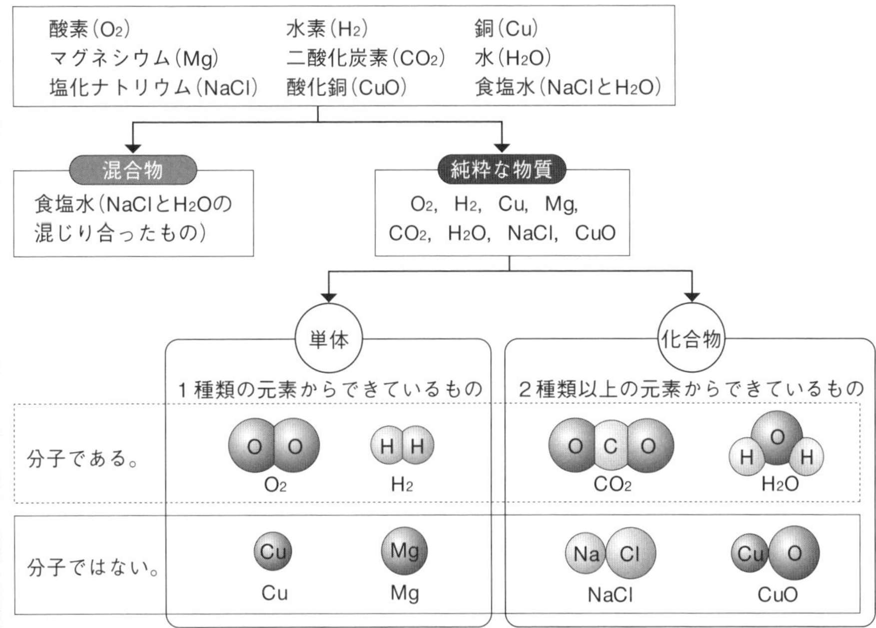

※NaCl や CuO のように，金属と非金属が結びついた化合物の場合，金属の元素記号を先に書くのが一般的である。

教科書 p.34

活用 学びをいかして考えよう

次の物質を化学式で表しながら，教科書33ページの図2のように，混合物と純粋（じゅんすい）な物質，単体と化合物に分類しよう。

アンモニア，酸化銀，窒素（ちっそ），アンモニア水，金，鉄

解答(例)

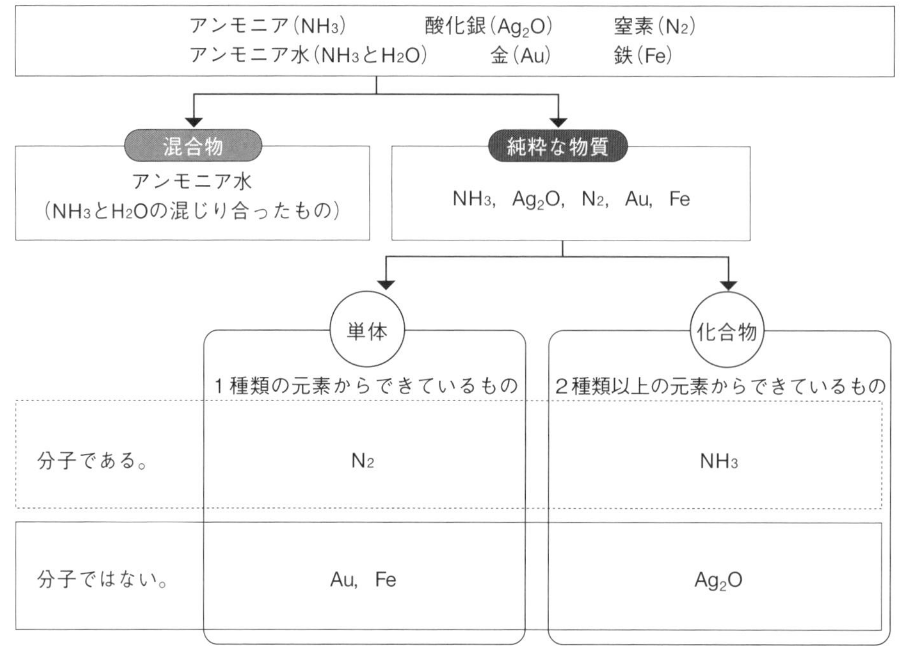

解説

まず，純粋な物質と，混合物(2種類以上の物質が混じり合っているもの)に分ける。その後，純粋な物質を単体(1種類の元素からできているもの)と化合物(2種類以上の元素からできているもの)に分ける。単体か化合物かは，化学式を見ることで判断できる。

教科書 p.34　章末　学んだことをチェックしよう

❶ ホットケーキの秘密

もとの物質とちがう物質ができる変化を(　　)といい，特に1種類の物質が2種類以上の物質に分かれる変化を(　　)という。

解答(例)

化学変化(化学反応)，分解(ぶんかい)

❷ 水の分解

物質に電流を流して分解(化学変化)することを(　　)という。

解答(例)

電気分解(でんきぶんかい)

❸ 物質をつくっているもの

物質のつくりを考えるときの最小単位の粒子を(　　)といい，その種類を(　　)という。それらの性質を整理してまとめた表を(　　)という。

● 解答(例)

原子，元素，元素の周期表

❹ 分子と化学式

(　　)は，いくつかの原子が結びついた粒子であり，物質の性質を示す最小単位である。

● 解答(例)

分子

❺ 単体と化合物・物質の分類

物質は，1種類の元素でできている(　　)と2種類以上の元素でできている(　　)に分けられる。

● 解答(例)

単体，化合物

教科書 p.34

章末　学んだことをつなげよう

炭酸水素ナトリウム($NaHCO_3$)を熱すると炭酸ナトリウム(Na_2CO_3)と水，二酸化炭素ができる。また，水は，電気分解によって酸素と水素に変化する。この2つの化学変化を原子の性質をもとに考え，「原子」，「分子」という言葉を使って説明しよう。

● 解答(例)

原子はそれ以上分割することができず，ほかの種類の原子に変わったり，なくなったり，新しくできたりすることはないので，炭酸水素ナトリウムをつくっている原子の種類(Na，H，C，O)は分解されても変わらず，その組み合わせが変わって炭酸ナトリウム(Na_2CO_3)，水分子(H_2O)，二酸化炭素分子(CO_2)になったと考えられる。同様に水分子(H_2O)をつくっている原子の種類(H，O)は分解されても変わらず，その組み合わせが変わって酸素分子(O_2)，水素分子(H_2)になったと考えられる。

教科書 p.34

Before & After

物質は何からできているだろうか。

● 解答(例)

原子というそれ以上分割することのできない粒子からできている。

定期テスト対策 第1章 物質のなり立ち

解答 p.197

/100

1 次の問いに答えなさい。

①もとの物質と別の物質ができる変化を何というか。

②1種類の物質が2種類以上の物質に分かれる①を何というか。

③物質に熱を加えて②することを何というか。

④それ以上分割することができない最小の粒子を何というか。

⑤元素記号を使って物質を表したものを何というか。

⑥1種類の元素だけでできている物質を何というか。

⑦2種類以上の元素でできている物質を何というか。

2 図のような装置で炭酸水素ナトリウムを加熱した。次の問いに答えなさい。

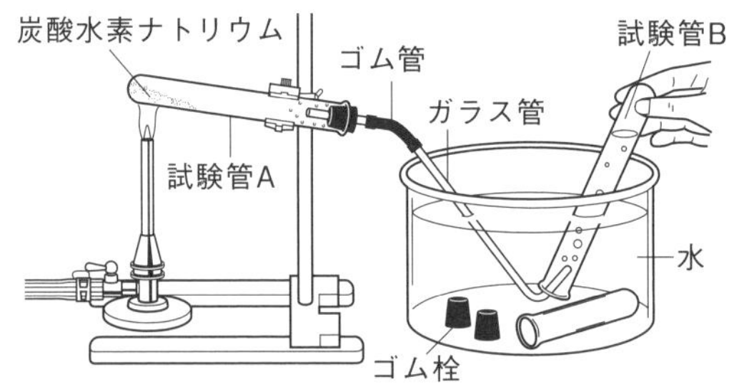

①試験管Aの口に液体がついた。この液体は青色の塩化コバルト紙を何色に変化させるか。

②試験管Bに集めた気体を石灰水に通すと，どうなるか。

③炭酸水素ナトリウムから分かれる3種類の物質は何か。

④試験管Aの口を底よりも少し下げるのはなぜか。

3 図のように，水を電気分解した。次の問いに答えなさい。

A
B
電源装置
陰極
陽極

①水を電気分解するとき，少量加える物質を次の**ア**～**エ**から選び，記号で答えなさい。

ア デンプン
イ 水酸化ナトリウム
ウ エタノール
エ 砂糖

②気体A，Bを確認する方法を次の**ア**～**ウ**からそれぞれ選び，記号で答えなさい。

ア 石灰水を入れてふると，白くにごる。
イ 火のついた線香を入れると，線香が激しく燃える。
ウ 火のついたマッチを近づけると，音を立てて燃える。

③陽極と陰極を逆にしたとき，Bに集まる気体は何か。

1 計14点

①	2点
②	2点
③	2点
④	2点
⑤	2点
⑥	2点
⑦	2点

2 計16点

①	3点
②	3点
③	2点
	2点
	2点
④	4点

3 計8点

①	2点
② A	2点
B	2点
③	2点

4 原子について，次の問いに答えなさい。

①原子について説明した次の**ア**～**オ**の文のうち，まちがっているものを全て選び，記号で答えなさい。

ア　水素原子は化学変化によって２個に分かれることがある。

イ　水素原子より酸素原子の質量は大きい。

ウ　水素原子と酸素原子の大きさは同じである。

エ　化学変化によって，原子は新しくできたり，なくなったりすることはない。

オ　水素原子は酸素原子に変わることがある。

②次の**a**～**c**の物質の元素記号を書きなさい。

a　水素　　**b**　塩素　　**c**　銅

③次の**d**～**f**の元素記号で表される元素の名称を書きなさい。

d　**C**　　**e**　**Zn**　　**f**　**Mg**

5 次の原子のモデルを使って，分子をモデルで表した。後の問いに答えなさい。

水素原子：　炭素原子：　酸素原子：

①右の図はある分子を表したものである。図の分子について説明した次の文の(　　)に当てはまる言葉や数字を答えなさい。

図の分子は(　㋐　)分子であり，水素原子(　㋑　)個と酸素原子(　㋒　)個が結びついてできている。

②次の**A**～**C**はそれぞれ何の分子を表しているか。名称を答えなさい。

A 　**B** 　**C** 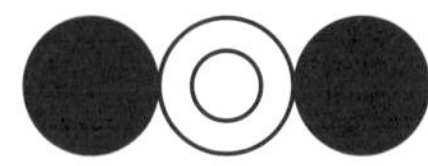

6 次の**a**～**f**の物質について，後の問いに答えなさい。

a　水　　**b**　酸素　　**c**　鉄　　**d**　二酸化炭素

e　塩化ナトリウム　　**f**　食塩水

①**a**～**e**の物質の化学式を書きなさい。

②**a**～**f**のうち分子であるものを全て選び，記号で答えなさい。

③**a**～**f**のうち純粋な物質を全て選び，記号で答えなさい。

④**a**～**f**のうち単体であるものを全て選び，記号で答えなさい。

4　計20点

①	2点
②a	3点
b	3点
c	3点
③d	3点
e	3点
f	3点

5　計18点

①㋐	3点
㋑	3点
㋒	3点
②A	3点
B	3点
C	3点

6　計24点

①a	3点
b	3点
c	3点
d	3点
e	3点
②	3点
③	3点
④	3点

第2章 物質どうしの化学変化

第1節 異なる物質の結びつき

要点のまとめ

▶**鉄と硫黄が結びつく変化**　鉄と硫黄を熱すると，光と熱を出す激しい化学変化が起こり，硫化鉄ができる。鉄の原子と硫黄の原子は1：1の比で結びつく。

鉄　＋　硫黄　⟶　硫化鉄

磁石に引き寄せられる。うすい塩酸を入れると水素(無臭)が発生する。

磁石に引き寄せられにくい。うすい塩酸を入れると硫化水素(独特の腐卵臭)が発生する。

▶**水素と酸素が結びつく変化**　水素と酸素の混合気体に火をつけると，水素の分子と酸素の分子が反応し，水の分子ができる。

水素　＋　酸素　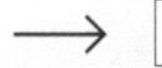　水

▶**炭素と酸素が結びつく変化**　炭素を燃やすと，炭素の原子と酸素の分子が反応し，二酸化炭素の分子ができる。

炭素　＋　酸素　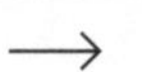　二酸化炭素

▶**化合物**　2種類以上の物質が結びついてできる物質。

化合物は，化学変化が起こる前の物質とは異なる物質だから，性質も異なるんだよ。

教科書 p.38～p.39

実験3

鉄と硫黄が結びつく変化

○ **実験のアドバイス**

・鉄と硫黄の混合物を熱すると，反応が始まって赤くなり，熱するのをやめても，反応は続く。

○ **結果の見方**

●**熱する前の物質ⓐと熱した後の物質ⓑについて，教科書38ページのステップ3の⑤や⑥の結果を表にまとめて比較してみよう。**

	熱する前の物質ⓐ（鉄と硫黄の混合物）	熱した後の物質ⓑ
見たようす・手ざわり	灰色の粉末	黒色のかたいかたまり
磁石を近づける	引き寄せられる。	引き寄せられ方が弱い。

◎ 考察のポイント

●鉄と硫黄の混合物を熱することで，別の物質ができたといえるだろうか。みんなにわかるように自分の考えを表現しよう。

ⓐが磁石に引き寄せられるのは，鉄の性質によるものである。ⓑは鉄の性質が弱くなっていることから，鉄と硫黄の混合物を加熱することで，鉄や硫黄とは別の物質ができたと考えられる。

◎ 解説

鉄と硫黄を加熱すると，熱と光を出す激しい化学変化が起こって，鉄や硫黄とは性質がちがう硫化鉄ができる。

反応で発生する熱で次の反応が引き起こされるため，加熱をやめても反応は続く。

硫化鉄にうすい塩酸を加えると，硫化水素という，独特のにおい(腐卵臭)がする有毒の気体が発生する。

鉄にうすい塩酸を加えると，においのしない水素が発生するが，市販の鉄粉を使用した場合は，鉄粉にふくまれるリンが塩酸と反応して，においのある気体を発生させることがある。

教科書 p.41

活用　学びをいかして考えよう

温泉に入るときに，銀などのアクセサリーを外さないと，黒く変色してしまうことがある。黒くなる理由を説明しよう。

● 解答(例)

銀が(硫黄と)反応して，別の物質(硫化銀)になってしまうから。

◎ 解説

温泉には硫黄の成分をふくむものがある。そのため，銀などのアクセサリーの表面が硫黄と反応してしまい，硫化銀になる。

第2節　化学変化を化学式で表す

要点のまとめ

▶**化学反応式**　化学変化を化学式で表した式。反応前の物質を矢印(⟶)の左側に，反応後の物質を矢印(⟶)の右側に書く。式の**左側と右側で，元素とそれぞれの原子の数が同じ**でなければならない。

●鉄と硫黄が結びつく化学変化

鉄		硫黄		硫化鉄
Fe	+	S	⟶	
Fe	+	S	⟶	FeS

▶化学反応式からわかること

①それぞれの化学式から，反応する物質，反応してできる物質がわかる。

②化学式の前の数字から，反応する物質，反応してできる物質の分子や原子の数の関係がわかる。

化学式の前の数字と後ろの数字は意味が違うよ。$\mathbf{H_2}$であれば「水素分子は，水素原子が2個からなること」，**2H**であれば「水素原子が2個あること」を表すんだ。

●炭素と酸素が結びつく化学変化

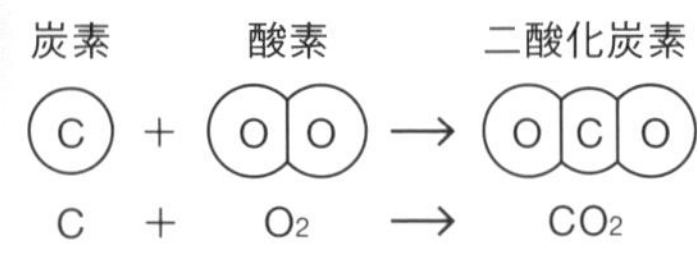

●水素と酸素が結びつく化学変化

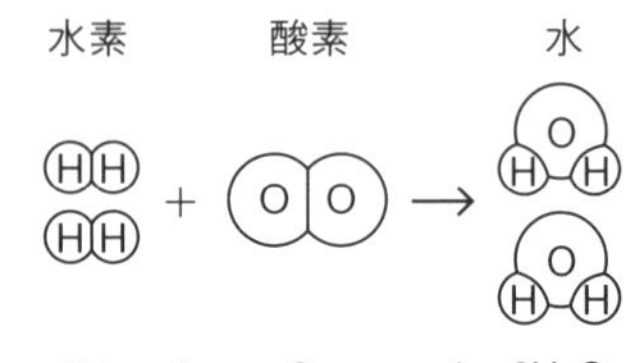

$2H_2$ ＋ O_2 ⟶ $2H_2O$

①水素と酸素が反応して，水ができる。

②水素分子2個と酸素分子1個から，水分子2個ができる。

 教科書 p.43

実習1

化学変化のモデル

● 結果(例)

水素と酸素が結びついて水ができる変化は，下のようになる。

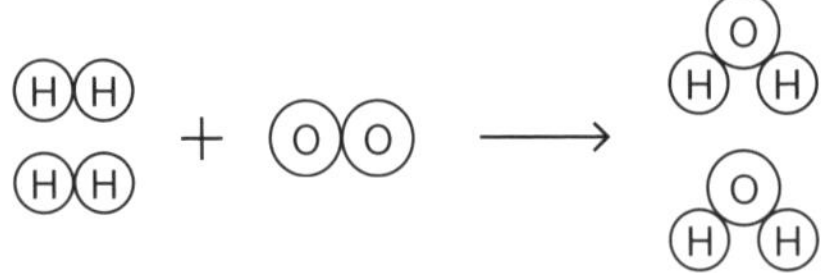

○ 考察のポイント

●教科書43ページの操作④～⑥のモデルの作成を通して，注意することをまとめよう。

・反応前の物質は何か，反応後にできた物質は何かを考える。

・反応前の物質と反応後の物質は，化学反応式では矢印(⟶)でつなぐ。このとき矢印(⟶)の左側と右側で，元素とそれぞれの原子の数は一致(いっち)していなければならない。

教科書 p.45

練習

水を電気分解して水素と酸素ができるときの化学変化を，化学反応式で表そう。

解答(例)

$2H_2O \longrightarrow 2H_2 + O_2$

解説

水を矢印(⟶)の左側に，水素と酸素を矢印(⟶)の右側に書く。

水　水素　酸素

矢印(⟶)の左右で酸素の原子の数を2個にそろえるために，左側に水分子を1個加える。

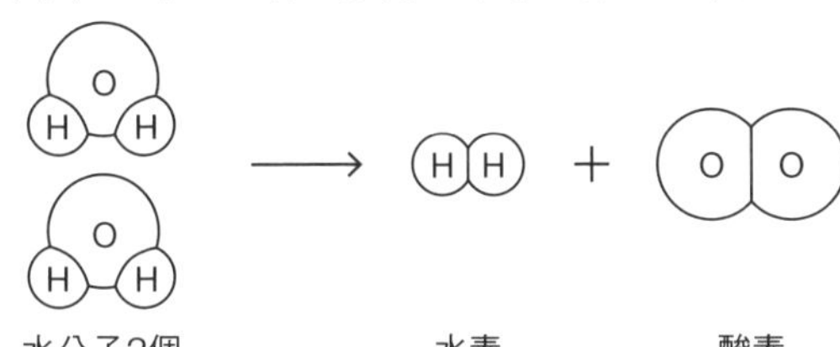

矢印(⟶)の左右で水素の原子の数を4個にそろえるために，右側に水素分子を1個加える。

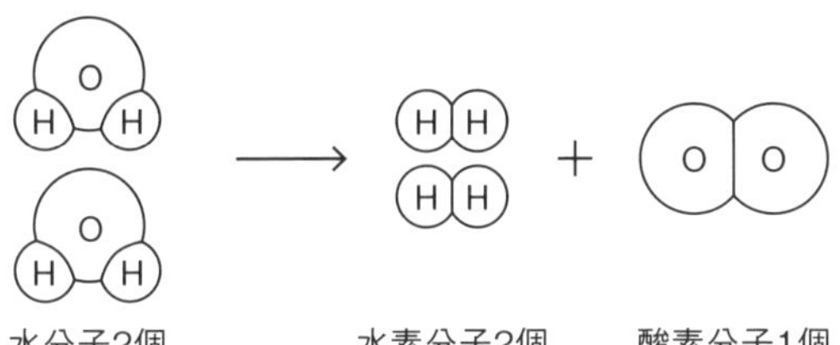

教科書 p.46

活用　学びをいかして考えよう

水素の分子と酸素の分子を反応させて，水の分子10個をつくるためには，水素分子と酸素分子はそれぞれ何個ずつ必要か説明しよう。

解答(例)

水素と酸素の反応の化学反応式：$2H_2 + O_2 \longrightarrow 2H_2O$

化学反応式からわかるように，この反応での物質の数の関係は，
水素分子：酸素分子：水分子＝2：1：2となっている。

よって，水分子が10個のときの数の関係は，
水素分子：酸素分子：水分子＝10：5：10となるので，
水素分子10個，酸素分子5個が必要である。

 教科書 p.48

章末　学んだことをチェックしよう

❶ 異なる物質の結びつき

２種類以上の物質が結びついてできる物質を(　　)という。

解答(例)

化合物

解説

化合物は，化学変化が起こる前の物質とは異なる物質である。

❷ 化学変化を化学式で表す

化学式を組み合わせて化学変化を表した式を(　　)という。

解答(例)

化学反応式

 教科書 p.48

章末　学んだことをつなげよう

次の化学変化を化学反応式で表してみよう。

HH　HH　＋　OO　⟶　HOH　HOH

この化学変化の前後の物質の性質を表にまとめよう。

解答(例)

化学反応式　$2H_2 + O_2 \longrightarrow 2H_2O$

	化学変化の前		化学変化の後
物質	水素 (H_2)	酸素 (O_2)	水 (H_2O)
色	無色	無色	無色
におい	なし	なし	なし
密度〔g/cm³〕	0.00008 (20℃気体)	0.00133 (20℃気体)	1.00 (4℃液体)
その他の性質	空気中で燃えて水ができる。	物を燃やすはたらきがある。	塩化コバルト紙を青色から桃色に変える。

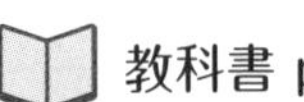
教科書 p.48

Before & After

教科書35ページのふくろの中では何が起こったのだろうか。言葉や図，モデルなどを使って表してみよう。

解答(例)

水素と酸素の混合気体に火をつけたところ，水素と酸素が結びつく化学変化が起こり，水ができた。その化学変化をモデル，化学反応式で表すと，以下のようになる。

(H)(H) (H)(H) ＋ (O)(O) ⟶ (H)(O)(H) (H)(O)(H)

$$2H_2 + O_2 \longrightarrow 2H_2O$$

解説

この水ができる化学変化では，融点や沸点，火を近づけたときの反応などの性質が大きく変化する。

定着ドリル　第2章　物質どうしの化学変化

①鉄と硫黄を混ぜ合わせて加熱して硫化鉄ができるときの化学変化を，化学反応式で表そう。

②炭素と酸素が結びついて二酸化炭素ができるときの化学変化を，化学反応式で表そう。

③銅と酸素が結びついて酸化銅(黒色)ができるときの化学変化を，化学反応式で表そう。

④酸化銅(黒色)と炭素が結びついて銅と二酸化炭素ができるときの化学変化を，化学反応式で表そう。

①
②
③
④

解答

① $Fe + S \longrightarrow FeS$　② $C + O_2 \longrightarrow CO_2$　③ $2Cu + O_2 \longrightarrow 2CuO$　④ $2CuO + C \longrightarrow 2Cu + CO_2$

定期テスト対策　第2章　物質どうしの化学変化

解答 p.197

/100

1 次の問いに答えなさい。

①2種類以上の物質が結びついてできる物質を何というか。

②鉄と硫黄が結びつくとできる物質は何か。

③水素と酸素の混合気体に火をつけるとできる物質は何か。

④化学変化を化学式で表したものを何というか。

2 鉄粉と硫黄の粉末をよく混ぜ合わせて2つに分け，アルミニウムはくの筒につめたものA，Bをつくり，図のようにAだけ加熱し赤くなったら熱するのをやめた。次の問いに答えなさい。

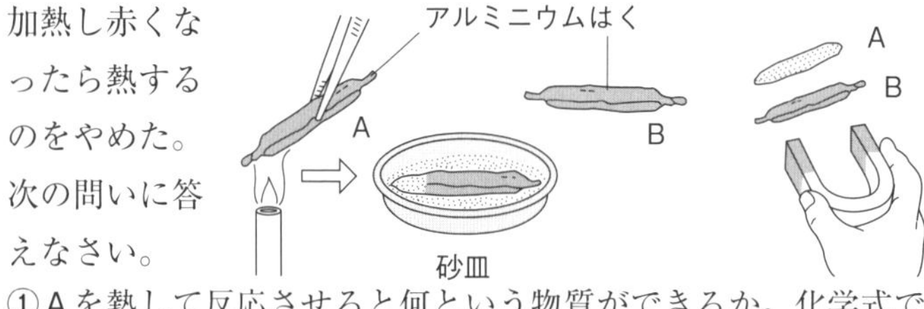

①Aを熱して反応させると何という物質ができるか。化学式で答えなさい。

②磁石を近づけたとき，引き寄せられるのはA，Bどちらか。

③A，Bの中の物質にうすい塩酸を加えたとき，特有の腐卵臭がするのはA，Bどちらの中の物質か。

④鉄原子と硫黄原子は何対何の割合で結びつくか。

3 次の化学変化について，後の問いに答えなさい。

A　炭素原子と酸素原子が1：2の割合で結びつく反応

B　水素と酸素が結びつく反応

①Aの反応でできる物質は何か。物質名を答えなさい。

②Aの反応を化学反応式で表しなさい。

③Bの反応でできる物質は何か。物質名を答えなさい。

④Bの反応を表したモデルとして適当なものを，次の**ア**～**エ**から選び，記号で答えなさい。ただし，水素原子を○，酸素原子を●で表すものとする。

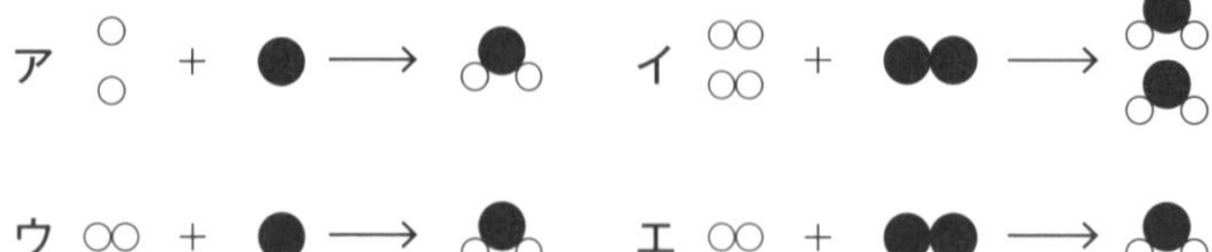

⑤Bの反応を化学反応式で表しなさい。

⑥水の電気分解はBの反応とは逆の反応である。水の分解の化学反応式を書きなさい。

1 計24点

①	6点
②	6点
③	6点
④	6点

2 計26点

①	6点
②	6点
③	6点
④　：	8点

3 計50点

①	8点
②	8点
③	8点
④	8点
⑤	8点
⑥	10点

第3章 酸素がかかわる化学変化

これまでに学んだこと

▶**ろうそくや木などが燃えるときの変化**(小6) ろうそくや木が燃えるとき，空気中の酸素の一部が使われ，二酸化炭素ができる。

第1節 物が燃える変化

要点のまとめ

▶**酸化**（さんか） 物質が酸素と結びつくこと。

物質 ＋ 酸素 ⟶ 酸化物

▶**酸化物**（さんかぶつ） 酸化によってできる物質。

▶**燃焼**（ねんしょう） 物質が，熱や光を出しながら激しく酸化されること。

▶**金属の酸化** 銅板をガスバーナーで加熱すると，燃焼はしないが酸素と結びつく。

▶**金属の燃焼** マグネシウムを燃やすと，光や多量の熱を出しながら激しく酸化される。

▶**金属以外の物質の酸化**

・炭素と酸素の反応…木や木炭を燃やすと，二酸化炭素ができる。

・水素と酸素の反応…水素と酸素の混合気体に点火すると，爆発的に反応して水ができる。

・有機物の燃焼…有機物にふくまれる炭素が酸素と結びついて二酸化炭素になり，有機物にふくまれる水素が酸素と結びついて水になる。

燃えるということは，酸素と結びつくこと。（熱）（光）

有機物 ＋ 酸素 ⟶ 二酸化炭素 ＋ 水

→空気中ににげていってしまう。

燃える成分は水素と炭素である。 有機物が燃えるとできる。

●**金属の酸化の例**

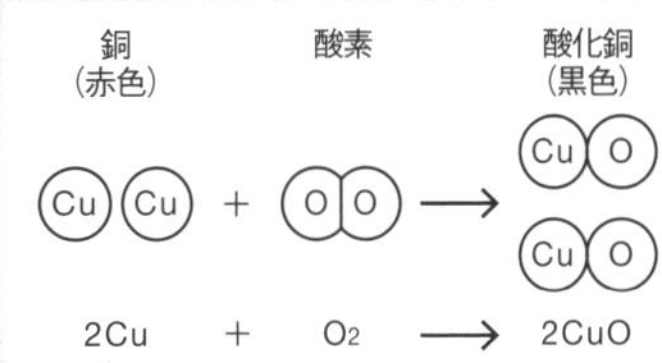

●**金属の燃焼の例**

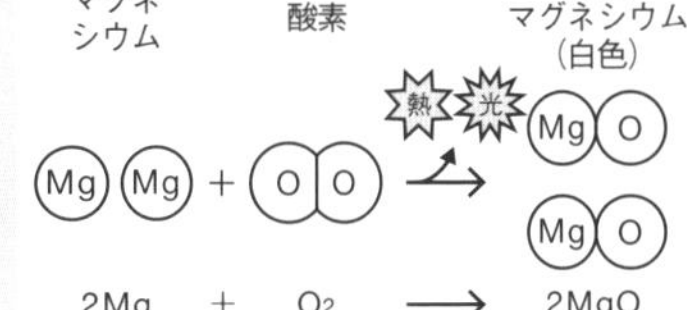

●**炭素と酸素の反応**

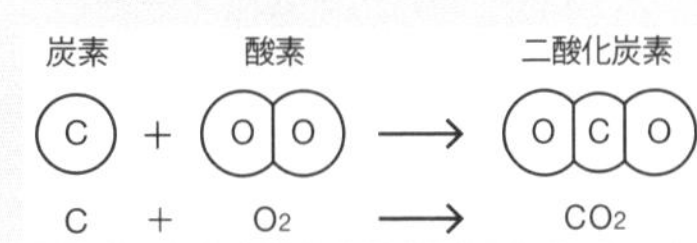

●**水素と酸素の反応**

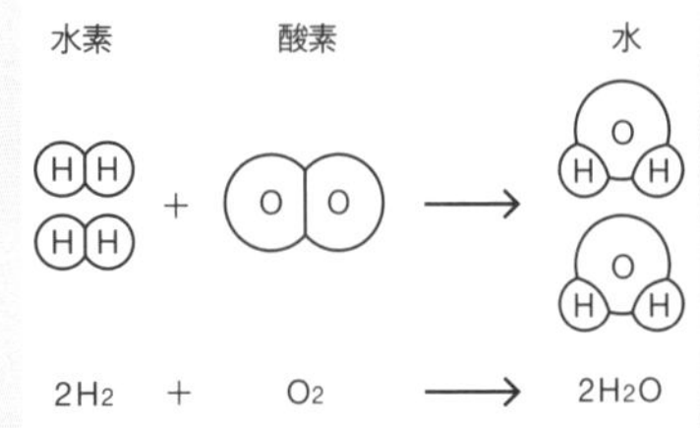

 教科書 p.51 ~ p.52

実験4

鉄を燃やしたときの変化

結果の見方

●ステップ1では，どのような現象が観察できたか。

酸素を入れた集気びんをかぶせると，燃え方が激しくなった。

かぶせた集気びんの中の水面が上昇した。

●ステップ2では，どのような変化が見られたか。

実験	電流の流れやすさ	塩酸に入れたときの反応	見た目，手ざわり
燃やす前の物質	流れる。	無色の気体が発生する。	金属光沢があり，弾力がある。
燃やした後の物質	流れにくい。	気体は発生しにくい。	黒っぽく，ぼろぼろにくずれる。

●ステップ3では，質量はどのように変化したか。

実験	第1回	第2回
燃やす前の質量	2.70g	2.90g
燃やした後の質量	3.21g	3.40g

考察のポイント

●鉄が燃えた後にできた物質は，鉄と同じ物質といえるだろうか。

同じ物質といえない。

●鉄が燃えることで，鉄と酸素はどうなったといえるだろうか。

鉄と酸素が結びつき，別の物質になったといえる。

解説

ステップ1で，かぶせた集気びんの水面が上昇したのは，集気びんの中の酸素が，鉄と結びつくために使われ，体積が減ったからである。

ステップ2で，電流の流れやすさ，塩酸を入れたときの反応，手ざわりにちがいがあったのは，鉄が別の物質になったからである。

ステップ3で，質量がふえたのは，鉄と結びついた酸素の分の質量がふえたからである。

鉄を燃やすと酸化鉄という，鉄とは別の物質ができる。

このときの反応は，

鉄 ＋ 酸素 ⟶ 酸化鉄

スチールウールが燃えたときのように，**光や多量の熱を出しながら激しく酸素と結びつく化学変化を燃焼という。**

教科書 p.53

説明しよう

教科書51ページの実験4で鉄を燃焼させたときに，質量が変化する理由を，説明しよう。また，教科書50ページの図1のように，木片(もくへん)が燃えたときに質量が変化する理由も考えよう。

解答(例)

・鉄を燃焼させたときに質量が変化する理由

鉄と空気中の酸素とが結びつく化学変化が起こり，鉄は別の物質である酸化鉄になる。そのため，酸化鉄は結びついた酸素の分だけ，もとの鉄より質量が大きくなる。

・木片が燃えたときに質量が変化する理由

木片に多くふくまれている炭素は，空気中の酸素と結びつく化学変化が起こり，別の物質である二酸化炭素になる。このとき，発生した二酸化炭素は気体なので空気中に出ていき，その分，質量はもとの木片より小さくなる。また，木片には水素もふくまれており，同じように空気中の酸素と結びつく化学反応が起こり，別の物質である水になる。この水は水蒸気として空気中に出ていくため，さらに質量は小さくなる。

解説

木片は有機物であり，主に炭素と水素からできている。有機物をじゅうぶんに燃焼させると，有機物にふくまれる炭素や水素が酸化され，二酸化炭素や水ができる。

有機物 ＋ 酸素 ⟶ 二酸化炭素 ＋ 水

教科書 p.55

活用　学びをいかして考えよう

米粒(こめつぶ)を強火で熱すると炭になり，二酸化炭素と水ができる。このことから，米粒にはどのような元素がふくまれていると考えられるか。また，そのように考えた理由を説明しよう。

解答(例)

炭素(C)と水素(H)

理由…二酸化炭素(CO_2)は炭素(C)に酸素が結びついたもので，水(H_2O)は水素(H)に酸素が結びついたものだから，米粒には少なくとも炭素(C)と水素(H)がふくまれていると考えられる。

解説

米粒に酸素もふくまれている可能性があると考えられる。実際のところ，米粒の主成分はデンプンであり，デンプンには酸素がふくまれているので，米粒には酸素もふくまれている。

第2節 酸化物から酸素をとる化学変化

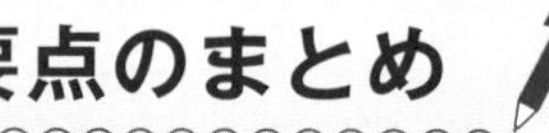

▶**還元**（かんげん） 酸化物が酸素をうばわれる化学変化。

▶**銅の還元 炭素や水素は，銅に比べて酸素と結びつきやすい**ので，酸化銅を還元するときに利用される。

・炭素による還元…**酸化銅と炭素の粉末を混ぜて加熱すると，二酸化炭素が発生し，銅が残る。酸化銅が還元されると同時に炭素は酸化される。**

・水素による還元…**酸化銅に水素を送りながら熱すると，水と銅ができる。酸化銅が還元されると同時に水素は酸化される。**

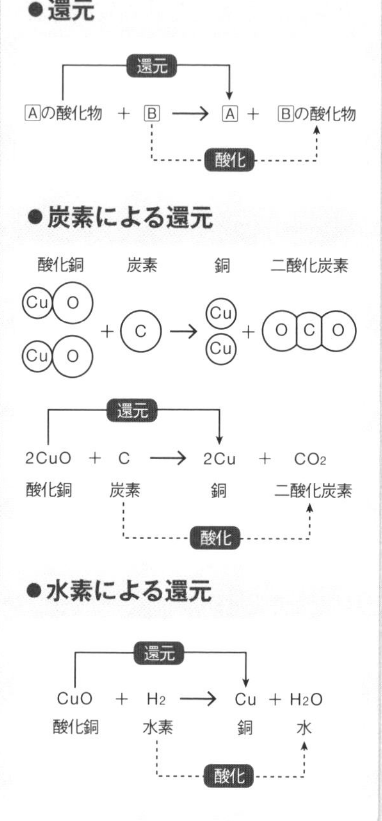

教科書 p.57～p.58

実験5

酸化銅から酸素をとる化学変化

・熱するのをやめるとき…気体が発生しなくなったら，反応は終わりである。**ガラス管の先を石灰水**（せっかいすい）**から出した後で火を消す**。ガラス管の先を石灰水に入れたまま火を消すと，**石灰水が逆流して試験管内に流れこみ，試験管が割れることがある**ので注意する。

・ピンチコックでゴム管をとめて冷ます…空気が入らないようにする。空気が入ると，銅が再び酸化してしまう。

◎ 結果の見方

●石灰水はどのように変化したか。

白くにごった(→二酸化炭素が発生した)。

●試験管の中の物質はどのように変化したか。

黒色の酸化銅が赤色になった。

こすると金属光沢が見られた(→銅がとり出せた)。

◎ 考察のポイント

●まずは自分で考察しよう。わからなければ,教科書58ページ「考察しよう」を見よう。

①試験管の中に残った物質は,何だと考えられるか。

銅だと考えられる。

②酸化銅からとり除かれたものは何だと考えられるか。

酸素だと考えられる。

③石灰水(せっかいすい)の変化から,何ができたと考えられるか。また,その物質はもともと,どこにあったものが結びついたと考えられるか。

二酸化炭素ができた。二酸化炭素は酸化銅からとり除かれた酸素が炭素と結びついたもの。

◎ 解説

酸化銅は,ただ熱しただけでは銅をとり出せない。

酸化銅の中の酸素は,銅よりも炭素と結びつきやすいので,酸化銅と炭素を混ぜ合わせて加熱すると,**炭素が酸化銅から酸素をうばって二酸化炭素になり,銅を単体(たんたい)としてとり出せる**。このとき,**酸化銅は還元されるが,炭素は酸化される。酸化銅の還元は,炭素の酸化と同時に起こる。**

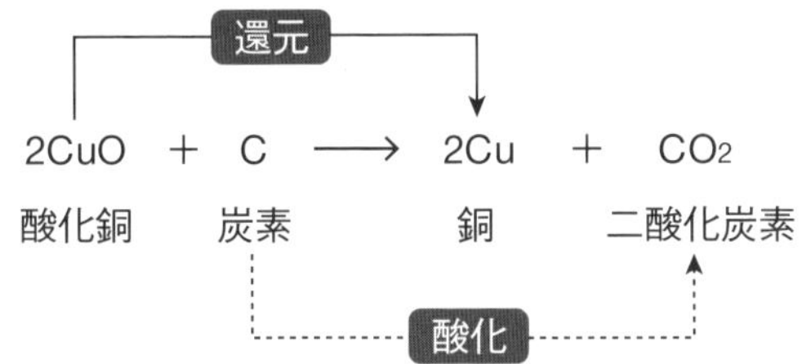

※炭素のかわりに,水素,デンプン,砂糖,ブドウ糖,エタノール,一酸化炭素などでも酸化銅を還元することができる。これらの物質は,銅よりも酸素と結びつきやすい。

教科書 p.60

どこでも科学

空気中と二酸化炭素の中では,燃焼のしかたはどのようにちがうか。

● 解答(例)

二酸化炭素の中では,空気中よりおだやかに燃焼した。

◎ 解説

炭素よりマグネシウムの方が,酸素と結びつきやすいので,マグネシウムは二酸化炭素の酸素をうばって,酸化マグネシウムとなる。この反応もマグネシウムが酸素と結びつき,そのとき熱や光を出しながら激しく反応するので,燃焼である。燃焼した後にできた白い物質は酸化マグネシウムで,黒い物質は二酸化炭素が還元されてできた炭素である。

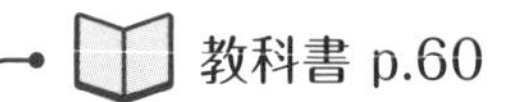

活用　学びをいかして考えよう

酸化銅が，水素によって還元されて銅になるときの化学変化と，教科書60ページの「どこでも科学」で起こっている化学変化を，化学反応式で表そう。

解答(例)

・酸化銅が水素によって還元される化学変化

$CuO + H_2 \longrightarrow Cu + H_2O$

・「どこでも科学」で起こっている化学変化(マグネシウムを二酸化炭素の中で燃やす)

$2Mg + CO_2 \longrightarrow 2MgO + C$

解説

酸化と還元の関係は以下のように表される。

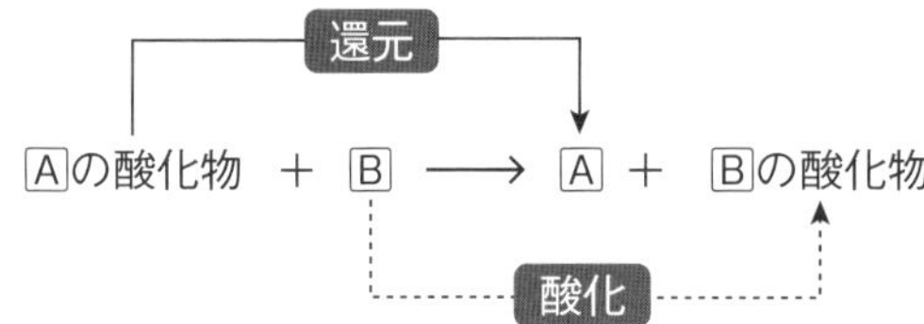

・酸化銅が水素によって還元される化学変化

Aの酸化物が酸化銅，Bが水素にあたる。よって，Aが銅(酸化銅が酸素をうばわれたもの)，Bの酸化物が水(水素が酸素と結びついたもの)である。

・マグネシウムを二酸化炭素の中で燃やす

Aの酸化物が二酸化炭素，Bがマグネシウムにあたる。よってAが炭素(二酸化炭素が酸素をうばわれたもの)，Bの酸化物が酸化マグネシウム(マグネシウムが酸素と結びついたもの)である。

教科書 p.62

章末　学んだことをチェックしよう

❶ 物が燃える変化

1. 物質が酸素と結びつくことを(　　)という。
2. 1によってできた物質を(　　)という。
3. 1の化学変化のなかでも，熱や光を出しながら激しく反応する化学変化を(　　)という。

解答(例)

1. 酸化　　2. 酸化物　　3. 燃焼

解説

物質が酸化されるときの反応は以下のようになる。

物質 ＋ **酸素** ⟶ **酸化物**

❷ 酸化物から酸素をとる化学変化

1. 酸化物から酸素がうばわれる化学変化を，(　　)という。
2. 1が起こると，酸素をうばった物質は(　　)になる。
3. 1の化学変化が起こるとき，同時に起こる化学変化は(　　)である。

解答(例)

1. 還元　2. 酸化物　3. 酸化

解説

酸化物から鉄や銅などの金属単体をとり出すために還元は利用される。

 教科書 p.62　章末　学んだことをつなげよう

物質Aの酸化物と物質Bが反応して，物質Aと，物質Bの酸化物ができる化学変化がある。この化学変化を例にして，酸化と還元の関係を図で表そう。

解答(例)

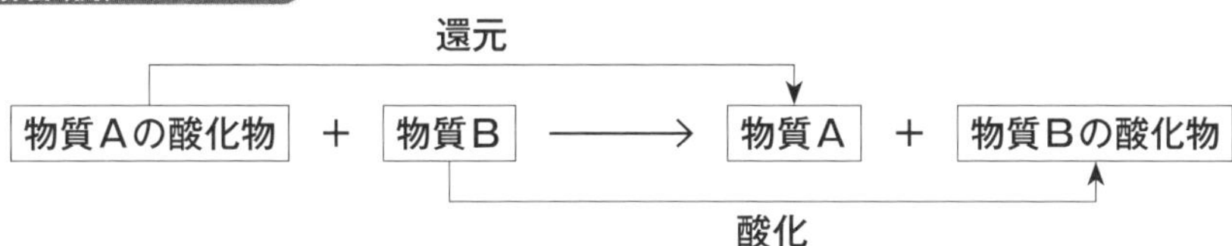

解説

酸化は物質が酸素と結びつくこと，還元は酸化物が酸素をうばわれることであり，酸化と還元は同時に起こる。

 教科書 p.62

Before & After

物が燃えるとはどういうことだろうか。

解答(例)

物質が熱や光を出しながら激しく酸化されることをいう。

定期テスト対策 第3章 酸素がかかわる化学変化

解答 p.197

/100

1 次の問いに答えなさい。

①物質が酸素と結びつくことを何というか。

②①によってできた物質を何というか。

③物質が熱や光を出しながら激しく酸化されることを何というか。

④②の物質が酸素をうばわれる化学変化を何というか。

⑤鉄が③のように酸化すると何という物質ができるか。

⑥酸化銅は銅と何という物質が結びついたものか。

⑦酸化銅を炭素で④すると何という気体が発生するか。

2 図のように，スチールウールを燃やした。燃やす前の物質をA，燃やした後の物質をBとして比較した。次の問いに答えなさい。

①Bの質量はAの質量より大きかった。その理由を説明しなさい。

②さわるとぼろぼろにくずれるのはA，Bどちらか。

③A，Bを比べると，電流が流れにくいのはどちらか。

④A，Bをそれぞれうすい塩酸に入れたとき，気体がより多く発生するのはどちらか。

⑤④で発生した気体は何か。化学式を書きなさい。

3 次のA，Bのように金属を加熱する実験を行った。後の問いに答えなさい。

A　銅板をガスバーナーで加熱した。

B　マグネシウムリボンをガスバーナーで加熱した。

①熱や光を出して激しく燃えるのはA，Bどちらか。

②加熱した後のA，Bの物質の色として，それぞれ適当なものを次の**ア**～**エ**から選び，記号で答えなさい。

ア　赤色　**イ**　黒色　**ウ**　白色　**エ**　銀色

③A，Bどちらも，ある同じ物質と結びつく反応が起こった。結びついた同じ物質は何か。化学式で答えなさい。

④A，Bで結びついた③の物質はどこにあるものか。

⑤A，Bそれぞれの加熱した後の物質名を答えなさい。

1 計14点

①	2点
②	2点
③	2点
④	2点
⑤	2点
⑥	2点
⑦	2点

2 計16点

①	5点
②	2点
③	3点
④	3点
⑤	3点

3 計18点

①	2点
②A	2点
B	2点
③	3点
④	3点
⑤A	3点
B	3点

4 エタノールを石灰水の入った集気びんの中で燃やした。次の問いに答えなさい。

①エタノールを燃やした後，集気びんの内側がくもった。このときにできる物質の $_{a}$ 物質名と $_{b}$ 化学式を答えなさい。

②エタノールが燃えた後，集気びんにふたをしてふると，石灰水はどのようになるか。

③②からわかる，エタノールを燃やしたときにできる物質の $_{a}$ 物質名と $_{b}$ 化学式を答えなさい。

④③より，エタノールにはどのような原子がふくまれていることがわかるか。元素記号で答えなさい。

⑤エタノールのように④をふくむ物質を何というか。

5 酸化銅と炭素の粉末を混ぜ合わせ，図のように加熱した。次の問いに答えなさい。

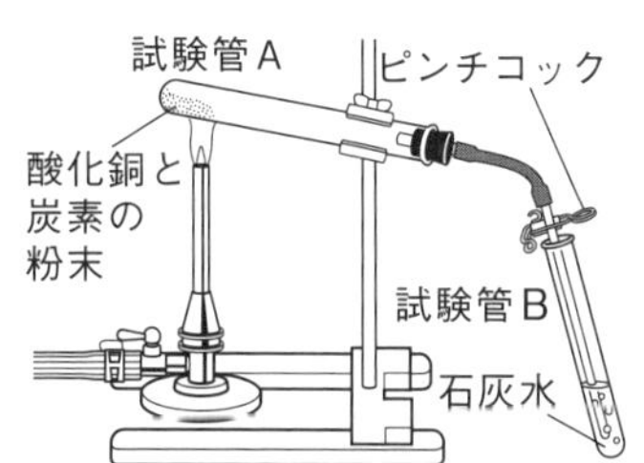

①試験管Bの石灰水が白くにごった。発生した気体は何か。

②試験管Aに残った物質を，薬品さじでこするとどうなるか。

③試験管Aの中で起こった反応をモデルで表したものとして適当なものを，次の**ア**～**エ**から選び，記号で書きなさい。ただし，酸素原子は●，銅原子は○，炭素原子は◎で表す。

ア ○● ＋ ◎ ⟶ ○ ＋ ●◎

イ ○● ＋ ◎ ⟶ ○ ＋ ●◎●

ウ ○● ○● ＋ ◎ ◎ ⟶ ○ ○ ＋ ●◎ ●◎

エ 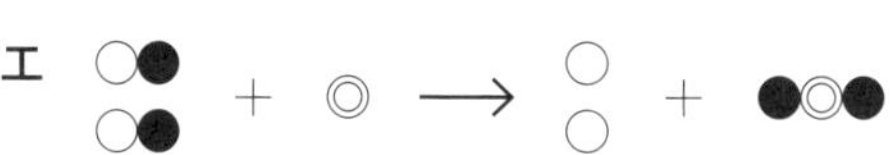

④試験管Aの中で起こった反応で $_{a}$ 酸化された物質と $_{b}$ 還元された物質はそれぞれ何か。物質名を答えなさい。

⑤火を消す前にガラス管の先を石灰水から出す理由は何か。

6 図の反応について，後の問いに答えなさい。

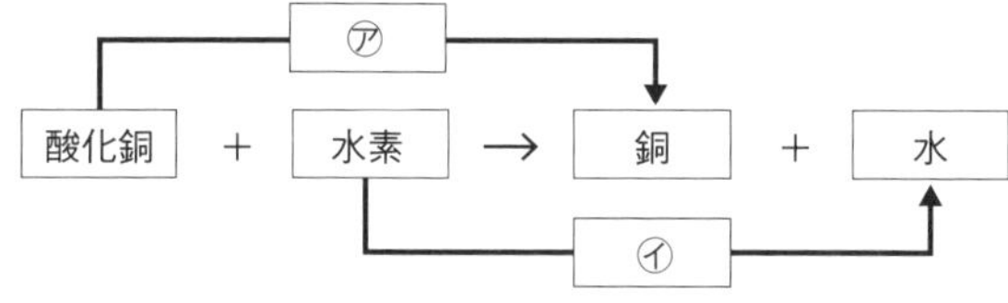

①㋐，㋑の化学変化をそれぞれ何というか。

②銅と水素ではどちらが酸素と結びつきやすいか。

③この反応を化学反応式で表しなさい。

4 計21点

① a	3点
b	3点
②	3点
③ a	3点
b	3点
④	3点
⑤	3点

5 計18点

①	3点
②	3点
③	3点
④ a	3点
b	3点
⑤	3点

6 計13点

① ㋐	3点
㋑	3点
②	3点
③	4点

第4章 化学変化と物質の質量

これまでに学んだこと

▶**物が水にとけるときの重さ**(小5)　物が水にとけた液を水溶液(すいようえき)という。物と水を合わせた重さは，とける前ととけた後とで変わらない。

第1節 化学変化と質量の変化

要点のまとめ

▶**沈殿(ちんでん)ができる反応の前後の質量**　うすい硫酸(りゅうさん)とうすい塩化バリウム水溶液を混ぜ合わせると，白い沈殿(硫酸バリウム)ができるが，**気体の出入りがないので，反応の前後で質量の変化はない**。

▶**気体が発生する反応の前後の質量**　炭酸水素ナトリウムとうすい塩酸を混ぜ合わせると，二酸化炭素が発生する。

・空気中で反応が起こるとき
発生した二酸化炭素が空気中に出ていくので，その分だけ質**量は小さくなる**。

・密閉容器内で反応が起こるとき
反応の前後で，**質量は変化しない**。

▶**質量保存(しつりょうほぞん)の法則(ほうそく)**　化学変化(かがくへんか)の前後で**物質全体の質量が変わらないこと**。

▶**物質が水にとけるときの質量**　質量保存の法則がなり立つ。

▶**状態変化するときの質量**　状態が変化しても物質を構成する原子そのものはふえたり減ったりしないから，質量保存の法則がなり立つ。

質量保存の法則は，全ての化学変化に当てはまるよ。

教科書 p.64～p.65

実験6

化学変化の前と後の質量の変化

実験のアドバイス

実験Ａ…気体の出入りがない反応

実験Ｂの方法１…気体が発生する反応を密閉しないで行う場合

実験Ｂの方法２…気体が発生する反応を密閉容器の中で行う場合(④は密閉しない)

これら３つの場合について，反応の前後の質量の変化を調べる。

結果の見方

●実験Ａ，実験Ｂの方法１，方法２のそれぞれについて，化学変化が起こる前と後の質量を表にまとめよう。

●実験Ｂの方法１，方法２では，質量の変化にどのようなちがいがあったか。

実験	反応前	反応後	質量の変化
A	175.00g	175.00g	変化なし
Bの方法1	48.00g	47.30g	小さくなった
Bの方法2	80.00g	容器のふたを閉めたまま…80.00g	変化なし
		容器のふたをあけた後…79.40g	小さくなった

考察のポイント

●化学変化が起こる前と後では，物質全体の質量はどうなるといえるか。

変わらないといえる。

●実験Ｂの方法１，方法２で，質量の変化にちがいがあったのはなぜだろうか。

Ｂの方法１では，発生した二酸化炭素が空気中に出ていったので質量は小さくなった。

Ｂの方法２④で，容器のふたをあけると，発生した二酸化炭素が外に出ていったので，質量が小さくなった。**密閉容器の中では，反応の前後で全体の質量は変化しない。**

解説

・うすい硫酸と，うすい塩化バリウム水溶液を混ぜて，沈殿ができる反応の化学反応式

$$H_2SO_4 + BaCl_2 \longrightarrow 2HCl + BaSO_4$$

（硫酸バリウム・沈殿）

・炭酸水素ナトリウムと，うすい塩酸を混ぜ合わせたときの反応の化学反応式

$$NaHCO_3 + HCl \longrightarrow NaCl + H_2O + CO_2$$

（気体発生）

 教科書 p.67

活用　学びをいかして考えよう

教科書17ページの実験1で，加熱前の炭酸水素ナトリウムと加熱後に残った炭酸ナトリウムの質量は，どちらが大きいか，もしくは，両方の質量は等しいか考えよう。

解答(例)

炭酸水素ナトリウムの方が大きい。

解説

反応の前後で全体の質量は変わらない。質量保存の法則より，加熱する前の炭酸水素ナトリウムの質量は，加熱でできた炭酸ナトリウムと水(水蒸気)と二酸化炭素(気体)のそれぞれの質量の和に等しい。よって，水と二酸化炭素の分だけ炭酸ナトリウムの方が質量が小さくなる。

第2節　物質と物質が結びつくときの物質の割合

要点のまとめ

▶物質と物質が結びつくときの質量変化　AとBの2種類の物質が結びつく場合，AとBはいつも一定の質量の割合で結びつく。金属を熱して酸素と結びついたとき，もとの金属の質量と，できた化合物(かごうぶつ)の質量は比例する。また，もとの金属の質量と，結びついた酸素の質量も比例する。

▶化合物中における原子の質量の比

・酸化銅…銅：酸素＝4：1

・酸化マグネシウム…マグネシウム：酸素＝3：2

1年のときに数学で習った比例は覚えているかな？　yがxの関数で，$y=ax$で表されるとき，yはxに比例するんだったね。

●金属の質量と化合物の質量

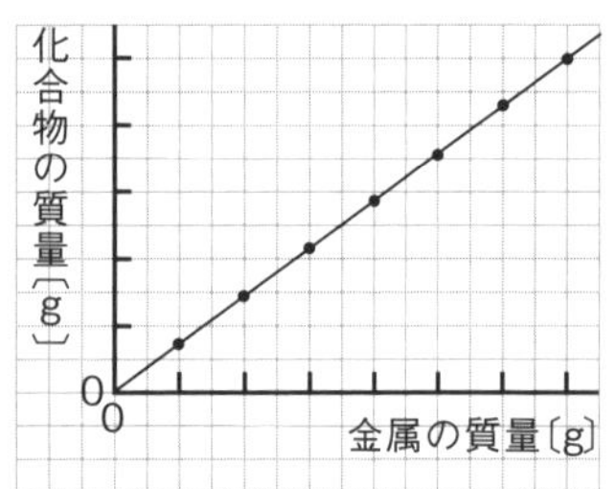

●金属の質量と結びついた酸素の質量

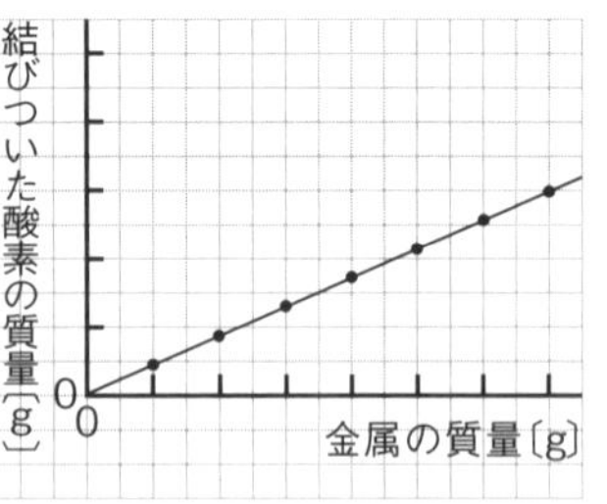

教科書 p.68～p.69

実験７

金属を熱したときの質量の変化

実験のアドバイス

金属の粉末を，ステンレス皿全体にうすく広げたり，よくかき混ぜたりするのは，金属がよく空気にふれて，内部までじゅうぶん酸素と結びつくようにするためである。

結果（例）

・くり返して変化を調べた結果

金属を熱すると質量が大きくなるが，熱し続けても化合物の質量は一定以上には大きくならない。

	マグネシウム	銅
加熱前	1.00g	0.80g
1回目	1.40g	0.92g
2回目	1.58g	0.98g
3回目	1.66g	1.00g
4回目	1.66g	1.00g
5回目	1.66g	1.00g

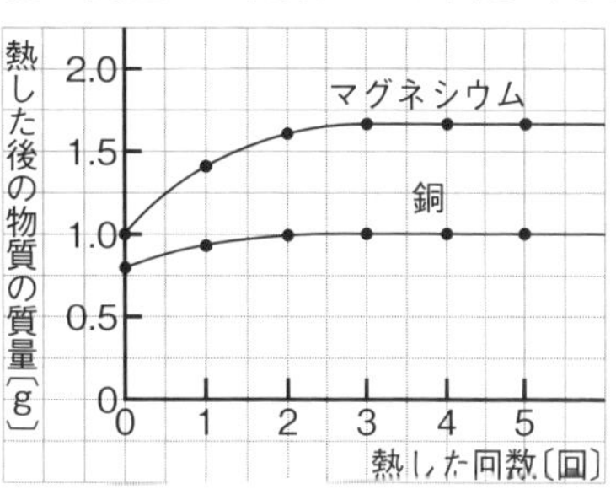

・金属の質量を変えて，実験７をくり返した結果

結びついた酸素の質量〔g〕＝酸化物の質量〔g〕－もとの金属の質量〔g〕

各班の結果	A	B	C	D	E	F	G
マグネシウムの質量〔g〕	0.40	0.50	0.60	0.70	0.80	0.90	1.00
酸化マグネシウムの質量〔g〕	0.66	0.82	0.99	1.16	1.32	1.49	1.66
結びついた酸素の質量〔g〕	0.26	0.32	0.39	0.46	0.52	0.59	0.66

各班の結果	A	B	C	D	E	F	G
銅の質量〔g〕	0.40	0.50	0.60	0.70	0.80	0.90	1.00
酸化銅の質量〔g〕	0.50	0.62	0.75	0.87	1.00	1.12	1.25
結びついた酸素の質量〔g〕	0.10	0.12	0.15	0.17	0.20	0.22	0.25

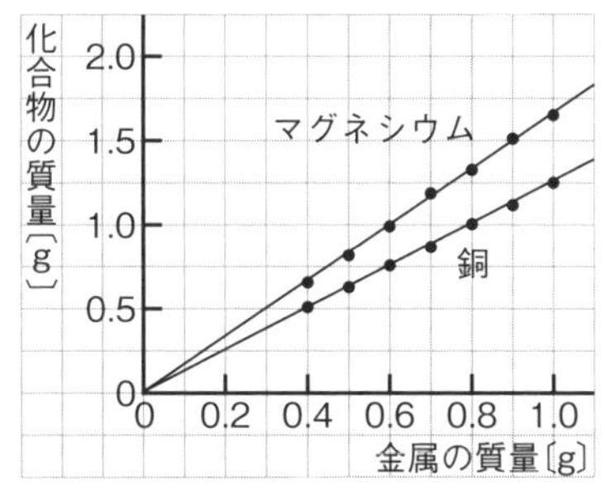

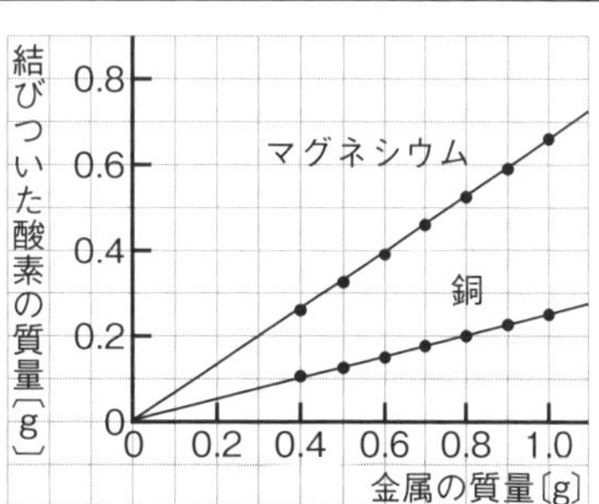

結果の見方

●金属の質量は，熱する前と熱した後でどのように変化したか。

金属を熱した後の方が，質量が大きくなった。

考察のポイント

●教科書69ページのステップ４から，一定の質量の金属と結びつく酸素の質量には限りがあるといえる

だろうか。

限りがあるといえる。

●金属の質量を変えると，結びつく酸素の質量はどうなったか。

結びつく酸素の質量も変わる。

○ 解説

金属によって，結びつく酸素の質量がちがう。

もとの金属の質量と，化合物の質量は，決まった比になる。

もとの金属の質量と，結びついた酸素の質量は，決まった比になる。

 教科書 p.70

分析解釈　データを読みとろう

教科書69ページのステップ４で各班がつくったグラフから，もとの金属の質量と，加熱後の物質の質量が一定になったときの質量をもとに教科書70ページの下の表やグラフをつくり，次の①，②について考えよう。

①もとの金属の質量と，化合物の質量との間には，何か決まりがあるのだろうか。

②もとの金属の質量と，結びついた酸素の質量との間には，何か決まりがあるのだろうか。

● 解答（例）

①質量の比が一定になっている。（比例している。）

マグネシウムの質量：酸化マグネシウムの質量＝３：５

銅の質量：酸化銅の質量＝４ ： ５

②質量の比が一定になっている。（比例している。）

マグネシウムの質量：結びついた酸素の質量＝３：２

銅の質量：結びついた酸素の質量＝４：１

 教科書 p.71

活用　学びをいかして考えよう

酸化銅1.50gにじゅうぶんな量の炭素を加えて，教科書57ページの実験５と同じ方法で酸化銅から銅をとり出したい。どのくらいの銅がとり出せるか考えよう。

● 解答（例）

1.20g

○ 解説

酸化のときも，還元（かんげん）のときも，銅と酸化銅の質量の比は，教科書70ページの「データを読みとろう」のグラフより，4：5 であることがわかる。

とり出した銅の質量を x とすると，x：1.50g ＝ 4：5

$5x = 1.50\,\mathrm{g} \times 4$

$5x = 6.00\,\mathrm{g}$

$x = 1.20\,\mathrm{g}$

 教科書 p.72　章末　学んだことをチェックしよう

❶ 化学変化と質量の変化

化学変化の前後で物質全体の質量が変わらないことを(　　)という。

解答(例)

質量保存の法則

解説

質量保存の法則は化学変化だけではなく，物理変化(物質が水にとけることや物質が状態変化すること)など，物質の変化の全てについてなり立つ。

❷ 物質と物質が結びつくときの物質の割合

AとBの２種類の物質が結びつくとき，物質Aと物質Bの質量にはどのような関係があるか。

解答(例)

いつも一定の質量の割合で結びつく。

解説

結びつく物質Aと物質Bの質量で，一方に過不足がある場合，多い方の物質が結びつかずに残る。

 教科書 p.72　章末　学んだことをつなげよう

物質Aと物質Bが結びついて，物質Cができた。物質A，物質B，物質Cの質量をそれぞれ，x，y，zとすると，xとyとzの間にはどのような関係があるか。言葉や式で表そう。

解答(例)

xとyの和がzになる。または，$x+y=z$

解説

質量保存の法則より，化学変化が起こる前と後では，物質全体の質量は変わらない。問題文の化学変化は以下のように表される。

物質A　＋　物質B　⟶　物質C

 教科書 p.72

Before & After

化学変化が起こると物質の質量はどうなるだろうか。

解答(例)

全体の質量は変化しない。また，物質どうしが結びつく変化では，それぞれの物質は，一定の質量の割合で結びつく。

定期テスト対策　第4章　化学変化と物質の質量

解答 p.197

/100

1 次の問いに答えなさい。

①うすい硫酸とうすい塩化バリウム水溶液が反応してできる白い沈殿は何か。物質名を答えなさい。

②化学変化の前と後で物質全体の質量が変わらないことを何というか。

③銅を空気中で熱すると，反応後にできた物質の質量は反応前の銅の質量と比べてどのようになるか。

④化学変化の前後で，元素とそれぞれの原子の数はどのようになっているか。

1　計16点

①	4点
②	4点
③	4点
④	4点

2 図のようにA，Bの化学変化の前後で全体の質量を測定した。後の問いに答えなさい。

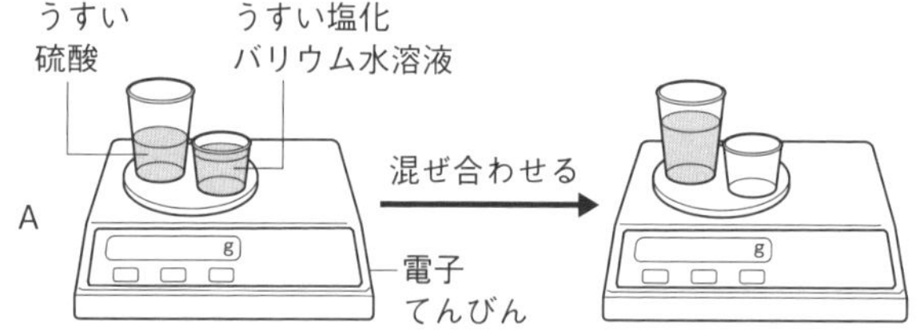

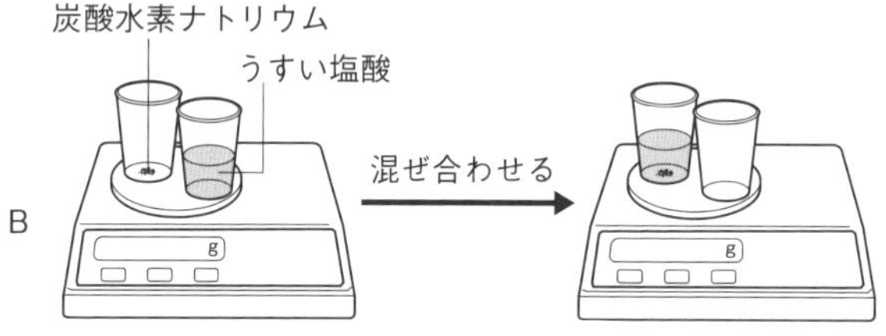

①Aで，うすい硫酸とうすい塩化バリウム水溶液を混ぜると，白い沈殿ができる。この物質の化学式を書きなさい。

②Bで，炭酸水素ナトリウムとうすい塩酸を混ぜ合わせると，何という気体が発生するか。物質名を答えなさい。

③A，Bで，それぞれ反応後の全体の質量は反応前と比べてどのようになるか。

④Bを，密閉容器内で反応させたとき，反応後の全体の質量は反応前と比べてどのようになるか。

2　計22点

①	6点
②	4点
③ A	4点
B	4点
④	4点

3 物質の変化と質量について，次の問いに答えなさい。

①図のような装置の密閉した丸底フラスコの中でスチールウールに電流を流して燃焼させると，何という物質になるか。物質名を答えなさい。

②図の丸底フラスコの全体の質量を反応の前後で測定した。反応前と比べ，反応後の質量はどうなるか。

③②のようになることを何の法則というか。

④③の法則が化学変化でなり立つ理由を説明した次の文の(　　)に当てはまる言葉を書きなさい。

　化学変化では，物質をつくる原子の(㋐)は変化しても，原子の種類や(㋑)は変化しないから。

⑤氷が水に状態変化するとき，③はなり立つか。

⑥砂糖が水にとけるとき，③はなり立つか。

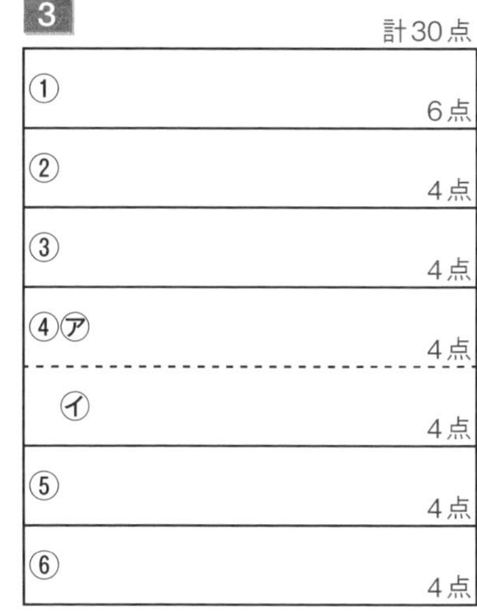

3 計30点

①	6点
②	4点
③	4点
④㋐	4点
㋑	4点
⑤	4点
⑥	4点

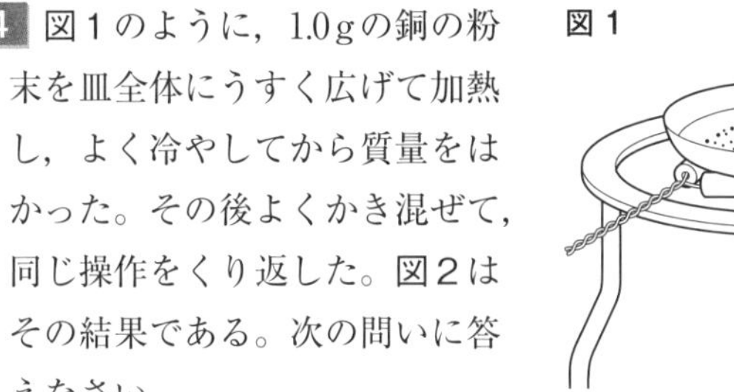

4 図1のように，1.0 gの銅の粉末を皿全体にうすく広げて加熱し，よく冷やしてから質量をはかった。その後よくかき混ぜて，同じ操作をくり返した。図2はその結果である。次の問いに答えなさい。

図1

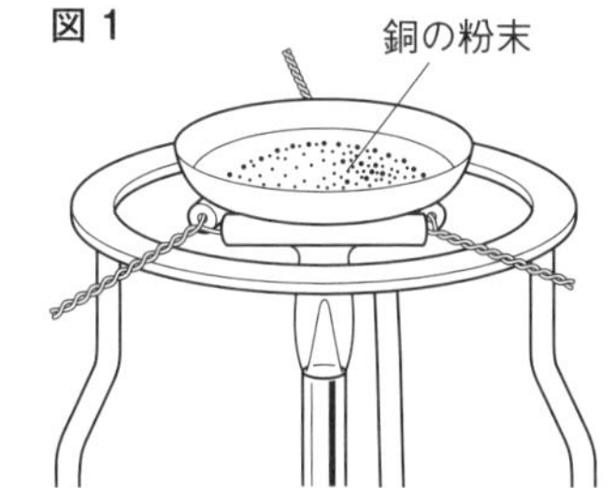

図2

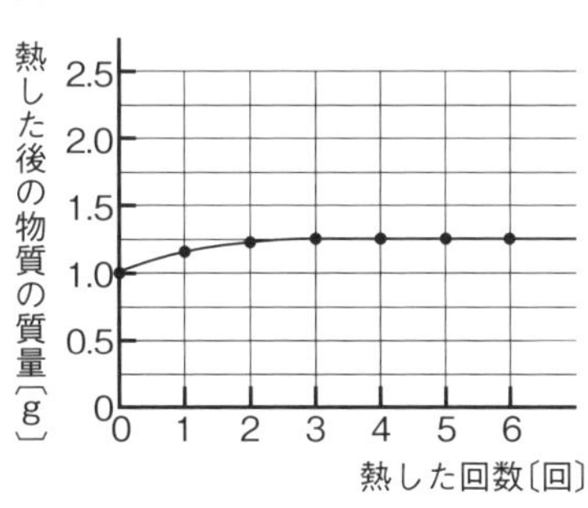

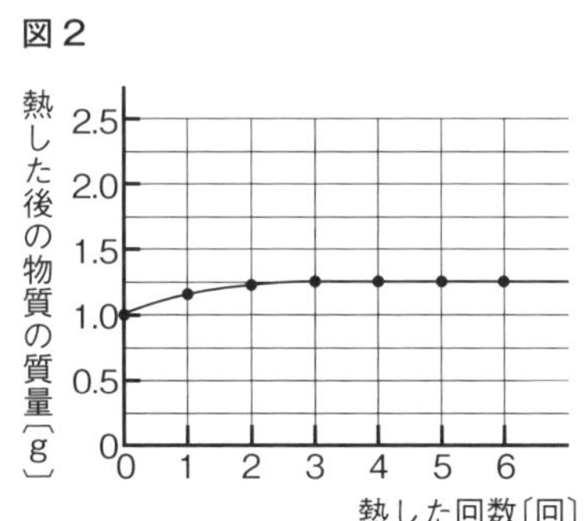

①銅の粉末を皿全体にうすく広げたり，操作をくり返す前によくかき混ぜたりするのはなぜか。

②銅の粉末と酸素が結びついてできる物質は何か。

③図2より，3回目の加熱以降，加熱しても質量はふえなかったが，なぜか。

④③のとき，1.0 gの銅の粉末と結びついた酸素は何gか。

⑤③のとき，銅の粉末の質量と結びついた酸素の質量の割合を最も簡単な整数の比で答えなさい。

⑥銅の粉末を加熱したときに起こる反応を，次のように化学反応式で表した。(　　)に当てはまる数字を答えなさい。

(㋐) Cu ＋ O_2 ⟶ (㋑) CuO

4 計32点

①	6点
②	4点
③	6点
④	4点
⑤　　：	6点
⑥㋐	3点
㋑	3点

第5章 化学変化とその利用

これまでに学んだこと

▶**熱の伝わり方**(小4)　金属は，熱せられたところから順にあたたまっていき，やがて全体があたたまる。水や空気は，熱せられたところが動きながら全体があたたまっていく。

第1節 化学変化と熱

要点のまとめ

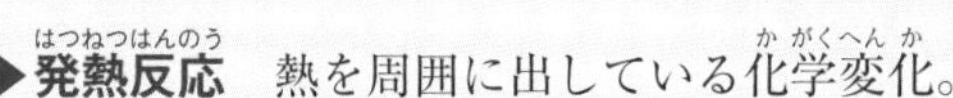

▶**発熱反応**(はつねつはんのう)　熱を周囲に出している化学変化(かがくへんか)。

(例)

・鉄粉が酸化される反応。(化学かいろなどに利用されている。)

・酸化カルシウムと水を反応させて水酸化カルシウムを発生させる反応。(ひもを引くとあたたかくなる弁当などに利用されている。)

・マグネシウムにうすい塩酸を反応させて水素を発生させる反応。

▶**吸熱反応**(きゅうねつはんのう)　周囲から熱をうばう化学変化。

(例)

・水酸化バリウムと塩化アンモニウムを反応させてアンモニアを発生させる反応。

・炭酸水素ナトリウムとクエン酸の反応。

▶**化学エネルギー**　物質がもっている エネルギー。化学変化によって熱などとして，物質からとり出すことができる。

●**発熱反応**

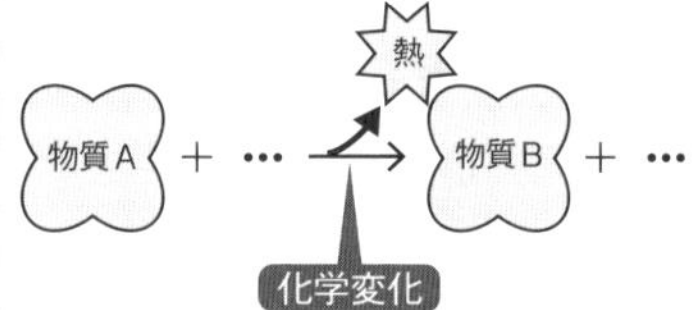

●**吸熱反応**

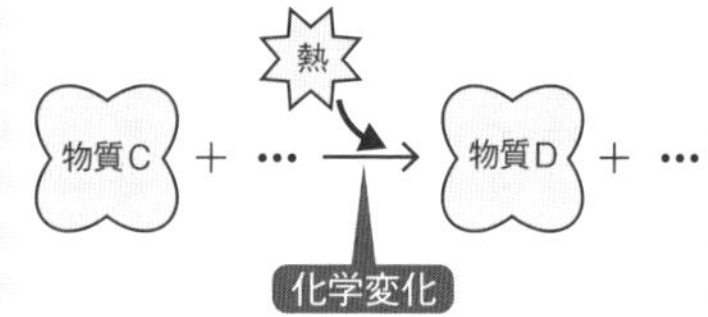

 教科書 p.75

実験8

化学変化による温度変化

○ 実験のアドバイス

実験A…食塩水には鉄の酸化を助けるはたらきがあるが，入れすぎないようにする。

○ 結果の見方

●実験A，実験Bで，それぞれの温度はどのように変化したか。

実験	温度〔℃〕		温度の変化
	反応前	反応後	
A　鉄粉の酸化	20.0	75.0	上がった。
B　アンモニアの発生	18.0	2.0	下がった。

○ 考察のポイント

●実験A，実験Bの化学変化を，熱の出入りに着目して考えよう。

実験Aは発熱反応，実験Bは吸熱反応である。

○ 解説

実験Aは温度が上がったので，発熱反応と考えられ，実験Bは温度が下がったので，吸熱反応と考えられる。**化学変化が起こるとき，周囲との間で熱の出入りがともなう。**

実験Bの化学反応式(かがくはんのうしき)は，次のように表すことができる。

$Ba(OH)_2 + 2NH_4Cl \longrightarrow BaCl_2 + 2H_2O + 2NH_3$

 教科書 p.77

活用　学びをいかして考えよう

教科書38ページの実験3で，加熱により反応が始まると，加熱をやめた後も反応が続いた。反応が続いた理由を説明しよう。

● 解答(例)

鉄と硫黄(いおう)が結びつくときに発生する熱によって，次の反応が引き起こされるため。

○ 解説

鉄と硫黄を加熱すると，熱と光を出しながら激しい発熱反応が起こり硫化鉄(りゅうかてつ)ができる。加熱していったん反応が始まれば，反応によって発生した熱でまだ反応していない鉄と硫黄の混合物が加熱されて反応が持続する。よって，加熱をやめても反応は続く。

 教科書 p.79

章末　学んだことをチェックしよう

❶ 化学変化と熱

1. 熱を周囲に出している化学変化を(　　)という。
2. 周囲から熱をうばう化学変化を(　　)という。

解答(例)

1. **発熱反応**(はつねつはんのう)
2. **吸熱反応**(きゅうねつはんのう)

解説

発熱反応では熱を周囲に出しているので，温度が上がる。
吸熱反応では周囲から熱をうばっているので，温度が下がる。

 教科書 p.79

章末　学んだことをつなげよう

この単元で学習した化学変化を発熱反応と吸熱反応に分けよう。そのことから，どのようなことがわかるか考えよう。

解答(例)

発熱反応：水素と酸素の反応，マグネシウムの燃焼(ねんしょう)，有機物の燃焼，鉄粉の酸化など。

吸熱反応：炭酸水素ナトリウムの分解，水の電気分解，水酸化バリウムと塩化アンモニウムの反応など。

わかること：発熱反応では，化学変化が起こるとき熱や光を出す。吸熱反応では，化学変化を起こすために熱や電気が必要となることもある。

 教科書 p.79

Before & After

生活のなかで，化学変化はどのように利用されているだろうか。

解答(例)

調理(ホットケーキやカルメ焼きなど)，さびをふせぐためのめっき，鉱石から金属のとり出し，化学かいろ，燃料，胃薬，漂白剤，パーマ剤，など。

解説

教科書78～79ページの，燃料，医薬品，素材などへの利用例などをもとに考えてみよう。

定期テスト対策 第5章 化学変化とその利用

解答 p.197

/100

1 次の問いに答えなさい。

①化学変化が起こるときに，温度が上がる反応を何というか。
②化学変化が起こるときに，温度が下がる反応を何というか。
③マグネシウムの燃焼は，①か②か。
④もともと物質がもっているエネルギーを何というか。

2 次のA，Bの操作を行い，反応の前後で温度の変化を調べた。後の問いに答えなさい。

A　鉄粉と活性炭の混合物に食塩水を数滴たらし，よくかき混ぜた。
B　水酸化バリウムと塩化アンモニウムをかき混ぜた。

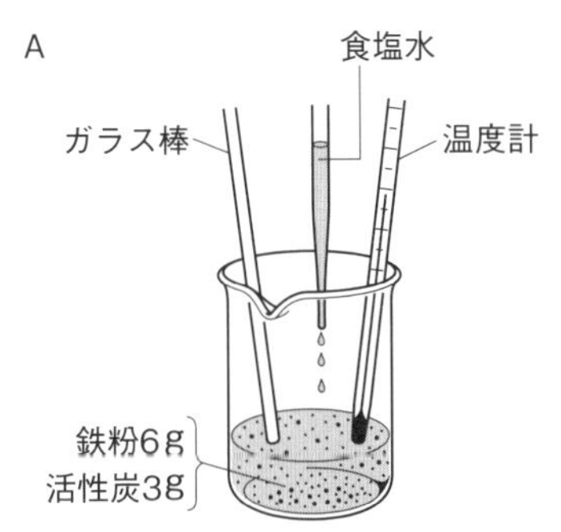

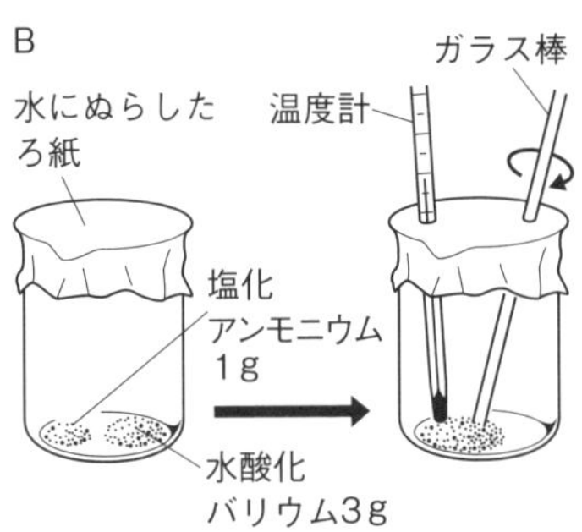

①Aの反応で鉄粉と結びつく物質は何か。
②Bの反応で発生する気体は何か。化学式で答えなさい。
③A，Bそれぞれの反応後の温度は，反応前と比べてどのようになったか。
④Aのしくみを利用した物を，1つあげなさい。

3 図は，家庭用の燃料に用いられるプロパンの燃焼を表している。後の問いに答えなさい。

プロパン ＋ 酸素 ⟶ 二酸化炭素 ＋ 水

①プロパンのように燃えると二酸化炭素や水が発生する物質を何というか。
②この反応が起こるとき，温度はどのように変化するか。
③この反応が起こるときの熱の出入りは，次の**ア**，**イ**のどちらになるか。
ア　周囲から熱をうばう。　　**イ**　周囲に熱を出す。
④②，③のような温度変化と熱の出入りをする反応を何というか。

1 計28点

①	7点
②	7点
③	7点
④	7点

2 計40点

①	8点
②	8点
③ A	8点
B	8点
④	8点

3 計32点

①	8点
②	8点
③	8点
④	8点

教科書 p.84

確かめと応用　単元 1　化学変化と原子・分子

1 炭酸水素ナトリウムの分解

図のようにして炭酸水素ナトリウムを熱したところ，気体が発生し，石灰水(せっかいすい)が白くにごった。

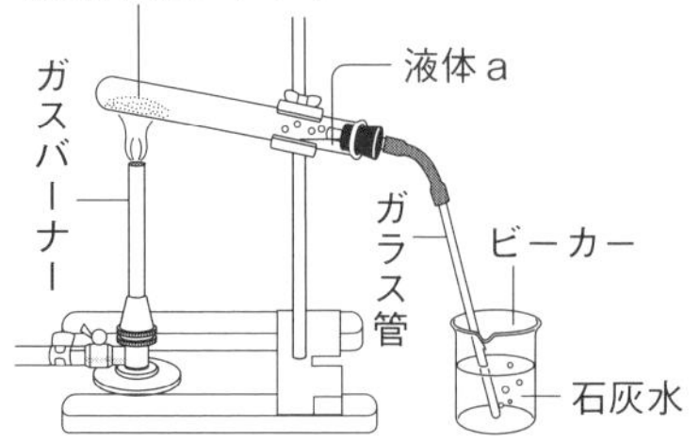

❶発生した気体の名称(めいしょう)を答えなさい。

❷❶の気体と同じ気体が発生するものを次のア～エから選びなさい。

ア　石灰石(せっかいせき)にうすい塩酸を加える。

イ　二酸化マンガンにオキシドールを加える。

ウ　鉄にうすい塩酸を加える。

エ　塩化アンモニウムと水酸化カルシウムを混ぜ合わせて加熱する。

❸液体 a が水かどうかを調べるために，使うものは何か。

❹この実験を安全に行うために試験管をとりつけるときに気をつけることは何か。また，なぜその操作を行うのか，理由を答えなさい。

解答(例)

❶二酸化炭素

❷ア

❸塩化コバルト紙

❹試験管の口を底よりも低くしてとりつける。

(理由)炭酸水素ナトリウムを加熱して発生した水が，試験管の底の加熱部分に流れると，試験管が割れるおそれがあるため。

解説

❶炭酸水素ナトリウムを熱すると，炭酸ナトリウムと水と二酸化炭素に分解される。発生した気体を石灰水に通すと白くにごったのは，二酸化炭素が発生したためである。

❷発生する気体は次のようになる。

ア…二酸化炭素，イ…酸素，ウ…水素，エ…アンモニア

❸塩化コバルト紙は，水にふれると，青色から桃(もも)色に変わる。

確かめと応用　単元1　化学変化と原子・分子

2 水の電気分解

図のように，水に電流を流す実験を行ったところ，陰極(いんきょく)から水素，陽極(ようきょく)から酸素が発生した。

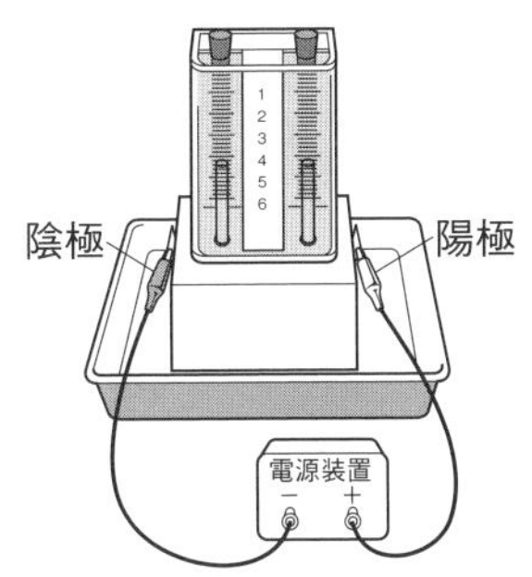

❶この実験では，水に水酸化ナトリウムなどをとかす。この理由を答えなさい。

❷発生した気体を確認(かくにん)する方法をそれぞれ答えなさい。

❸この化学変化を，化学反応式で表しなさい。

❹発生した気体の体積が大きかったのは，水素と酸素のどちらの気体か。

解答(例)

❶純粋(じゅんすい)な水に電流はほとんど流れないが，水酸化ナトリウムなどをとかすと，電流が流れるようになるため。

❷水素…マッチの火を近づけると，気体がポンと音を立てて燃える。
酸素…火がついた線香(せんこう)を入れると，線香が激しく燃える。

❸ $2H_2O \longrightarrow 2H_2 + O_2$

❹水素

解説

❶水溶液(すいようえき)中の水酸化ナトリウムは分解されにくいため変化しないで，水に電流を流れやすくして水の電気分解を促進(そくしん)させるはたらきをしている。

❷水に電流を流すと，水が分解して，水素と酸素が発生する。水素は，火をつけると空気中で音を出して燃え，水ができる。酸素は，物質を燃やすはたらきがある。

❸水の化学式は H_2O，水素の化学式は H_2，酸素の化学式は O_2 で表される。化学反応式は⟶の左右で原子の数を合わせる。

❹水素と酸素が体積の比で２：１の割合で発生する。

教科書 p.84

確かめと応用　単元 1　化学変化と原子・分子

3 原子・分子

次のア～エは，物質の分子のモデルである。

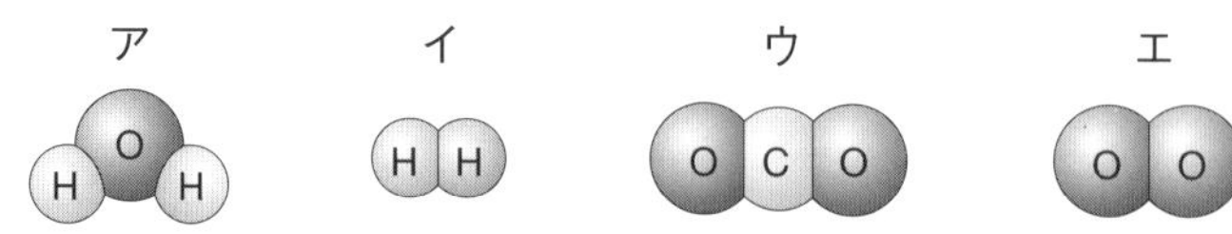

❶二酸化炭素の分子モデルはア～エのどれか。また，化学式も答えなさい。
❷単体(たんたい)とは，どのようなものか。「元素」という言葉を用いて簡単に説明しなさい。
❸ア～エの物質を，単体と化合物(かごうぶつ)に分けなさい。
❹アとエの物質をつくる元素には，共通のものがある。その元素の名称を答えなさい。

解答(例)

❶記号…ウ　　化学式…CO_2
❷ 1 種類の元素からできている物質
❸単体…イ，エ
化合物…ア，ウ
❹酸素

解説

❶アは水分子(H_2O)，イは水素分子(H_2)，ウは二酸化炭素分子(CO_2)，エは酸素分子(O_2)である。
❷❸単体は 1 種類の元素からできている物質，化合物は 2 種類以上の元素からできている物質のことである。
ア…水分子は**H**と**O**の元素からできているため，化合物である。
イ…水素分子は**H**の元素からできているため，単体である。
ウ…二酸化炭素分子は**C**と**O**の元素からできているため，化合物である。
エ…酸素分子は**O**の元素からできているため，単体である。
❹水分子(H_2O)と酸素分子(O_2)に共通の元素は**O**で，これは酸素である。

確かめと応用　単元1　化学変化と原子・分子

4 スチールウールの燃焼

図のように，水を入れたバットの上でスチールウールに点火し，酸素を入れた集気びんをかぶせたところ，集気びんの中の水面が上がった。

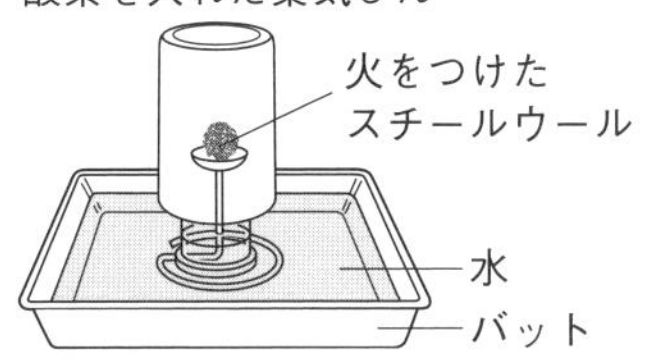

❶集気びんの中の水面が上がった理由を説明しなさい。

❷この実験で，スチールウールを燃やした後にできた物質が，スチールウールとちがう物質であることを確かめる方法を1つ答えなさい。

❸この反応を次のように表すと，ア，イにはどのような物質が入るか。
それぞれの名称を答えなさい。

鉄 ＋ （ ア ） ⟶ （ イ ）

解答(例)

❶スチールウールが燃焼(ねんしょう)するときに集気びん内の酸素が使われたため。

❷塩酸に入れたときの反応を調べる，電流が流れるかどうかを調べる，磁石へのつき方を調べる，など。

❸ア…酸素　　イ…酸化鉄

解説

❷

	燃焼前	燃焼後
塩酸に入れる	気体が発生する。	気体が発生しにくい。
電流を流す	流れる。	流れにくい。
磁石へのつき方	つく。	つきにくい。

❸スチールウール(鉄)を燃やすと，鉄と酸素が結びつき，酸化鉄という物質ができる。

教科書 p.84～p.85

確かめと応用　単元1　化学変化と原子・分子

5 酸化銅と炭素を加熱したときの変化

酸化銅と炭素の粉末を混ぜ，図のような装置で加熱したところ，石灰水が白くにごった。反応後，石灰水からガラス管をとり出し，熱するのをやめ，ピンチコックでゴム管をとめて冷ました。

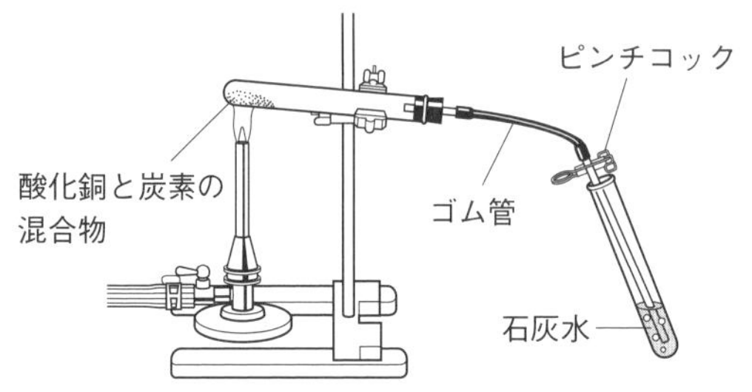

❶ガスバーナーを止めた直後にピンチコックでゴム管をとめる理由を，簡単に説明しなさい。
❷試験管内に残った物質を強くこすると，金属光沢（こうたく）が見られた。この物質は何か。
❸この実験での物質の変化を説明したとき，ア，イに入る適切な語句を答えなさい。
「酸化銅と結びついていた（　ア　）が炭素にうばわれ，酸化銅が単体の（　イ　）となった。」
❹❸の化学変化は次のようにも説明できる。ウ，エに入る適切な語句を答えなさい。
「酸化銅は（　ウ　）され，炭素は（　エ　）された。」

解答（例）

❶試験管の中の物質が，ガラス管から入った空気と反応しないようにするため。
❷銅
❸ア…酸素　　イ…銅
❹ウ…還元（かんげん）　　エ…酸化

解説

❶ピンチコックをしないまま冷ますと，ガラス管から空気が入ってしまい，空気中の酸素によって試験管内にある銅が再び酸化されてしまう。
❷❸❹この実験では，下のように酸化銅が還元されて銅になり，炭素が酸化されて二酸化炭素になる。

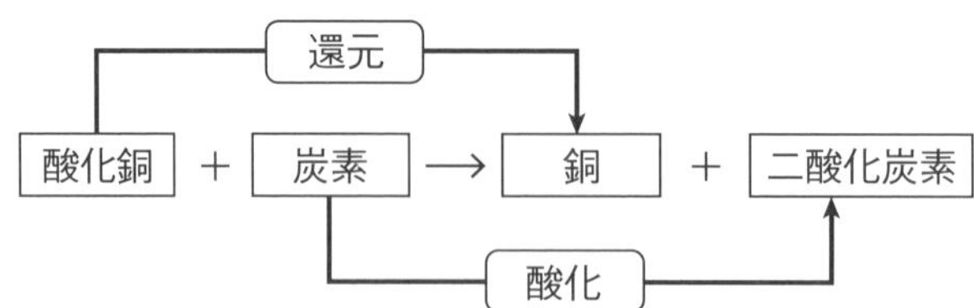

教科書 p.85

確かめと応用　単元1　化学変化と原子・分子

6 化学変化と質量の変化

炭酸水素ナトリウムとうすい塩酸を，密閉していない状態〔実験A〕と密閉した状態〔実験B〕の２つの状態で混ぜ合わせ，反応の前後で質量を比べた。

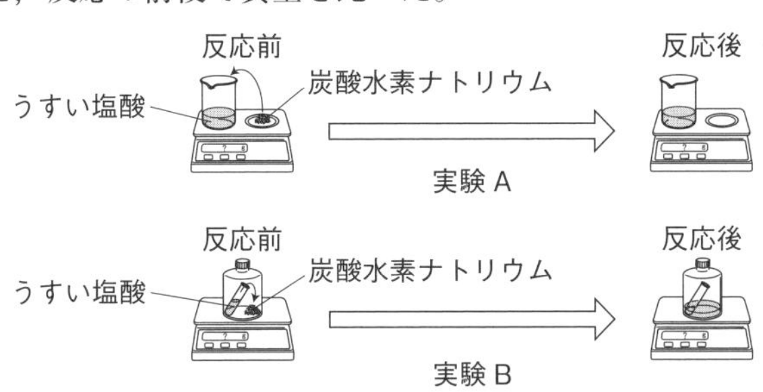

反応の前後で質量に変化があったのはどちらの実験か。また，その理由も答えなさい。

解答(例)

実験A

(理由)発生した二酸化炭素が，空気中に出ていってしまうため。

解説

炭酸水素ナトリウムとうすい塩酸を反応させると，塩化ナトリウムと水と二酸化炭素が発生する。

$$NaHCO_3 + HCl \longrightarrow NaCl + H_2O + CO_2$$

炭酸水素ナトリウム　塩酸　塩化ナトリウム　水　二酸化炭素

気体が発生する反応では，〔実験A〕のような密閉されていない状態で実験を行うと，発生した気体である二酸化炭素が空気中に出ていくため，反応後の全体の質量は小さくなる。また，〔実験B〕のように密閉された状態で実験を行うと，発生した二酸化炭素は容器内に閉じこめられるため，反応の前後で全体の質量は変化しない。ちなみに，この後に容器のふたをあけると，容器の外に出ていった二酸化炭素の分だけ，質量が小さくなる。

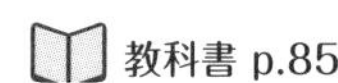

確かめと応用　単元 1　化学変化と原子・分子

7 物質どうしが結びつくときの物質の割合

マグネシウムの粉末1.20gをステンレス皿全体にうすく広げてから加熱し，よく冷ました後，質量をはかった。この作業を6回くり返した。このときの物質の質量の変化を表したものが次のグラフである。

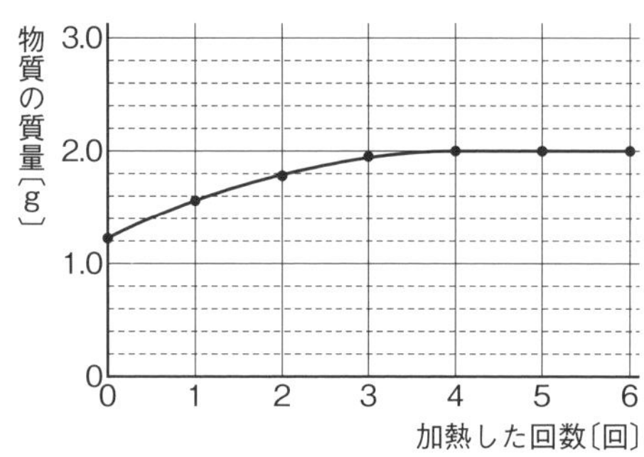

❶ステンレス皿にマグネシウムの粉末を広げてから加熱する理由を答えなさい。

❷それ以上，マグネシウムと酸素が結びつかなくなったのは，何回目の加熱からだと考えられるか。そのように判断した理由も答えなさい。

❸1.20gのマグネシウムには，最大で何gの酸素が結びついたといえるか。

❹下のグラフは，マグネシウムの質量を変えて同様の実験を行い，質量がそれ以上大きくならなくなったときの加熱前後の質量の関係を表している。マグネシウムと結びつく酸素の質量の比を簡単な整数比で表しなさい。

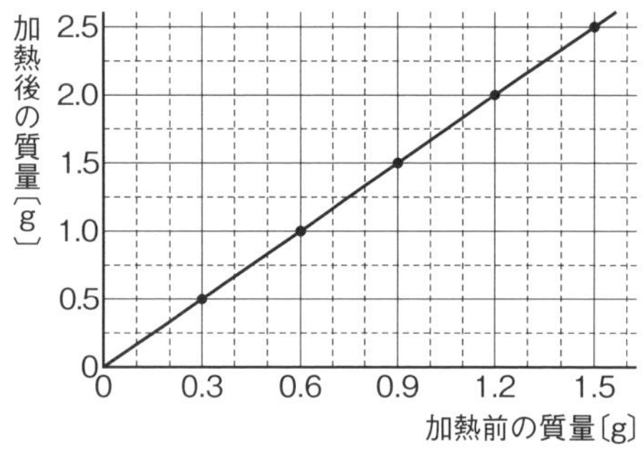

❺❹のグラフから，1.80gのマグネシウムを完全に酸素と反応させると，何gの酸素と結びつくか。また，加熱後の物質の質量は何gになるか。

解答(例)

❶じゅうぶんに酸素(空気)とふれさせて，未反応のマグネシウムが残らないようにするため。

❷ 5回目

(理由) 5回目の加熱以降，質量が大きくなっていないため。

❸ 0.8 g

❹マグネシウム：酸素＝3：2

❺結びついた酸素…1.20 g

加熱後の物質…3.0 g

解説

❷結びついた酸素の分だけ質量が大きくなるので，質量が大きくならなくなったところがマグネシウムと酸素が結びつかなくなったところである。4回目の加熱までは質量が大きくなり続けているが，4回目の加熱後の質量と5回目の加熱後の質量は2.0 gで同じになっている。

❸大きくなった質量が，マグネシウムと結びついた酸素の質量である。グラフより，1.20 gのマグネシウムを加熱して，質量がそれ以上大きくならなくなったときの質量は2.0 gであるので，

2.0 g－1.20 g＝0.8 g

❹グラフより，加熱前の質量が0.9 gのとき，加熱後の質量は1.5 gである。増加した質量が，マグネシウムと結びついた酸素の質量なので，結びついた酸素の質量は，1.5 g－0.9 g＝0.6 gである。マグネシウム0.9 gと酸素0.6 gが結びついているので，

マグネシウム：酸素＝0.9 g：0.6 g＝3：2

❺❹より，マグネシウムと酸素の結びつく割合は3：2である。

マグネシウム1.80 gと結びつく酸素の質量をxとすると，

1.80 g：x＝3：2より，x＝1.20 g

加熱後の物質の質量は，マグネシウムと酸素の質量の和なので，

1.80 g＋1.20 g＝3.0 g

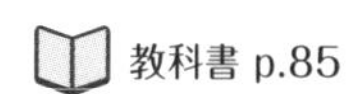

教科書 p.85

確かめと応用　単元1　化学変化と原子・分子

8 化学変化と熱の出入り

実験①と実験②を行い，化学変化が起こるときの熱の出入りを調べた。

〔実験①〕鉄粉と活性炭の混合物(こんごうぶつ)に食塩水を数滴(すうてき)加えて，かき混ぜながら温度をはかった。

〔実験②〕水酸化バリウムに塩化アンモニウムを入れてふくろの口を閉じ，外側からもんで中を混ぜながら温度をはかった。

❶実験①で，温度が上がるのは，化学変化によって物質から熱が出るからか，それとも周りから熱が吸収されるからか。どちらか答えなさい。

❷実験②では，何という気体が発生するか。

❸実験②では，温度が下がった。このような反応を何というか。

❹化学変化の際に，熱などとしてとり出すことができる，物質がもっているエネルギーを何というか。

解答(例)

❶熱が出るから。

❷アンモニア

❸吸熱反応

❹化学エネルギー

解説

❶実験①では，鉄粉の酸化が起こり，温度が上がった。熱を周囲に出している化学変化を発熱反応という。

❷実験②の化学反応式は，次のように表すことができる。

$$Ba(OH)_2 + 2NH_4Cl \longrightarrow BaCl_2 + 2H_2O + 2NH_3$$

水酸化バリウム　塩化アンモニウム　塩化バリウム　水　アンモニア

❸化学変化により周りから熱をうばう反応を吸熱反応という。

教科書 p.86 活用編

確かめと応用 単元 1 化学変化と原子・分子

1 化学変化と熱

ひろしさんとあけみさんは，冬の寒いときに，化学かいろを使った経験はあったが，化学かいろがどのようなしくみになっているのかは知らなかった。

今日，理科の時間に，化学かいろは鉄粉と活性炭を混ぜ，食塩水を数滴(すうてき)たらすと熱が発生するというしくみであることを学んだ。２人は，化学かいろのしくみはわかったのだが，あたたまり方について，次のような疑問をもった。

ひろしさん「化学かいろは，ふくろから出してふらないと冷たいままだね。」

あけみさん「化学かいろをふくろから出してよくふるとだんだんあたたかくなってくるけど，あたたかくなるのに，時間がかかるね。」

この会話から，次の問いに答えなさい。

❶化学かいろがあたたかくなるには，化学かいろに入っている材料のほかに，何が必要か。自分の考えを説明しなさい。

次に，２人は市販(しはん)の化学かいろをふくろから出して，よくふってから１分間ごとに化学かいろの温度をはかる実験を行ってみた。その結果をまとめると，下の表のようになった。

〔結果〕

時間〔分〕	0	1	2	3	4	5
温度〔℃〕	31.0	50.0	59.5	51.5	66.5	70.0

時間〔分〕	6	7	8	9	10	11
温度〔℃〕	71.5	71.0	70.5	70.0	69.5	65.0

これらのことについて，次の問いに答えなさい。

❷実験の結果の表にタイトルをつけなさい。

❸実験をするときに，２人が変化させた量は何か。また，変化した量は何か。

❹実験の結果をグラフにしたところ，測定した値(あたい)の１つに書きまちがいがあることに気づいた。まちがっている結果は何分のときで，そのときの実際の温度は約何℃だと考えられるか。なお，次のグラフ用紙(教科書86ページ参照)を用いてもよい。

解答(例)

❶酸素(空気)

(理由)化学かいろはふくろから出してふらないとあたたかくならないから。

❷化学かいろをふくろから出したときの時間と温度の関係

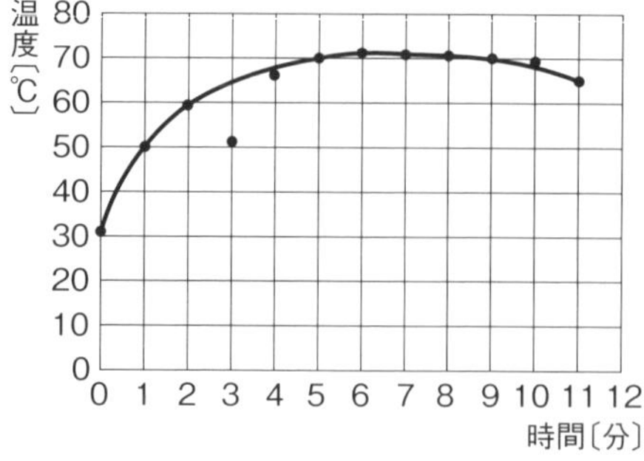

❸変化させた量…時間

変化した量…化学かいろの温度

❹書きまちがえた時間…3分

推測できる温度…63〜65℃(右のグラフを参照する)

解説

❶化学かいろは鉄粉の酸化を利用したものである。

❷表は，化学かいろに関する時間と温度の関係を表しているので，それをタイトルにする。

❸1分間ごとに化学かいろの温度をはかる実験であるので，変化させた量が時間，変化した量が化学かいろの温度である。

❹結果の表をもとに，グラフをかいてみる。そのとき，正しい測定値でも誤差があるので，測定値のなるべく近くを通るなめらかな曲線を引く。そのうえで，その曲線から大きく外れている値が書きまちがえた値だと考えられる。

教科書 p.86〜p.87 活用編

確かめと応用 単元1 化学変化と原子・分子

2 銅と酸素が結びつくときの質量の割合

A〜E班は，指定された銅の粉末(ふんまつ)をステンレス皿にのせて，ガスバーナーで加熱する操作を数回くり返し，質量の変化を電子(でんし)てんびんで測定した。下の表は，それぞれの班で異なる質量の銅を熱して，質量が一定になったときの酸化銅の質量を示している。また，各班の実験のようすは，〔実験後の各班の報告〕に示している。

〔A班〜E班までの結果〕

	A	B	C	D	E
銅〔g〕	0.40	0.60	0.80	1.00	1.20
酸化銅〔g〕	0.48	0.75	0.93	1.14	1.34

次の各班の報告を読んで，問いに答えなさい。

〔実験後の各班の報告〕

A班：加熱後，すぐに銅の色が変化して，全体が黒くなった。3回目の加熱以降，質量の変化はなかった。

B班：色の変化はA班と同じだった。質量は，2回目の加熱から変化しなかった。

C班：色の変化は，真ん中から黒く変化した。質量は，3回目の加熱から変化しなかった。

D班：色の変化はC班と同じだった。質量は，4回目から変化しなかった。加熱後の物質は，全体がかたまりになって固まっていた。

E班：色の変化はC班と同じだった。質量は，5回目から変化しなかった。加熱後の物質は，全体がかたまりになって固まっていた。

❶銅の粉末が酸素と完全に結びついたと考えられる結果は，A～E班のどの班の結果か。
ただし，銅と酸素が結びつくときの質量の比は，銅：酸素＝4：1とする。

❷❶の班以外の結果について，銅の質量を大きくすると，実際にできた酸化銅の質量と，本来できるはずの酸化銅の質量との差はどうなっていくと考えられるか。

❸❷のように，本来できるはずの酸化銅の質量にならない原因について，〔実験後の各班の報告〕から，どの操作に特に気をつけるべきといえるか。下のア～ウから全て選びなさい。

ア　銅の粉末はなるべく新しいものを使う。

イ　銅の粉末を皿全体にうすく広げる。

ウ　常に弱火で加熱する。

解答(例)

❶B班

❷実際にできた酸化銅の質量と，本来できるはずの酸化銅の質量との差は大きくなる。

❸イ

解説

❶問題文に「銅と酸素が結びつくときの質量の比は，銅：酸素＝4：1とする」とあるので，銅と酸化銅の質量の比は，銅：酸化銅＝4：5になる。A～E班の結果で，この比になっているのは，B班の0.60 g：0.75 g＝4：5である。

❷全体的に反応が起こらずに，真ん中から反応が起こるのは，ステンレス皿にのせた銅の粉末がうすく広がっていないためと考えられる。そのため，未反応の銅が残っており，銅の質量を大きくしても未反応で残る銅の質量が大きくなる。よって，実際にできた酸化銅の質量と，本来できるはずの酸化銅の質量の差は大きくなる。

❸銅の粉末を皿全体にうすく広げることで，空気中の酸素とじゅうぶんにふれさせて，未反応の銅が残らないようにする。

 教科書 p.87

活用編

確かめと応用　単元 1　化学変化と原子・分子

3 さまざまな酸化物の還元

かおるさんは，さまざまな酸化物の還元（かんげん）について調べ，クラスの友だちから感想をもらった。

はるか昔，人々は銅を利用するために，(ア)酸化銅を木炭(炭素)で還元して，銅をとり出していました。日本でも，古くから，(イ)酸化鉄を木炭で還元して鉄をとり出す，たたら製鉄が行われているそうです。現在では，鉄道の線路をつなげる鉄をつくるために，(ウ)酸化鉄をアルミニウムで還元して鉄をとり出す方法が使われることもあります。授業では，みんなで実験した(エ)マグネシウムをドライアイス(二酸化炭素)の中で燃焼させる実験が還元の反応でした。

ともさん
二酸化炭素が新たにできる化学変化がいくつかあるね。

わたるさん
金属の酸化物を別の金属で還元する化学変化もあるんだね。

あきらさん
物質によって，酸素との結びつきやすさがちがうのかな。

❶ともさんの感想について，あてはまる化学変化を(ア)～(エ)よりすべて選んで記号で答えなさい。

❷わたるさんの感想について，あてはまる化学変化を(ア)～(エ)より1つ選んで記号で答えなさい。また，この化学変化にかかわる2つの金属のうち，より酸化しやすい金属はどちらか。

❸あきらさんの感想について，(イ)，(エ)の化学変化から，鉄，炭素，マグネシウムの3つの物質を比べたときに，より酸素と結びつきやすい物質の順に並べなさい。

❹(イ)，(ウ)の化学変化では，炭素もアルミニウムも酸化鉄から酸素をうばっているが，どちらが酸素をうばう力が強いか，調べる方法を答えなさい。

解答(例)

❶(ア)，(イ)

❷(ウ)，アルミニウム

❸(酸素と結びつきやすい順に)マグネシウム，炭素，鉄

❹二酸化炭素とアルミニウム，もしくはアルミニウムの酸化物と炭素を反応させて，化学変化が起きるかどうかを調べる。

解説

(ア)～(エ)の化学変化は，次のようになる。

(ア)　酸化銅を炭素で還元すると，銅と二酸化炭素ができる。

(イ)　酸化鉄を炭素で還元すると，鉄と二酸化炭素ができる。

(ウ)　酸化鉄をアルミニウムで還元すると，鉄と酸化アルミニウムができる。

(エ)　マグネシウムを二酸化炭素中で燃焼させると，二酸化炭素が還元されて，酸化マグネシウムと炭素ができる。

❶二酸化炭素ができる化学変化は，(ア)と(イ)である。

❷金属で還元しているのは(ウ)で，使われた金属はアルミニウムである。

❸(イ)から，鉄より炭素の方がより酸素と結びつきやすいことがわかる。また，(エ)から，炭素よりマグネシウムの方がより酸素と結びつきやすいことがわかる。このことから，酸素と結びつきやすい順は，マグネシウム→炭素→鉄となる。

❹二酸化炭素とアルミニウムを反応させて，化学変化が起これば，炭素よりアルミニウムの方がより酸素と結びつきやすいことになり，化学変化が起こらなければ，アルミニウムより炭素の方がより酸素と結びつきやすいことがわかる。また，アルミニウムの酸化物(酸化アルミニウム)と炭素を反応させることでも調べることができる。

単元 2

生物のからだのつくりとはたらき

この単元で学ぶこと

第1章　生物と細胞

動物と植物の細胞を観察し，つくりのちがいを学ぶ。

第2章　植物のからだのつくりとはたらき

植物の光合成と呼吸，吸水と蒸散のしくみを調べ，植物が生きていくためのしくみを学ぶ。

第3章　動物のからだのつくりとはたらき

動物の消化・吸収，排出，呼吸，血液の循環，動物が生きていくためのしくみを学ぶ。

第4章　刺激と反応

動物の刺激と反応，感覚器官，神経，骨や筋肉のはたらきを調べ，動物の行動のしかたを学ぶ。

第1章 生物と細胞

これまでに学んだこと

▶**植物のからだのつくり**(小3)　植物のからだは，葉，茎，根からなる。

▶**動物のからだ**(小学校)　動物のからだの中には，さまざまな臓器がある。

葉は茎についていて，根は茎の下にあったね。

第1節 水中の小さな生物

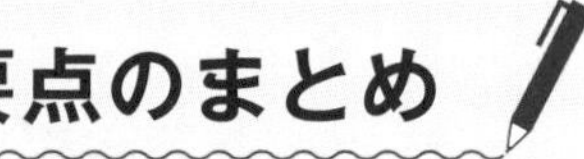

▶**鏡筒上下式顕微鏡，ステージ上下式顕微鏡の使い方**

①対物レンズをいちばん低倍率のものにする。

②接眼レンズをのぞきながら，反射鏡で明るさを均一に調節する。

③観察したいものがレンズの真下にくるように，プレパラートをステージにのせて，クリップでとめる。

④真横から見ながら，調節ねじを回し，プレパラートと対物レンズをできるだけ近づける。

⑤接眼レンズをのぞきながら，調節ねじを④と反対に回し，プレパラートと対物レンズを遠ざけながらピントを合わせる。→プレパラートと対物レンズがぶつからないようにするため。

⑥しぼりを回して，観察したいものが最もはっきり見えるように調節する。

●**顕微鏡**

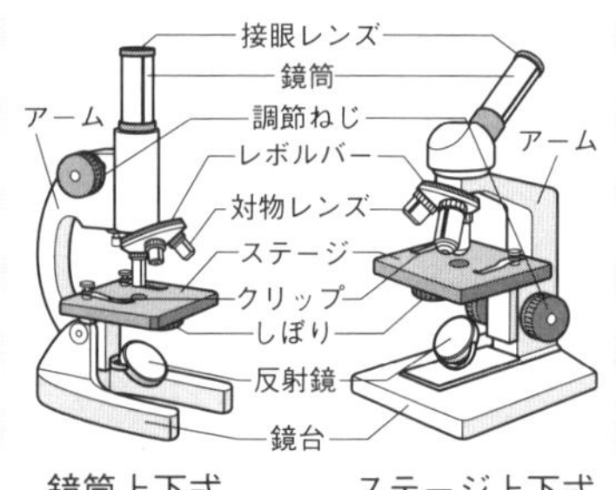

▶**顕微鏡の倍率**

倍率＝接眼レンズの倍率×対物レンズの倍率

高倍率の対物レンズにすると，低倍率のときよりも，対物レンズとプレパラートの間がせまくなる。

(例)接眼レンズが10×で，対物レンズが40の場合，400倍に拡大される。

10倍×40倍＝400倍

▶**顕微鏡の視野と明るさ**　高倍率にすると，見えるものは大きくなるが，視野はせまく，暗くなる。

●**接眼レンズと対物レンズ**

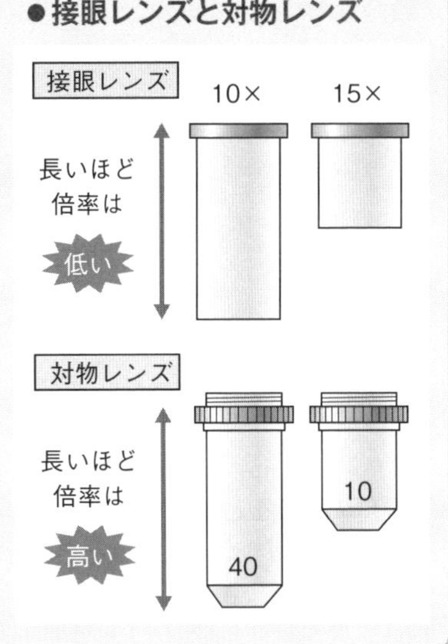

教科書 p.92～p.93

観察 1

水中の小さな生物の観察

○ **観察のアドバイス**

①試料を集める

水中で小さな生物がいそうなところから，試料となる水を集める。

(例)

・池などの底の水を落ち葉といっしょに採取し，落ち葉を水の中でゆすぐ。

・水槽(すいそう)のかべについている，ぬるぬるしたものをスライドガラスなどでこすりとる。

・水槽などのかべの水面に近いところからとる。

②プレパラートをつくる

プレパラートをつくるときには，気泡(きほう)が入らないように，カバーガラスをはしからゆっくりとかける。

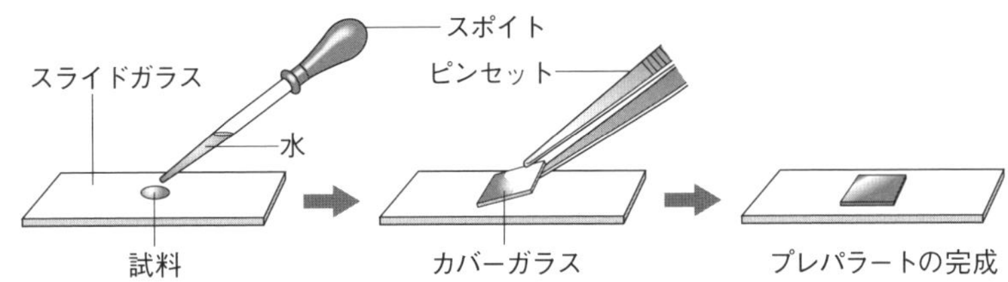

プレパラートがかわいたときは，カバーガラスとスライドガラスのすきまから，スポイトで水を入れる。はみ出した水は，ろ紙などで吸いとる。

③顕微鏡で観察する

顕微鏡でピントを合わせるときは，対物レンズをプレパラートから遠ざける方向に調節ねじを回す。逆に回すと，プレパラートと対物レンズがぶつかり，レンズに傷をつけてしまうおそれがある。

顕微鏡の像は，ふつう，上下左右が反対に見えるので，像を視野の中央に移動したいとき，プレパラートを像が見える方向に動かす。

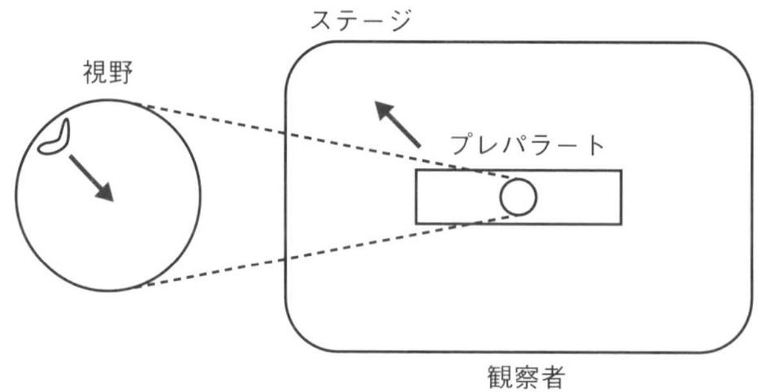

●高倍率にするとき

・まず低倍率にして，見たいものを視野の中央に置き，ピントを合わせる。→低倍率の方が視野が広いので，見たいものをさがしやすい。

・レボルバーを回して，プレパラートがぶつからないように，高倍率の対物レンズにする。

・しぼりで明るさを調節する。明るすぎても暗すぎても見づらいので，像がはっきり見える明るさにする。

考察

試料を集めた場所によって，観察できる生物の種類や数にちがいがある。

例えば，日当たりのよい場所と日当たりのよくない場所で比較（ひかく）すると，生えている植物の種類がちがったり，大きさがちがったりする。

池からとった水(淡水（たんすい）)と，海からとった水(海水)では，観察できる生物の種類がちがう。

また，緑色がこい水ほど，観察できる生物の数は多い。

教科書 p.95

活用　学びをいかして考えよう

観察した小さな生物を大きさ以外の特徴（とくちょう）で分類してわかりやすくまとめよう。

解説

大きさ以外の特徴での分類としては，植物性の生物，動物性の生物，中間の性質をもつ生物，という分類が考えられる。

・植物性の生物(緑色である，動かない)…クンショウモ，ハネケイソウ，アオミドロ，ミカヅキモ

・動物性の生物(緑色でない，動く)…アメーバ，ミジンコ，ツリガネムシ，ゾウリムシ

・中間の性質をもつ生物(緑色である，動く)…ミドリムシ

第2節 植物の細胞

要点のまとめ

▶**細胞**　葉の中にある小さな部屋のようなもの。植物の葉だけでなく，全ての生物のからだに共通して見られる。

▶**細胞のつくり**

	植物の細胞
核	１個ある。酢酸オルセイン，酢酸カーミンなどの染色液でよく染まる。
細胞膜	細胞の外側を囲んでいる。
細胞壁	細胞膜の外側を囲んでいる。細胞の形を維持している。
葉緑体	緑色の粒。光合成を行う。
液胞	物質や水を貯蔵する。細胞が成長すると大きくなる。

▶**気孔**　葉の表皮にある，２つの三日月形の**孔辺細胞**に囲まれたすきま。

　陸上の植物の葉では，主に気孔を通して，光合成に必要な気体をとり入れ，酸素と水蒸気を大気中へ出している。

▶**維管束**　葉脈にある管のようなものの集まり。植物に必要な水や肥料分，養分はここを通っていく。

●**植物の細胞**

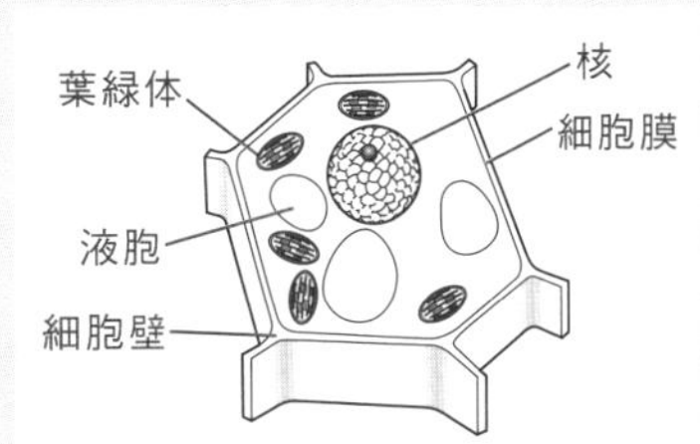

●**気孔**

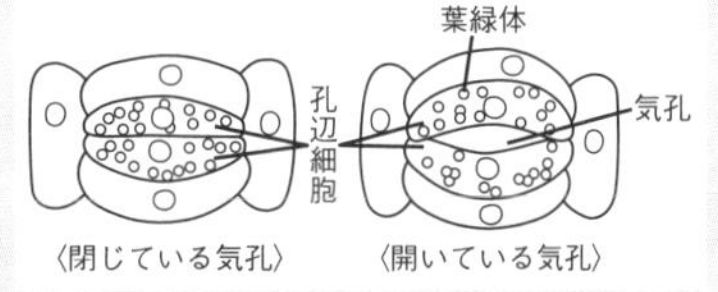

●**ツバキの葉の断面**

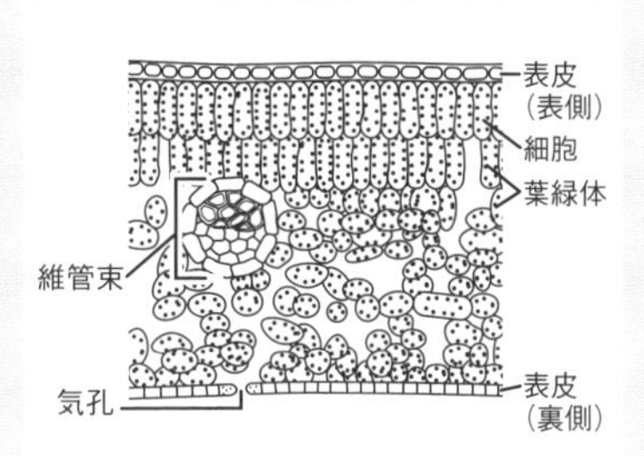

 教科書 p.97

観察２

植物のからだの顕微鏡観察

結果の見方

●植物のからだには，どのようなつくりがあるだろうか。

　葉の表皮，葉の断面とも，しきりで分けられた小さな部屋（細胞）があり，その中に緑色の粒（葉緑体）が見られた。

　ツユクサの葉の表皮では，細胞が規則正しく並んでおり，その中に三日月形の細胞が２つ向かい合わせに並んだもの（気孔）が見られた。

　葉の断面を観察すると，中央に管がたくさん集まっていた（維管束）。

○ 考察のポイント

●植物のからだのつくりには共通点はあるかを考える。

上で説明した内容は，植物のからだのつくりの共通点だと考えられる。

活用　学びをいかして考えよう

教科書99ページの図６のようにして観察したタマネギの細胞は，オオカナダモなどの細胞のつくりと，どのような共通点，相違点（そういてん）があるだろうか。

● 解答(例)

共通点…核，細胞壁がある。

相違点…オオカナダモには葉緑体があるが，タマネギにはない。

○ 解説

タマネギのりん片は地中にうまっており，光合成を行わないので，葉緑体をもっていない。

第3節 動物の細胞

要点のまとめ

▶細胞のつくり

	植物の細胞	動物の細胞
核	1個ある。酢酸オルセイン，酢酸カーミンなどの染色液でよく染まる。	
細胞膜	細胞の外側を囲んでいる。	
細胞壁	細胞膜の外側を囲んでいる。 細胞の形を維持している。	
葉緑体	緑色の粒。 光合成を行う。	
液胞	物質や水を貯蔵する。 細胞が成長すると大きくなる。	

細胞膜と，その内側で核以外の部分を，まとめて**細胞質**（さいぼうしつ）という。

●細胞のつくり

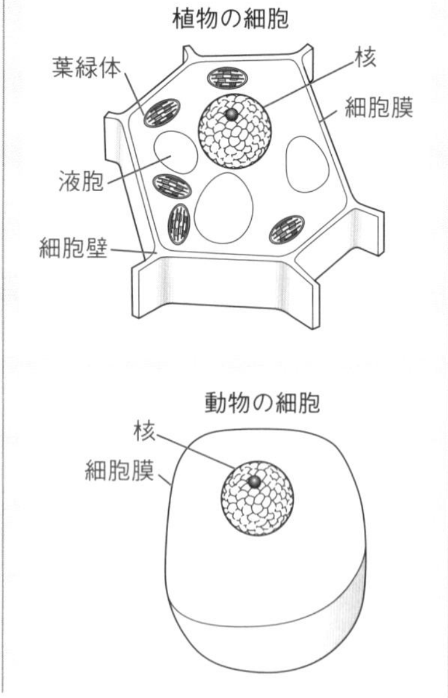

 教科書 p.101

観察3

動物の細胞の観察

◎ **観察のアドバイス**

ほおの内側の粘膜(ねんまく)は，綿棒(めんぼう)の先で軽くこすりとり，スライドガラスにこすりつける。

● **結果(例)**

ヒトのほおの粘膜は，まるみを帯びた形をしていて，境界ははっきりしていなかった。

染色したものでは，1個のまるいもの(核)がはっきりと見えた。

◎ **考察のポイント**

●植物の細胞と比較(ひかく)し，細胞のつくりに共通点や相違点があるかを考える。

植物と動物の細胞には，どちらも1個の核がある。

植物の細胞は，境界がはっきりとしているが，動物の細胞は，境界がはっきりしていない。

植物の細胞には緑色の葉緑体が見られるが，動物の細胞には見られない。

 教科書 p.103

活用　学びをいかして考えよう

植物と動物の細胞の共通点と相違点(そういてん)を表にしてまとめよう。

● **解答(例)**

	植物の細胞	動物の細胞
共通点	1つの核と細胞膜がある。	
相違点	・葉緑体や発達した液胞が見られる。 ・細胞膜の外側を細胞壁が囲み，細胞の境界がはっきりしている。	・葉緑体や発達した液胞は見られない。 ・細胞壁はなく，細胞の境界ははっきりしていない。

第4節　生物のからだと細胞

要点のまとめ

▶**単細胞生物**(たんさいぼうせいぶつ)　1つの細胞からなる生物。1つの細胞の中に，からだを動かしたり養分をとりこんだりするしくみがある。

▶**多細胞生物**(たさいぼうせいぶつ)　多数の細胞からなる生物。

▶**多細胞生物のなり立ち　細胞 → 組織(そしき) → 器官(きかん) → 個体(こたい)**

・組織…形やはたらきが同じ細胞が集まる。

・器官…いくつかの種類の組織が集まり，特定のはたらきをする。

・個体…いくつかの器官が集まる。

・集まり方の例

	植物		動物	
細胞	表皮細胞	葉肉細胞	上皮細胞	筋細胞
組織	表皮組織	葉肉組織	上皮組織	筋組織
器官	葉		小腸	

・組織の例…植物の葉の表皮組織，葉肉組織，動物の上皮組織，筋組織など。
・器官の例…植物の葉，茎，根，動物の目，耳，心臓，小腸など。

教科書 p.107

活用　学びをいかして考えよう

多細胞生物のからだの大きさと，細胞の数にはどのような関係があるだろうか。

解答(例)

多細胞生物では，細胞がいくつか集まって組織になり，組織がいくつか集まって器官になり，器官がいくつか集まって個体がつくられている。そのため，からだの大きさが大きいほど，細胞の数は多くなる傾向にあると考えられる。

教科書 p.108

章末　学んだことをチェックしよう

❶ 植物の細胞のつくり

1. 植物の細胞に特徴的なつくりを３つあげなさい。
2. 核をよく染める染色液を１つあげなさい。

解答(例)

1. 細胞壁，葉緑体，液胞
2. 酢酸オルセイン(酢酸カーミン)

❷ 動物の細胞のつくり

植物の細胞と動物の細胞に共通して見られるつくりを２つあげなさい。

解答(例)

核，細胞膜

❸ 生物のからだと細胞

1. 1個の細胞からなる生物を(　　)といい，多くの細胞からできている生物を(　　)という。
2. 多細胞生物のからだで，形やはたらきが同じ細胞の集まりを(　　)という。また，それが集まって，特定のはたらきをする部分を(　　)という。
3. 多細胞生物では，細胞の間に役割分担が見られる。ヒトの小腸の細胞を例にして，この役割分担について説明しなさい。

解答(例)

1. 単細胞生物，多細胞生物
2. 組織，器官
3. 小腸の表面にある上皮細胞で養分が吸収され，小腸を包む筋細胞は小腸全体を動かす。

教科書 p.108

章末　学んだことをつなげよう

植物の組織と動物の組織を比べると，動物の方が形や構成が複雑で多様である。このようなちがいと，「細胞壁がある・ない」という細胞のつくりのちがいとの関係について考えてみよう。

解説

植物の細胞には細胞壁があるので，細胞の形は細胞ひとつひとつがからだを支える役割をはたしている。動かないで光合成で栄養分をつくることができる植物とちがい，動物は動いてほかの生き物を食べるなどして栄養分を得ている。からだを支える骨や動くための手やあし，栄養分を得るための器官など，細胞の形や構成は多様になっている。

教科書 p.108

Before & After

多様な生物の間に見られる共通点について説明してみよう。

解答(例)

全ての生物は，細胞という細胞膜に囲まれた小さな構造からできており，1つの細胞は1つの核をもっている。多細胞生物では，細胞が集まり組織になり，いくつかの組織が集まり器官になり，いくつかの器官が集まって個体がつくられている。

定期テスト対策 第1章 生物と細胞

解答 p.198

/100

1 次の問いに答えなさい。

①1個の細胞でからだができている生物を何というか。
②多くの細胞でからだができている生物を何というか。
③②の生物のからだの中で，形やはたらきが同じ細胞が集まったものを何というか。
④いくつかの種類の③が集まって1つのまとまった形をもち，特定のはたらきをするものを何というか。
⑤いくつかの④が集まってつくられているものを何というか。

2 図は植物の細胞を模式的に表したものである。次の問いに答えなさい。

①図のA～Eの名称を書きなさい。
②光合成を行うつくりはどれか。図のA～Eから選び，記号で答えなさい。
③染色液によく染まるつくりはどれか。図のA～Eから選び，記号で答えなさい。

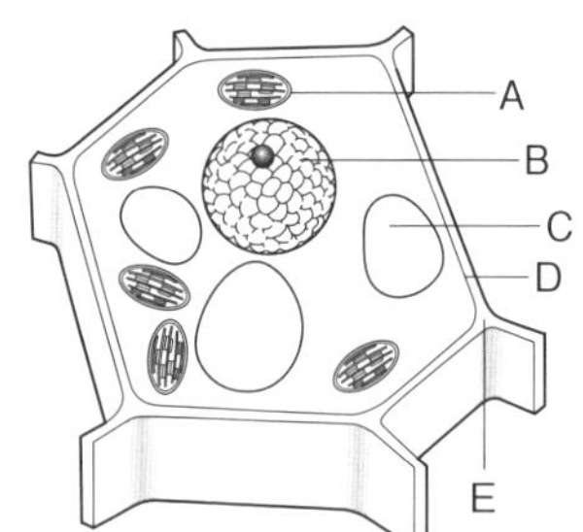

④③の染色液としてよく使われるものを答えなさい。
⑤動物の細胞にはない，植物の細胞にだけに見られるつくりを，図のA～Eから全て選び，記号で答えなさい。
⑥細胞質にふくまれるつくりを，図のA～Eから全て選び，記号で答えなさい。

3 図は，動物の細胞を模式的に表したものである。次の問いに答えなさい。

①染色液によく染まるのはAとBのどちらか。
②Aをふくまないそのほかの部分をまとめて何というか。
③1個の細胞で生命活動を行っている生物を，次の**ア**～**オ**から全て選び，記号で答えなさい。

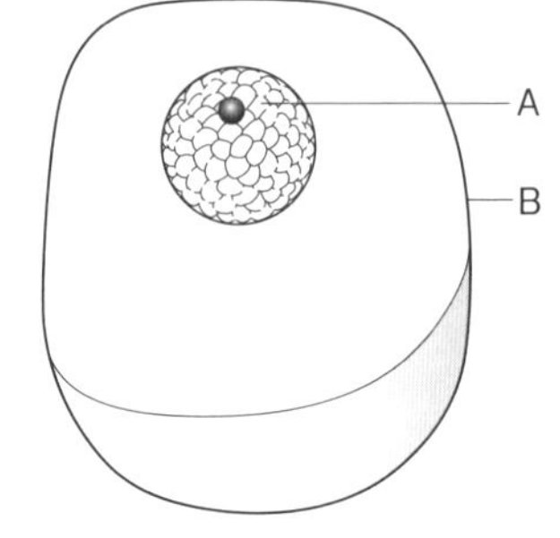

ア ミドリムシ　**イ** アメーバ　**ウ** ミジンコ
エ ゾウリムシ　**オ** クリオネ

1	計25点
①	5点
②	5点
③	5点
④	5点
⑤	5点

2	計60点
①A	6点
B	6点
C	6点
D	6点
E	6点
②	6点
③	6点
④	6点
⑤	6点
⑥	6点

3	計15点
①	5点
②	5点
③	5点

第2章 植物のからだのつくりとはたらき

これまでに学んだこと

▶**植物の成長に必要なもの**(小5)　植物の成長には，光と水，肥料分が必要である。

▶**デンプンの検出方法**(小5，小6)　デンプンがある部分はヨウ素液をつけると青紫色に変化する。

▶**BTB溶液の性質**(中1)　BTB溶液は，酸性で黄色，中性で緑色，アルカリ性で青色を示す。

▶**植物のからだのはたらき**(小6)　植物の葉に日光が当たると，デンプンができる。

　植物の根，茎，葉には，根からとり入れられた水の通り道がある。ここを通って，水は植物のからだ全体に運ばれる。

　根から茎を通ってきた水は，主に葉から水蒸気となって出ていく。これを**蒸散**という。葉には，水蒸気が出ていくあながある。

▶**植物の成長**(小5)　種子が発芽するためには，水，空気，適当な温度が必要。その後，日光に当てたり肥料をあたえたりすると，よく育つ。

　種子の中にはデンプンがふくまれており，発芽するときの養分として使われる。

第1節 葉と光合成

要点のまとめ

▶**光合成**　植物が光を受けてデンプンなどの養分をつくるはたらき。葉緑体で行われ，酸素がつくられる。

 教科書 p.111

実験1

葉の細胞の中で光合成が行われている部分

実験のアドバイス

ステップ1では，葉の中に葉緑体があることを確かめる。

ステップ2では，Ⓐ(光が当たっている)とⒷ(光が当たっていない)の2つを比べる。

どちらも葉の中に葉緑体があるが，脱色してヨウ素液をたらすと，Ⓐは青紫色に変化し，Ⓑは色が変わらない。2つを顕微鏡で観察すると，ステップ1で観察した**葉緑体の部分で色の変化が起こっている**ことがわかり，**光合成が葉緑体で行われている**ことがわかる。

Ⓑは Ⓐの実験と比較するために行った，影響を知りたい条件以外を同じにして行う**対照実験**である。

○ **結果の見方**

●**Ⓐ と Ⓑ，どちらの葉のどの部分がヨウ素液で青紫色に変化したか。**

ヨウ素液で，Ⓐの光が当たった葉の葉緑体の部分の色が変化した。

○ **考察のポイント**

●**2つの葉の，細胞で生じた色の変化のちがいから，葉の中のどの部分で光合成が行われていると考えられるか。**

光合成は葉緑体で行われていると考えられる。

※光合成を行っているオオカナダモから出てくる泡を集め，火のついた線香を近づけると，激しく燃えることから，光合成で酸素が発生することが確かめられる。

 教科書 p.113

活用　学びをいかして考えよう

ヒマワリを真上から見ると，葉のつき方が教科書113ページの図4のようになっており，光合成を行うのにつごうがよいと考えられる。なぜつごうがよいと考えられるのだろうか。

● **解答(例)**

1本の枝に多数の葉をつけた方がたくさんの光を受けられるが，葉と葉の重なり合いが多いと，上の方の葉がじゃまをして多くの日光をさえぎり，下の方にある葉にはわずかな日光しか当たらなくなるので，効率が悪くなる。それをできるだけ防ぐために，葉と葉の重なり合いが少なくなるような葉のつき方になっている。

第2節　光合成に必要なもの

要点のまとめ

▶**光合成に必要なもの**　植物が光合成を行うのに必要なものは，光と，葉の裏に多く存在する気孔からとりこまれる二酸化炭素と，根から吸い上げられる水である。

●**光合成のしくみ**

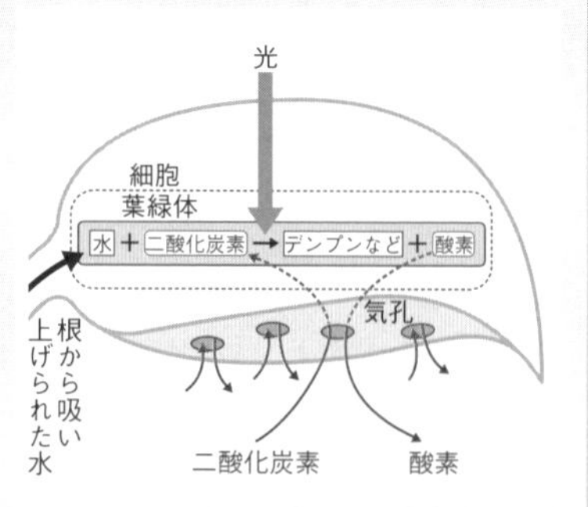

 教科書 p.115

実験2

光合成と二酸化炭素の関係

◎ 実験のアドバイス

3本の試験管に息をふきこむことで，二酸化炭素が水にとけこむ。

試験管Ⓐ，Ⓑ，Ⓒのちがいは次の通りである。

	植物の葉	二酸化炭素	光
Ⓐ	あり	あり	あり
Ⓑ	あり	あり	なし
Ⓒ	なし	あり	あり

◎ 結果の見方

●Ⓐ，Ⓑ，Ⓒの試験管で石灰水(せっかいすい)はにごったか。

Ⓑ，Ⓒはにごったが，Ⓐはにごらなかった。したがって，Ⓐでは二酸化炭素が使われた。

◎ 考察のポイント

●光の有無，植物の有無による実験結果のちがいを比較すると，光合成と二酸化炭素にはどのような関係があると言えるか考えよう。

Ⓐ と Ⓑを比べると，植物の葉は光が当たらないと二酸化炭素を吸収しないことがわかる。

Ⓐ と Ⓒを比べると，二酸化炭素と光があっても，植物の葉がなければ二酸化炭素は残ったままになることがわかる。

よって，植物の葉に光が当たり，光合成が行われるとき，二酸化炭素が使われる。

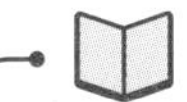 教科書 p.115

分析解釈　考察しよう

①教科書115ページの右のような表に石灰水の色を書きこんでみよう。どのようなことがわかるだろうか。

②二酸化炭素が減少したのは，どの条件のときだろうか。

③表の中のどれを比較すれば，二酸化炭素が光合成によって使われたかどうかがわかるのだろうか。

● 解答(例)

①光を当てて植物のある試験管Ⓐだけが，にごらず無色であった。

②植物ありで光ありの条件

③試験管Ⓐと試験管Ⓑ　または　試験管Ⓐと試験管Ⓒ

	植物あり	植物なし
光あり	試験管Ⓐ 無色	試験管Ⓒ 白色
光なし	試験管Ⓑ 白色	

◎ 考察

光合成には，光と水と二酸化炭素が必要である。その全ての条件がそろっている試験管Ⓐでは，光合成が行われたと考えられる。そのため，光合成によって二酸化炭素が使われ，石灰水は白くにごらず無色のままであった。

教科書 p.117

活用　学びをいかして考えよう

植物が光合成を行うことで，私たちはどのような恩恵(おんけい)を受けているのだろうか。

解答(例)

植物は光合成を行い，光を受けて水と二酸化炭素から，デンプンなどの養分(有機物)をつくり出すことができる。だが，動物はデンプンなどの養分を自らつくり出すことはできないので，植物を食べることで，植物のつくった養分を得て生命を維持(いじ)できている。

第3節　植物と呼吸

要点のまとめ

▶**植物と呼吸**　植物に光が当たらず，光合成が行われないと，二酸化炭素が増加し，酸素が減少する。光が当たっているときは，光合成が行われ，呼吸による二酸化炭素の増加より，光合成による二酸化炭素の減少の方が多い。

教科書 p.119

説明しよう

昼と夜の，植物の気体の出入りのちがいを説明しよう。

解答(例)

昼…光合成と呼吸が行われている。光合成によって，二酸化炭素が吸収され，酸素が放出されている。呼吸によって，酸素が吸収され，二酸化炭素が放出されている。ただ，呼吸で放出される二酸化炭素の量よりも光合成で吸収される二酸化炭素の量の方が多いため，見かけのうえでは，昼は植物から二酸化炭素が放出されずに，酸素のみが放出されているように見える。

夜…光合成は行われずに，呼吸のみが行われている。そのため，夜は酸素が吸収され，二酸化炭素が放出されている。

教科書 p.119

活用　学びをいかして考えよう

植物を暗いところにずっと置いておくとどのようになるだろうか。

解答(例)

暗いところでは，植物は光合成を行うことができないので，デンプンなどの養分をつくり出すことができない。そのため，植物自身がもっているデンプンなどの養分を使うことになるが，その全てを使い切ると枯れてしまう。

第4節 植物と水

要点のまとめ

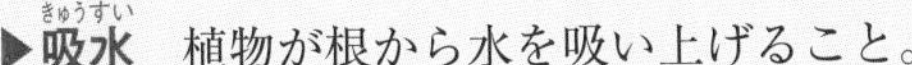

▶**吸水** 植物が根から水を吸い上げること。

▶**蒸散** 根から吸い上げられた水が水蒸気となって葉の気孔から出ていくこと。**気孔が開いたり閉じたりする**ことで，植物は水蒸気などの気体の出入りを調節している。

▶**蒸散と吸水** **葉で蒸散が行われると吸水が起こる**。このため，葉をとり除いてしまうと，植物は水を吸い上げることができなくなる。

根から吸い上げられた水は，茎を通って葉に到達し，水蒸気になって，葉の気孔から空気中へ放出される。葉の気孔の開閉によって，蒸散の量は調節される。

教科書 p.121～p.122

実験3

吸水と蒸散の関係

実験のアドバイス

木の枝は，条件をそろえるため，葉の大きさが同じくらいで，枚数が同じものを4本準備する。

結果の見方

●どのような条件にした枝がいちばん吸水量が少なかったか。

減った水の量の比較　　ア ＞ ウ ＞ イ ＞ エ

・葉の気孔で蒸散が行われると吸水が起こることがわかった。

・葉をとり除いたものは，茎の断面にある水の出口がむき出しになっていても，吸水はほとんど起こらなかった。

考察のポイント

●蒸散をおさえると，吸水量はどのようになると考えられるか。

水の量の減り方と，葉の有無や気孔の分布との関係から，**気孔で起こる蒸散によって水が吸い上げられ，気孔の数が多いほど吸水も多い**と考えられる。

また，蒸散をおさえると吸水量は少なく，蒸散がさかんになると吸水量も多くなると考えられる。

・吸水量　　蒸散をおさえたとき<蒸散をおさえなかったとき

教科書 p.123

活用　学びをいかして考えよう

植物がからだから水分を出して，吸水を行う利点はなんだろうか。

解答(例)

蒸散が原動力となって，根から吸水された水を植物のからだ全体に行きわたらせることができる。

第5節　水の通り道

要点のまとめ

▶**根毛**　根の先端より少しもとの部分に見られる，綿毛のようなもの。根毛が土の粒と粒の間に入りこむと，土と接する面積が広くなるので，水や肥料分を吸収しやすくなる。

▶**根の役割**

・水や肥料分を吸収する。

・植物のからだを支える。

▶**道管，師管，維管束**

・**道管**…根から吸収された水や肥料分の通り道

・**師管**…葉でつくられた養分の通り道

・**維管束**…道管と師管が集まって束になったもの

維管束が輪の形に並んでいる場合，**内側が道管，外側が師管**である。また，**道管は師管より太い**。

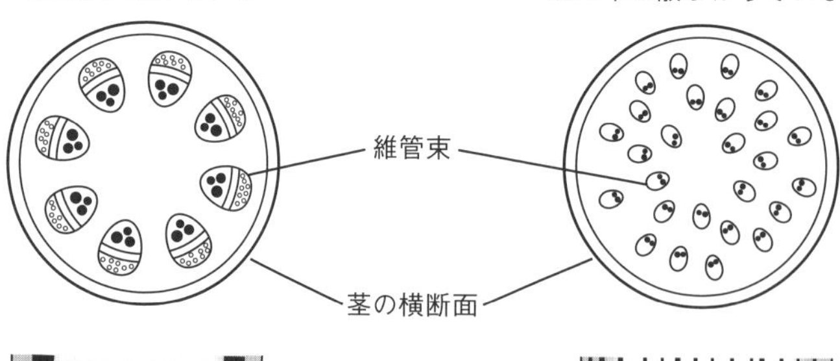

▶**茎の役割**

・水や肥料分，養分を植物のからだ全体の細胞に運ぶ。

・植物のからだを支える。

●**ダイコンの根**

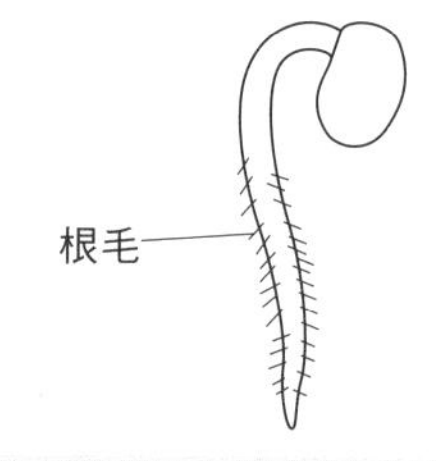

●**双子葉類の葉，茎，根の維管束**

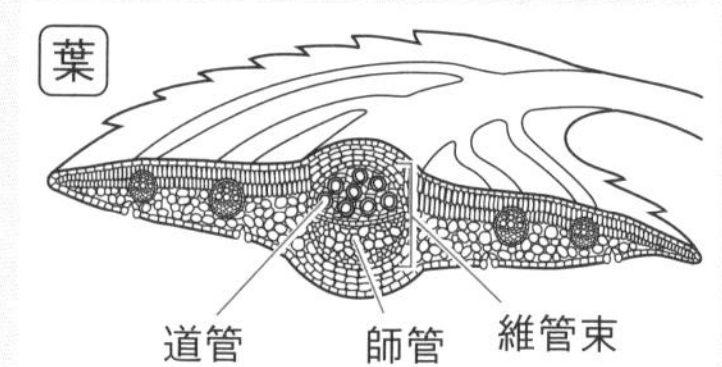

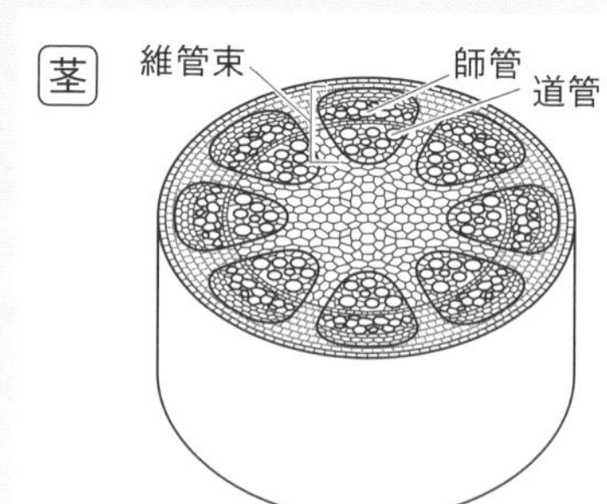

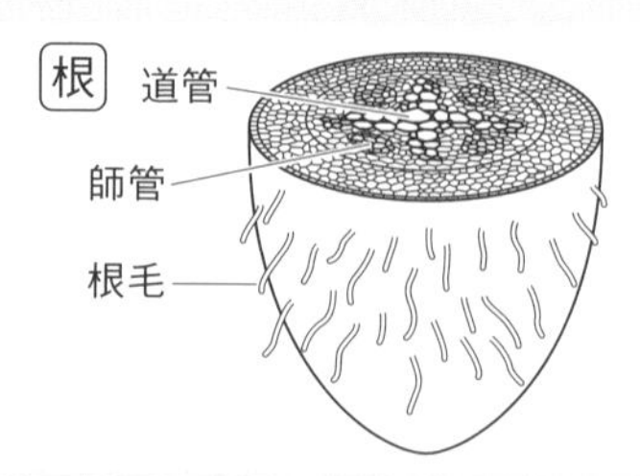

▶葉，茎，根のつながり

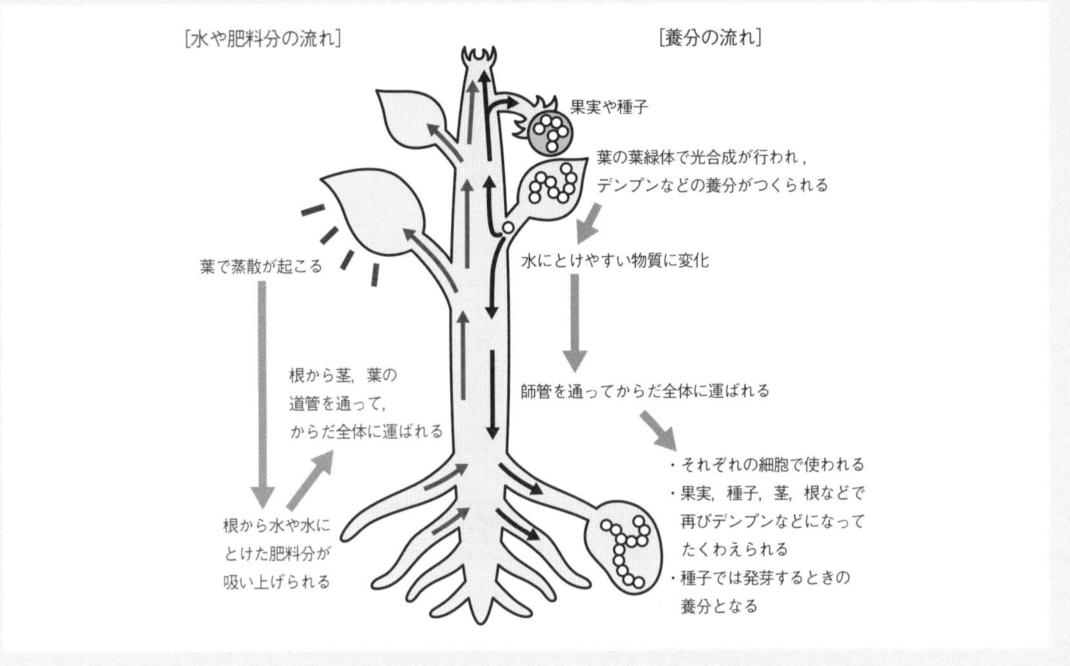

 教科書 p.125

観察4

水の通り道

◎ 結果の見方

●葉と茎の断面をスケッチして，色水が通ったところに色をつける。

トウモロコシは，茎のように太い根が10本ぐらいあり，地面の下に広がるようにはっていた。

ヒマワリは，まっすぐな太い根があり，そのまわりに細い根がたくさんはっていた。

色水を吸わせると，葉の水の通り道も茎の水の通り道も赤く染まった。

◎ 考察のポイント

●葉と茎の色水が通ったところを，トウモロコシとヒマワリで比べる。

トウモロコシとヒマワリの水の通り道の特徴(とくちょう)は，それぞれの茎の断面で調べることができる。

トウモロコシ…茎の中をばらばらに通っている。

ヒマワリ…茎の中の外側にそって通っている。

教科書 p.127

活用　学びをいかして考えよう

教科書127ページの図6のようにカキノキの茎の表面を切りとって育てたところ，切り口の上部の茎がふくらんだ。しかし，切りとった部分より上でも下でも，葉の状態に異常は見られなかった。ふくらんだ部分にたまった物質は，次のどちらと考えられるか。

①根から吸水された水と肥料分　　②葉でつくられた養分

解答(例)

②葉でつくられた養分

解説

維管束の外側にある師管が切断されたため，葉でつくられた養分が下に送られず，たまっていると考えられる。

教科書 p.128

章末　学んだことをチェックしよう

❶ 葉と光合成

1. 光合成は，(　　)ときに，植物の細胞の(　　)で行われている。
2. 対照実験について説明しなさい。

解答(例)

1. 光を当てた，葉緑体

2. 本実験に対して，影響を知りたい条件以外を同じにして行う実験のことを対照実験という。

解説

1. 植物が光を受けてデンプンなどの養分をつくるはたらきを，光合成という。
2. 本実験と対照実験の結果を比較することで，実験結果のちがいが，ちがう条件によるものであることが明らかになる。

❷ 光合成に必要なもの

光合成は，(　　)と(　　)を材料にして，(　　)と(　　)がつくられる反応である。

解答(例)

二酸化炭素(水)，水(二酸化炭素)，養分(デンプン，酸素)，酸素(養分，デンプン)

❸ 植物と呼吸

植物は葉の(　　)で気体の出入りを行っている。植物は光合成を(　　)に行い，呼吸は(　　)行う。

解答(例)

気孔，昼間，1日中

解説

昼は，光合成が行われ，呼吸も行われる。夜は，光合成は行われず，呼吸だけが行われる。このため，見かけのうえでは，昼は植物から二酸化炭素が放出されず，酸素のみが放出されているように見える。

❹ 植物と水

植物は主に葉からの(　　)を行うことで，吸水をしている。

解答(例)

蒸散

❺ 水の通り道

根から吸収された水は茎の(　　)を通って，植物全体に運ばれる。また，葉でつくられた養分は(　　)を通って植物全体に運ばれる。

解答(例)

道管，師管

教科書 p.128　章末　学んだことをつなげよう

植物が行う，光合成，呼吸，蒸散，吸水というはたらきを葉，茎，根を図示して説明してみよう。

解説

教科書147ページの図2と本書75ページの図を参照しよう。

教科書 p.128

Before & After

食べるということをしない植物は，どのようにして，生きるために必要な養分を得ているのだろうか。

解答(例)

光を受けて水と二酸化炭素を使って光合成を行うことで，デンプンなどの生きるために必要な養分をつくり出している。

定期テスト対策 第2章 植物のからだのつくりとはたらき

解答 p.198

/100

1 次の問いに答えなさい。

①葉の筋のようなつくりを何というか。

②葉の表皮にある三日月形の細胞２つに囲まれたすきまを何というか。

③植物が水を吸い上げることを何というか。

④根から吸い上げられた水が水蒸気となって出ていくことを何というか。

⑤植物が光のエネルギーを使って，デンプンなどの養分をつくるはたらきを何というか。

⑥⑤は植物の細胞内のどこで行われるか。

1 計24点

①	4点
②	4点
③	4点
④	4点
⑤	4点
⑥	4点

2 ふ入りのアサガオの葉を使って，実験を行った。後の問いに答えなさい。

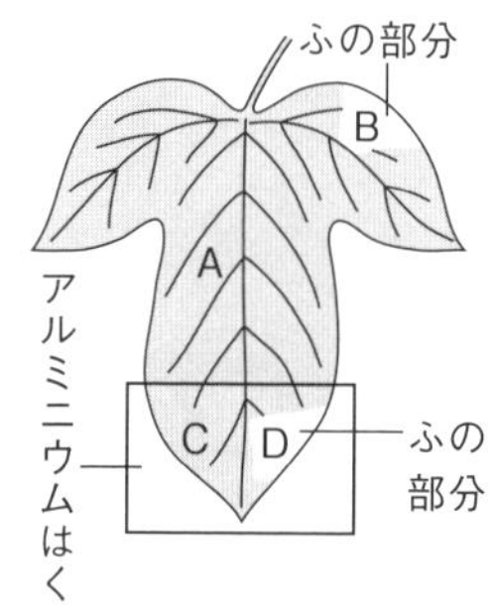

【実験】アサガオの葉の一部を図のようにアルミニウムはくでおおって一晩置き，翌日，じゅうぶんに光を当てた。この葉を切りとり，アルミニウムはくをとって熱湯につけたあと，熱湯であたためたエタノールに入れた。エタノールから葉をとり出して水洗いし，ヨウ素液につけた。

①緑色の部分にあって，ふの部分にないものは何か。

②葉をあたためたエタノールに入れたのはなぜか。次の**ア**～**ウ**から選び，記号で答えなさい。

ア　葉をやわらかくするため。　**イ**　葉を脱色するため。

ウ　葉の細胞をばらばらにするため。

③ヨウ素液で青紫色に変化するのは，図のA～Dのどの部分か。記号で答えなさい。

④③の部分には何ができたと考えられるか。

⑤光合成が葉の緑色の部分で行われることは，図のA～Dのどことどこを比べればいえるか。２つ選び，記号で答えなさい。

⑥光合成に光が必要であることは，図のA～Dのどことどこを比べればいえるか。２つ選び，記号で答えなさい。

2 計30点

①	5点
②	5点
③	5点
④	5点
⑤	5点
⑥	5点

3 青色のBTB溶液に二酸化炭素をふきこんで，緑色にした溶液を試験管A，Bに入れ，試験管Aにはオオカナダモを入れた。試験管A，Bにゴム栓をし，じゅうぶんに光に当てたところ，Aだけ青色になった。この実験からわかることを次の**ア**～**エ**から選び，記号で答えなさい。

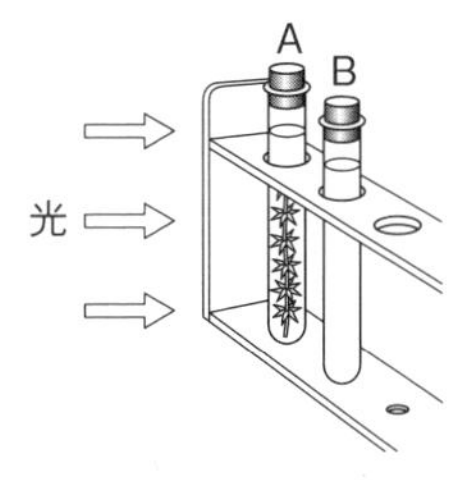

ア　呼吸が行われ，酸素が吸収される。
イ　呼吸が行われ，二酸化炭素が出される。
ウ　光合成が行われ，酸素が出される。
エ　光合成が行われ，二酸化炭素が吸収される。

3 計6点

	6点

4 図1はある植物の茎の断面を，図2は根の断面を模式的に表している。根で吸収された水が通る部分を図1のA～C，図2のD，Eからそれぞれ選び，記号で答えなさい。

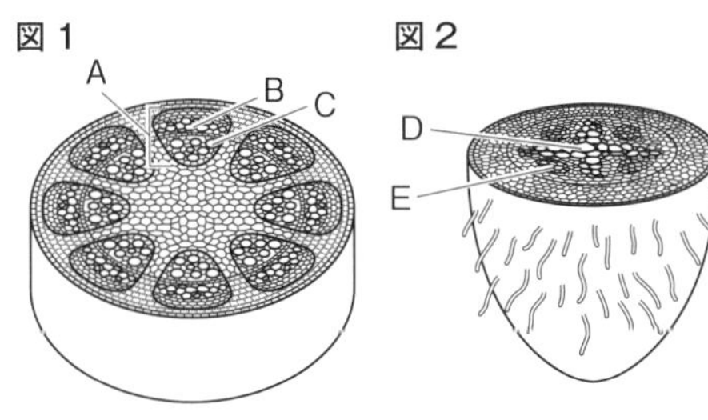

4 計10点

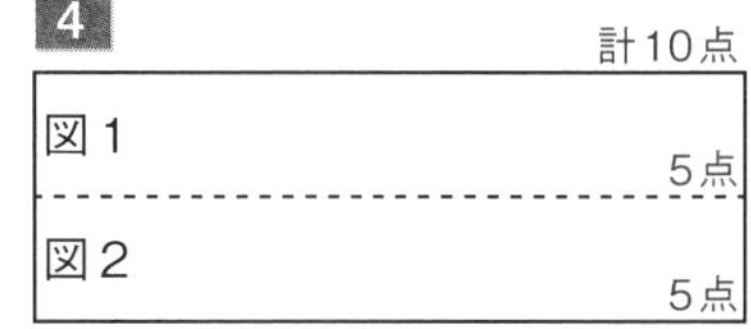

図1	5点
図2	5点

5 図は植物のはたらきやからだのつくりをまとめたものである。次の問いに答えなさい。

①図のA～Cはそれぞれ植物のどのようなはたらきか。

②図のX，YはA，Cのはたらきによって出入りする気体である。X，Yはそれぞれ何か。

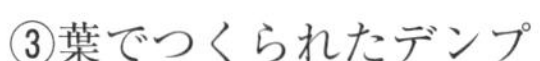
③葉でつくられたデンプ
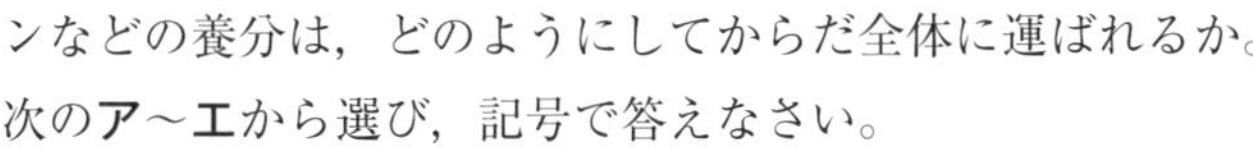
ンなどの養分は，どのようにしてからだ全体に運ばれるか。次の**ア**～**エ**から選び，記号で答えなさい。

ア　そのまま師管を通って，からだ全体に運ばれる。
イ　そのまま道管を通って，からだ全体に運ばれる。
ウ　水にとけやすい物質に変えられ師管を通って，からだ全体に運ばれる。
エ　水にとけやすい物質に変えられ道管を通って，からだ全体に運ばれる。

5 計30点

① A	5点
B	5点
C	5点
② X	5点
Y	5点
③	5点

第3章 動物のからだのつくりとはたらき

これまでに学んだこと

▶**ヒトのからだのつくりと運動**(小4) ヒトのからだは，**関節**で曲がり，全身の**筋肉**が縮んだりゆるんだりすることで動く。筋肉は**骨**についていて，骨と筋肉によって，ヒトはからだを支えたり動かしたりすることができる。

▶**消化**(しょうか)**・吸収**(きゅうしゅう)**・血液のはたらき**(小6)

・**消化**…ヒトが食べた物は，「口→食道→胃→小腸→大腸→肛門(こうもん)」を通り，ふんとなって出される。口から肛門までの，食べ物の通り道を**消化管**という。食べ物が，歯などで細かくされたり，だ液などでからだに吸収されやすい養分に変えられたりすることを，**消化**という。だ液や胃液など，食べ物を消化するはたらきをもつ液を，**消化液**という。

　消化された食べ物の養分は，主に小腸から吸収され，血液で全身に運ばれる。

・**呼吸**…ヒトは空気中の酸素の一部をとり入れ，二酸化炭素をはき出している。

　鼻や口から入った空気は，気管を通って左右の肺に入る。肺の血管では，空気中の酸素の一部が血液にとり入れられ，血液から出された二酸化炭素を多くふくむ空気が，気管を通って鼻や口からはき出される。

・**血液**…血液は，酸素や養分をからだの各部分に運び，二酸化炭素やいらなくなった物をとり入れて，心臓にもどってくる。さらに肺に運ばれ，二酸化炭素と酸素が入れかわる。いらなくなった物は，血液によってじん臓に運ばれ，尿としてからだの外に出される。

▶**アンモニア**(中1) 鼻をさすような刺激臭(しげきしゅう)のある気体で，水によくとける。水溶液(すいようえき)はアルカリ性を示す。

●**ヒトのからだのつくりと運動**

・うでを曲げる

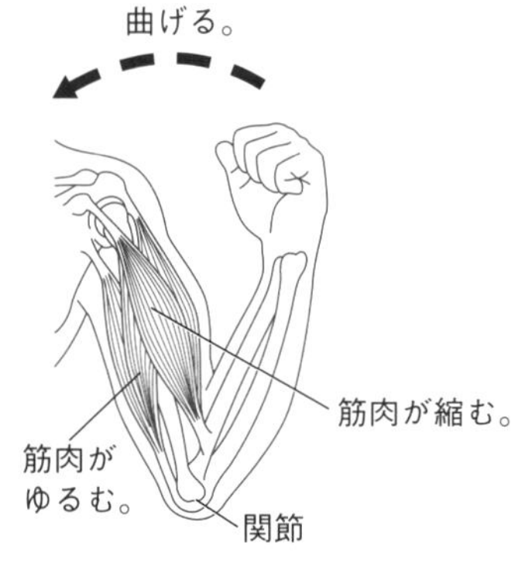

・うでをのばす

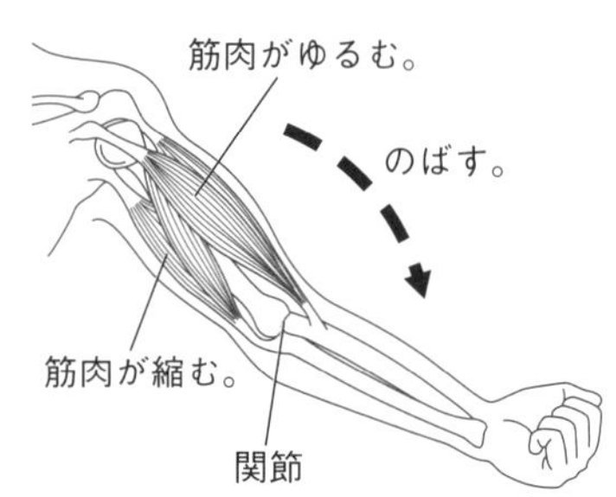

第1節 消化のしくみ

要点のまとめ

▶**消化**　体内で，食物を吸収されやすい物質に分解すること。
▶**吸収**　分解された物質などを体内にとりこむこと。
▶**消化酵素**　消化液にふくまれ，食物を分解し，吸収されやすい物質にするもの。
（例）
・アミラーゼ…デンプンを麦芽糖などに分解する。
・ペプシン…タンパク質を分解する。
・胆汁には消化酵素はふくまれていないが，脂肪の分解を助けるはたらきがある。
・胆汁は，肝臓でつくられて，胆のうに運ばれる。

●ヒトの消化にかかわる器官

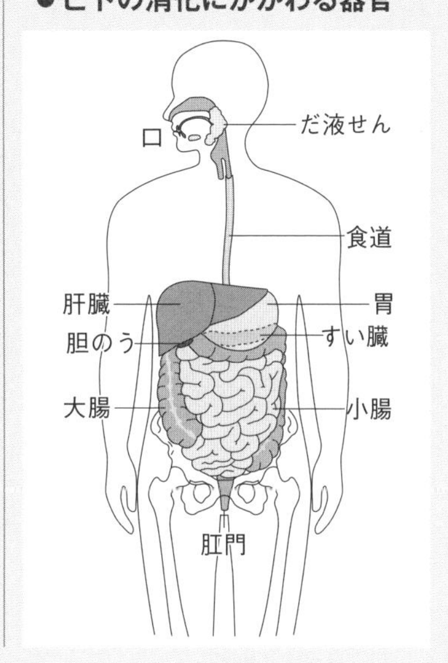

 教科書 p.132～p.134

実験4
だ液によるデンプンの変化

○ 実験のアドバイス

ヨウ素液は，デンプンの検出に使う試薬である。デンプンがあると，青紫色になる。

ベネジクト液はデンプンには反応せず，デンプンが分解されてできた麦芽糖やブドウ糖などの検出に使う試薬である。**麦芽糖などがあれば，ベネジクト液を加えて加熱すると，赤褐色の沈殿ができる。**

○ 結果の見方

●対照実験の意味を考えて，表にまとめよう。

	あたためた後の試験管のようす	ヨウ素液の反応	ベネジクト液の反応
だ液をふくむ水を入れた試験管	ねばりけがなくなり，透明になった	変化なし ⇒デンプンはない　★	赤褐色の沈殿ができた ⇒麦芽糖などがある●
だ液をふくまない水を入れた試験管（対照実験）	変化なし	青紫色に変化した ⇒デンプンがある　☆	変化なし ⇒麦芽糖はない　○

○ 考察のポイント

●まずは自分で考察しよう。わからなければ，教科書134ページ「考察しよう」を見よう。

①教科書134ページの下のような表に結果をまとめてから考えよう。

★と☆を比べると，どのようなことがわかるだろうか。また，●と○を比べると，どのようなことがわかるだろうか。

★と☆を比べると，だ液には，デンプンを分解するはたらきがあることがわかる。●と○を比べると，だ液によって麦芽糖などができたことがわかる。(本書81ページ「結果の見方」参照)

②★と☆，●と○の比較から，教科書132ページの実験4で確かめたかったことはどのようなことだろうか。

だ液とデンプンを混ぜると，デンプンがなくなり，麦芽糖などができる。

解説

だ液を入れない試験管(対照実験)を用意したのは，**デンプン溶液の変化がだ液のはたらきであることを確認するため**である。

教科書132ページの実験4は，「だ液により，デンプンが麦芽糖などに変化すること」を確かめるために行ったものである。ヨウ素液ではデンプンがあるかどうかがわかり，ベネジクト液で麦芽糖などのデンプンが分解されてできたものがあるかどうかがわかる。ヨウ素液とベネジクト液の両方で確かめることで，「だ液により，デンプンが麦芽糖などに変化すること」が確かめられる。

教科書 p.135

活用　学びをいかして考えよう

教科書135ページの図3のように消化酵素が洗剤や歯みがき剤にも入っているのはなぜだろうか。

解答(例)

酵素には，皮脂や食べ物，血液などのようなタンパク質の汚れなど，通常の洗剤成分だけでは落としにくい汚れを分解して落としやすくするはたらきがあるため。

解説

酵素にはさまざまな種類があるが，タンパク質を分解する酵素であるプロテアーゼが，よく使われている。その他には，脂肪分解酵素であるリパーゼ，デンプン分解酵素であるアミラーゼなどいろいろなものがある。

第2節　吸収のしくみ

要点のまとめ

▶**柔毛**　小腸の内側のかべの表面の細かい突起。消化された物質の多くは，小腸のかべから吸収される。**ひだや柔毛があることで，小腸の表面積は非常に大きくなり，養分を効率よく吸収できる。**

▶消化のしくみ

	デンプン（炭水化物）	タンパク質	脂肪
だ液せん	だ液（アミラーゼ）	↓	↓
胃	↓	胃液（ペプシン）	↓
胆のう	↓	↓	胆汁
すい臓	すい液（アミラーゼ）	すい液（トリプシン）	すい液（リパーゼ）
小腸	小腸のかべの消化酵素	小腸のかべの消化酵素	↓
	ブドウ糖	アミノ酸	脂肪酸とモノグリセリド

▶吸収のしくみ

	ブドウ糖	アミノ酸		脂肪酸とモノグリセリド
小腸（柔毛）	吸収される	吸収される	小腸（柔毛）	吸収される
肝臓	一部がグリコーゲンに変えられて一時的にたくわえられる	一部がタンパク質に		再び脂肪となってリンパ管に入る
	血管へ	血管へ		心臓の近くで血管に入る（リンパ管と血管が合流）
	全身の細胞へ運ばれる			

▶吸収とその後のゆくえ

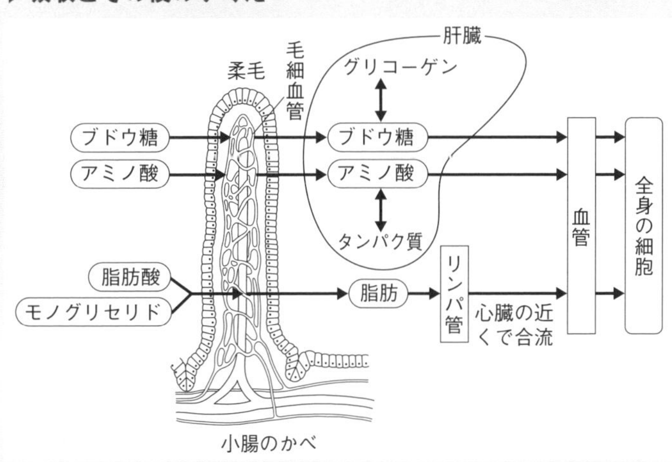

水分は主に小腸で吸収され，残りは大腸で吸収される。
消化されなかった食物中の繊維などは，便として肛門から排出される。

第3節 呼吸のはたらき

要点のまとめ

▶呼吸とエネルギー　動物も植物も，呼吸によって**酸素をとり入れ，二酸化炭素を出している。**

呼吸でとり入れられた酸素は，細胞で養分からエネルギーをとり出すのに使われる。

・植物…水，二酸化炭素，光のエネルギーを使って，光合成で養分をつくる。
　→つくった養分からエネルギーをとり出す。
・動物…自分で有機物をつくることができない。
　→食物を消化して，養分からエネルギーをとり出す。

▶**酸素のとりこみ(肺による呼吸)**

・**肺呼吸**…ヒトでは鼻や口から空気を吸いこむ。

→**気管**を通って肺に入る。

→気管の先が枝分かれした**気管支**を通り，その先の**肺胞**(小さなふくろ)に入る。

→肺胞のまわりの**毛細血管**(細い血管)の血液に，酸素がとりこまれる。毛細血管から，肺胞へ二酸化炭素が受けわたされ，気管を通って体外へ放出される。

肺には**たくさんの肺胞があり，空気にふれる表面積が大きく**なっているため，**効率よく酸素と二酸化炭素の交換を行う**ことができる。

肺は，筋肉のついたろっ骨や横隔膜などに囲まれた，胸部の空間(胸腔)の中にある。ろっ骨や横隔膜の動きによって，この空間が広がると肺が広がり，肺の中に空気が吸いこまれる。

酸素を多くふくむ血液を**動脈血**，酸素が少なく二酸化炭素を多くふくむ血液を**静脈血**という。

▶**細胞による呼吸**　小腸で吸収された養分を，肺で血液にとりこまれた酸素を使って分解し，エネルギーをとり出すこと。このとき，二酸化炭素と水ができる。

●**ヒトの肺**

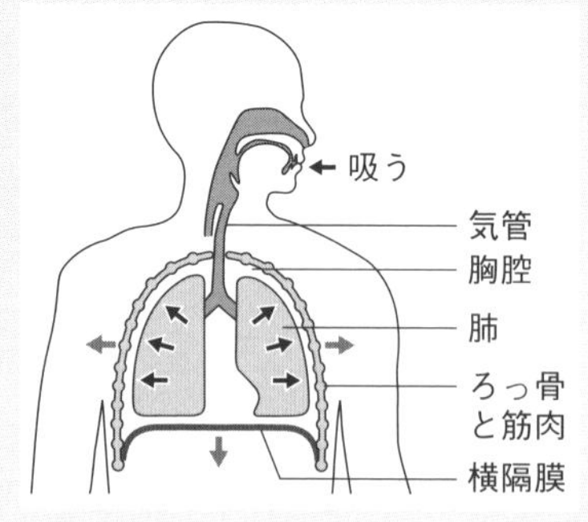

●**細胞による呼吸**

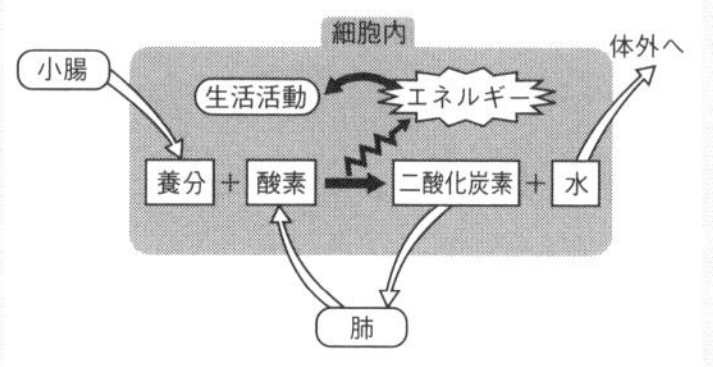

教科書 p.139

活用　学びをいかして考えよう

激しい運動をしたとき，息があがるのはなぜだろうか。

解答(例)

激しい運動をすると，ふだんより多くのエネルギーを使う。このとき，細胞では多くの養分を分解する必要があるので，より多くの酸素をとり入れるために，呼吸の回数がふえる。

第4節　血液のはたらき

要点のまとめ

▶**心臓のつくりとはたらき**　ヒトの心臓は，胸のほぼ中央に備わっており，筋肉でできている。規則正しく収縮する運動(拍動)により，全身に血液を送り出すポンプのはたらきをする。ヒトの心臓は**右心房**，**右心室**，**左心房**，**左心室**の4つの部屋に分かれている。

▶**心臓の動きと血液の流れ**

①心房が広がり，外から血液が流れこむ
・右心房には全身から二酸化炭素を多くふくむ血液が
・左心房には肺から酸素を多くふくむ血液が

②心房が縮み，心房から心室に血液が流れこむ
・右心房から右心室へ
・左心房から左心室へ

③心室が縮み，動脈(どうみゃく)を通って外へ血液が流れ出る
・右心室から肺へ(二酸化炭素を肺へ排出する)
・左心室から全身へ(酸素を全身の細胞へ運ぶ)

▶**血管の種類**

・**動脈**…心臓から送り出される血液が流れる血管。心臓から勢いよく送り出される血液の圧力にたえられるように，かべが厚くなっている。
・**静脈**(じょうみゃく)…心臓へもどってくる血液が流れる血管。動脈よりかべがうすく，血液が逆流しないようにところどころに弁(べん)がある。
・**毛細血管**…からだの組織に，網(あみ)の目のように張りめぐらされている，細い血管。

▶**血液の循環**(けつえきのじゅんかん)　心臓から動脈を通って流れ出た血液が，毛細血管を通り，静脈を通って心臓にもどる流れを，**血液の循環**という。

心臓の左心室を出た血液は，動脈を通って全身の細胞に養分と酸素をあたえ，二酸化炭素などを受けとった後，静脈を通って心臓にもどる。

・**肺循環**(はいじゅんかん)…心臓から肺を通って心臓にもどる経路
・**体循環**(たいじゅんかん)…肺循環を終えた血液が，心臓から肺以外の全身を回って心臓にもどる経路

からだを流れる血液には，次の２つがある。
・**動脈血**…酸素を多くふくんだ血液
・**静脈血**…酸素が少なく二酸化炭素を多くふくんだ血液

肺循環，体循環では，血管と血液の組み合わせがちがうので注意する。
・肺循環…**動脈(肺動脈)には静脈血が，静脈(肺静脈)には動脈血が流れている**
・体循環…動脈には動脈血が，静脈には静脈血が流れている

▶**ヒトの血液**　血液の主な成分は，**赤血球**(せっけっきゅう)や**白血球**(はっけっきゅう)などの**血球**と，透明(とうめい)な液体の**血しょう**(けっしょう)である。
・**赤血球**…**ヘモグロビン**をふくみ，**酸素の運搬**(うんぱん)を行う。**ヘモグロビンには，酸素が多いところ(肺)では酸素と結びつき，酸素が少ないところ(全身)では酸素をはなす性質**がある。

●**心臓のつくり**

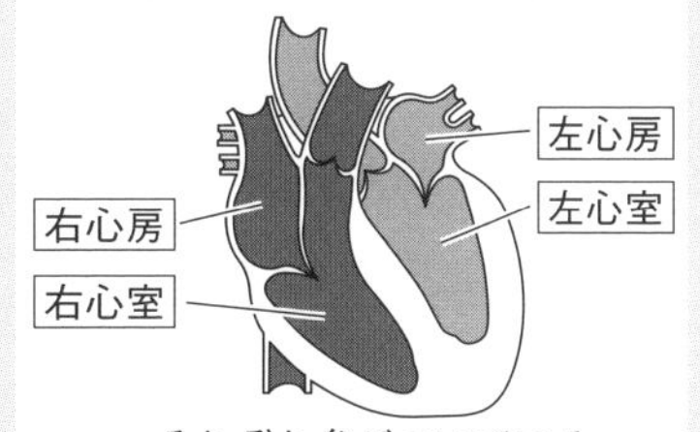

それぞれ弁がついている

全身に血液を送り出す左心室の筋肉のかべの方が，右心室の筋肉よりも厚くなっている。

●**血液の循環**

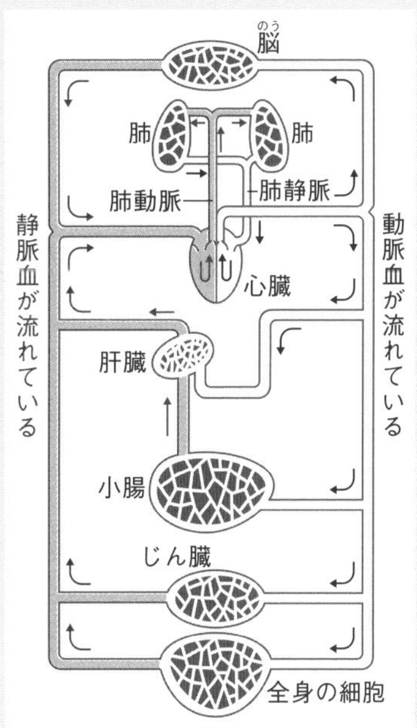

単元2 生物のからだのつくりとはたらき

・**白血球**…からだの外から侵入してきた細菌などを分解して，からだを守っている。
・**血しょう**…養分や不要な物質を運ぶ。毛細血管のかべからしみ出て**組織液**となり，細胞のまわりを満たす。
・血小板…不規則な形で赤血球や白血球より小さく，出血した血液を固めるはたらきがある。
・**組織液**…血液と細胞の間で物質のやりとりをする役割がある。
→養分や，赤血球からはなれた酸素を細胞にわたす。
→細胞から出される二酸化炭素やアンモニアなどの不要な物質を血液にわたす。

教科書 p.143

活用　学びをいかして考えよう

メダカの尾びれを観察すると，血液の中に，流れているものが見える。何が流れているのだろうか。

解答(例)

尾びれの骨の間をぬうように走る毛細血管の中を，血球が動いているのが観察できた。

血球と液体状の血しょうが流れる向きは一定だった。

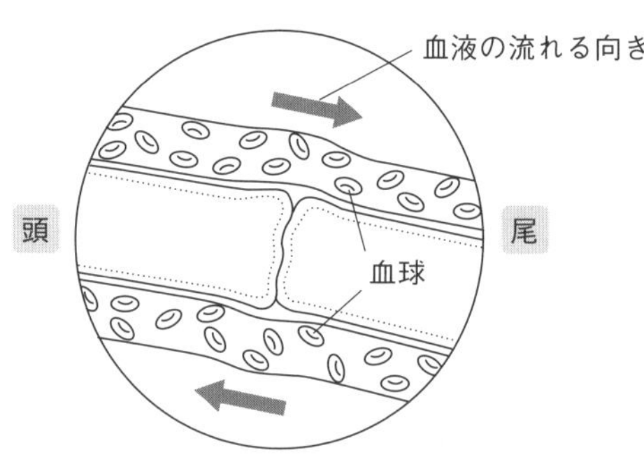

第5節 排出のしくみ

要点のまとめ

▶**じん臓のはたらき**　細胞の活動によってできた**有害なアンモニアは，肝臓で無害な尿素に変えられ**，じん臓に運ばれる。じん臓は，血液中から尿素などの不要な物質をとり除いて，**尿**をつくる。尿は，輸尿管を通ってぼうこうにためられてから，体外へ排出される。

教科書 p.145

活用　学びをいかして考えよう

日によって，尿の量が変化する理由を考えよう。

解答(例)

排出される尿の量は，尿のもとになる摂取した水分の量によって変化することが多い。また，夏の暑い日やスポーツなどによって大量の汗をかいた後は，体内の水分が汗となって体外へ排出されてしまっており，尿のもとになる水分が少なくなっているため，尿の量は減少する。

教科書 p.146

活用　学びをいかして考えよう

からだの中ではどのような活動が行われているのだろうか。教科書146ページの模式図を見て考えよう。

①細胞(さいぼう)が生きていくために必要なものは何だろう。

②細胞の活動によって生じるものは何だろう。

③さまざまな器官は，どのようなはたらきをしているだろうか。教科書146ページの下の図を見て自分の言葉で説明してみよう。

④㋐と㋕，㋑と㋒，㋒と㋓，㋓と㋔の血液にふくまれている成分には，どのようなちがいがあるのだろうか。

解答(例)

①酸素，養分

②二酸化炭素，アンモニア，水

③・肺では，酸素が体内にとりこまれ，二酸化炭素が体外に排出される。
・心臓のはたらきで，血液が体内を循環し，さまざまな物質を運ぶ。
・食物は消化管で消化され，養分の多くは小腸で吸収され，血液によって全身に運ばれる。
・全身の細胞は，血液から養分と酸素を受けとり，エネルギーをとり出す。そのときにできた二酸化炭素とアンモニアは，血液中に出される。
・じん臓などのはたらきによって，細胞から血液中へ出された不要な物質が尿として体外に排出される。消化できなかった物は，便として排出される。

④・㋐と㋕…㋐には酸素が多くふくまれ，㋕には二酸化炭素が多くふくまれている。
・㋑と㋒…㋑には酸素が多くふくまれ，㋒には酸素に加えて養分もふくまれている。
・㋒と㋓…㋒には酸素と養分がふくまれ，㋓には二酸化炭素とアンモニアが多くふくまれている。
・㋓と㋔…㋓には二酸化炭素とアンモニアが多くふくまれ，㋔には二酸化炭素が多くふくまれている。

解説

④㋐と㋑には，酸素が多くふくまれている。㋒と㋓では，㋒の血液に多くふくまれていた酸素が全身の細胞へと運ばれ二酸化炭素やアンモニアを受けとっているため，㋓の血液中には二酸化炭素やアンモニアが多くふくまれる。㋔と㋕では，肝臓でアンモニアが尿素に変えられじん臓で尿素がとり除かれるため，血液中にはアンモニアはなく，二酸化炭素が多くふくまれている。

教科書 p.147

活用　学びをいかして考えよう

動物と植物のからだの構造とはたらきを，いろいろな視点から比べてみよう。①，②，③について，植物と動物を比較し，自分のことばでまとめてみよう。

①細胞の共通点と相違点　②養分の獲得のしかた　③からだの構造のちがい

解答(例)

①共通点…核を1つもち，細胞膜におおわれている。呼吸をしてエネルギーをとり出している。

相違点…植物の細胞には液胞や葉緑体，細胞壁があるが，動物の細胞にはない。植物の細胞は葉緑体で光合成が行われ酸素をつくり出すが，動物の細胞は葉緑体をもたないため酸素をつくり出せない。

②植物…光合成を行うことで，自ら養分をつくる。

動物…光合成を行わないので，自ら養分をつくることができない。そのため，他の動物や植物を食べることで養分を得る。

③植物…根，茎，葉などからなる。

動物…骨，筋肉，肺，心臓，消化管，血管，じん臓などからなる。また脳や血液，神経などをもつ。

教科書 p.148

章末　学んだことをチェックしよう

❶ 消化のしくみ

食物の成分は消化液にふくまれる(　　)によって分解され，吸収されやすい物質に変化する。

解答(例)

消化酵素

❷ 吸収のしくみ

吸収されやすくなった物質は，小腸のかべの(　　)から血管やリンパ管に入る。

解答(例)

柔毛

❸ 呼吸のはたらき

細胞による呼吸では，肺で血液にとりこまれた(　　)を使って(　　)からエネルギーがとり出される。

解答(例)

酸素，養分

❹ 血液のはたらき

血液を循環させるポンプのはたらきをするのが，(　　)である。

解答(例)

心臓

❺ 排出のしくみ

アンモニアは肝臓で(　　)に変えられる。じん臓では，血液中から尿素などの不要な物質がとり除かれ，(　　)として体外に排出される。

解答(例)

尿素，尿

教科書 p.148　章末　学んだことをつなげよう

教科書148ページの下図のように動物の種類によって，消化管のようすにちがいが見られる。この理由を考えよう。

解答(例)

ウシのような草食動物が食べる植物は，ライオンのような肉食動物が食べる肉よりも消化しにくいので，草食動物は大きな胃と長い消化管になっている。

解説

ライオンの消化管の長さは体長の約4倍であるのに対して，ウシの消化管の長さは体長の約20倍になっている。植物は肉に比べて消化しにくいので，長い消化管で，長い時間をかけて食物を分解し，吸収している。

教科書 p.148

Before & After

食べること，息をすることは，動物が生きていくことにどのように関係しているだろうか。

解答(例)

食べること…動物は植物とはちがって光合成を行って養分をつくることができない。そのため，必要な養分を得るためには，動物や植物を食べるしかない。

息をすること…食べることで得た養分を消化・吸収し，からだを構成する細胞に運ばれたあと，細胞で養分からエネルギーをとり出す。このときに，酸素が必要となる。

解説

食べることで得た養分から，活動のために必要なエネルギーをとり出すには，細胞で酸素が必要となる。そのため，吸う息に比べて，はく息では酸素が2割程度減っている。

定期テスト対策　第3章　動物のからだのつくりとはたらき

解答 p.198

/100

1 次の問いに答えなさい。

①消化液にふくまれていて，食物を分解し，吸収されやすい物質にするものを何というか。

②歯や消化管の運動で細かくされた食物が，①のはたらきで体内に吸収されやすい物質になる一連の流れを何というか。

③小腸のかべの表面にある，たくさんの突起を何というか。

④空気中からとりこまれた酸素と，血液中の二酸化炭素が，肺で交換される一連の流れを何というか。

⑤心臓から送り出される血液が流れる血管を何というか。

⑥心臓へもどってくる血液が流れる血管を何というか。

⑦網の目のように組織に張りめぐらされた細い血管を何というか。

⑧二酸化炭素を多くふくむ血液を何というか。

⑨心臓から肺以外の全身を通って心臓にもどる血液の流れを何というか。

⑩酸素を運ぶはたらきをしている血液の成分は何か。

2 図1のように，試験管A～Dに同量のデンプン溶液を入れ，A，Bには水を，C，Dにはうすめただ液を，それぞれ1cm³ずつ入れ，ある温度の湯の中に約10分間置いた。その後，図2のように，AとCにはヨウ素液を，BとDにはベネジクト液を加えて加熱すると，Aは青紫色になり，Dは赤褐色の沈殿ができたが，BとCは変化がなかった。次の問いに答えなさい。

図1

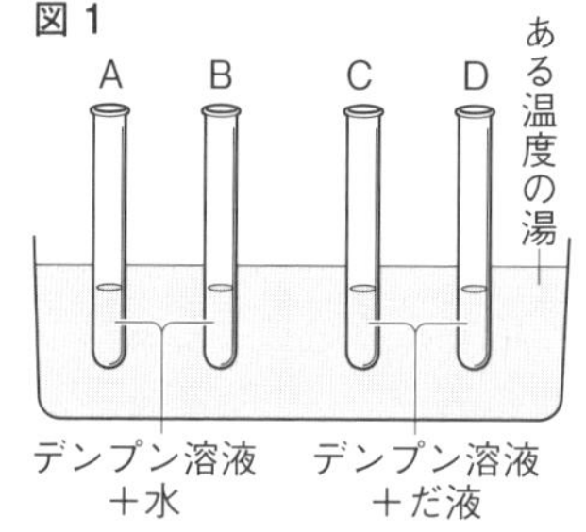

図2

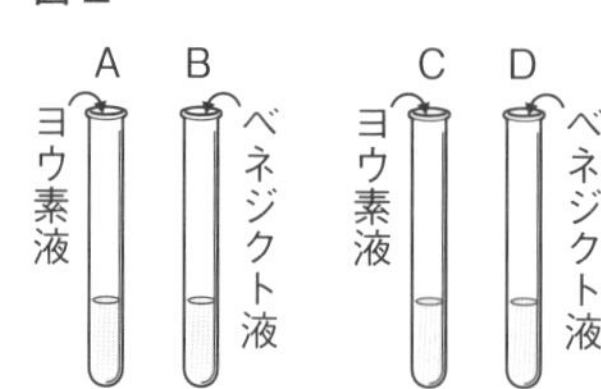

①下線のある温度とは何℃か。
最も適当なものを，次のア～エから選び，記号で答えなさい。
ア 20℃　**イ** 40℃　**ウ** 60℃　**エ** 80℃

②だ液のはたらきでデンプンがなくなったことは，A～Dのうち，どれとどれを比べればわかるか。

③だ液のはたらきで麦芽糖などができたことは，A～Dのうち，どれとどれを比べればわかるか。

1	計30点
①	3点
②	3点
③	3点
④	3点
⑤	3点
⑥	3点
⑦	3点
⑧	3点
⑨	3点
⑩	3点

2	計12点
①	4点
②	4点
③	4点

3 表は，食物にふくまれる有機物A～Cとそれにはたらく消化酵素との関係を表したものである。有機物A～Cはデンプン，脂肪，タンパク質のいずれかであり，表中の○は「有機物を分解する」，×は「有機物を分解しない」ことを表すものとする。次の問いに答えなさい。

有機物	A	B	C
だ液中の消化酵素	×	○	×
胃液中の消化酵素	○	×	×
すい液中の消化酵素	○	○	○
小腸のかべの消化酵素	○	○	×

①だ液にふくまれる消化酵素は何か。
②胃液にふくまれる消化酵素は何か。
③有機物A，Bはそれぞれ何か。
④有機物A～Cは，吸収されやすい物質に分解される。それぞれ何という物質になるか。複数あるものは全て書きなさい。

3 計28点

①	4点
②	4点
③A	4点
B	4点
④A	4点
B	4点
C	4点

4 図は，ヒトの血液の循環を模式的に表したものである。図中のA～Cはヒトの器官を，a～dは血管を，→は血液の流れる向きを表している。次の問いに答えなさい。

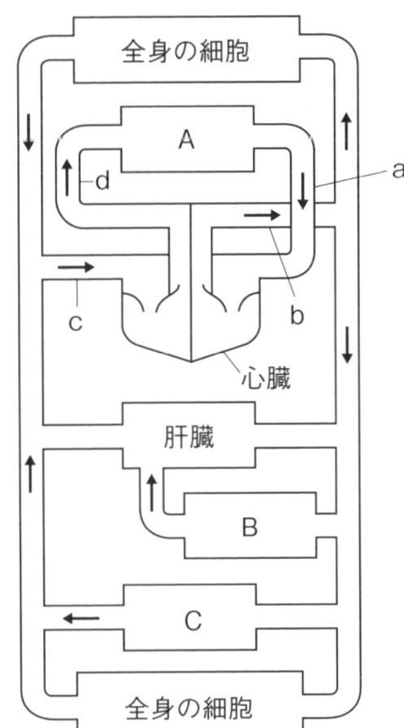

①図のAは空気中から体内にとりこまれた酸素と，血液中の二酸化炭素を交換する器官，Bは消化によってできた物質を吸収する器官，Cは血液中から尿素などの不要な物質をとり除く器官である。A～Cはそれぞれ何という器官か。
②心臓からA，Aから心臓という血液の流れを何というか。
③酸素を多くふくむ血液を何というか。
④③の血液が流れる静脈はどれか。図のa～dから選び，記号で答えなさい。
⑤静脈の特徴として当てはまるものを，次の**ア**～**エ**から選び，記号で答えなさい。

ア　動脈よりかべが厚く，弁はない。
イ　動脈よりかべがうすく，弁はない。
ウ　動脈よりかべが厚く，ところどころに弁がある。
エ　動脈よりかべがうすく，ところどころに弁がある。

4 計30点

①A	4点
B	4点
C	4点
②	4点
③	4点
④	5点
⑤	5点

単元2 生物のからだのつくりとはたらき

第4章 刺激と反応

第1節 刺激と反応

要点のまとめ

▶**刺激と感覚器官**　動物が，外界から刺激を受けとる器官を**感覚器官**という。感覚器官で受けとった刺激は，**神経**によって脳へ信号が伝えられる。

・目(視覚)…光の刺激を受けとる。

光は，水晶体(レンズ)を通って，網膜の上に像を結ぶ。ヒトの目は，顔の正面に2つあるので，前方の物を立体的に見たり，物との距離を正確にとらえたりすることに適している。

水晶体に入ってくる光の量を調節する部分を虹彩という。

・鼻(嗅覚)…においの刺激を受けとる。

鼻のおくに，においを受けとる細胞がある。

・舌(味覚)…味の刺激を受けとる。

味をもたらす物質を受けとる細胞が，舌全体に散らばっている。

・耳(聴覚)…音の刺激を受けとる。

音の振動は，鼓膜を振動させ，耳小骨によってうずまき管へ伝えられる。耳は，顔の左右に1つずつあるので，音の来る方向を知ることができる。

・皮膚(触覚など)…物にふれた刺激や，温度，痛み，圧力などの刺激を受けとる。

教科書 p.153

活用　学びをいかして考えよう

教科書153ページの下図の調理場面では，どのような刺激をどの感覚器官で受けとっているのだろうか。

解答(例)

・鍋がグツグツ音をたてている。→音を耳で受けとっている。

・フライパンで肉を焼いている。→熱を皮膚で受けとっている。
光を目で受けとっている。

・鍋のスープを味見している。→味を舌で受けとっている。

※2つの鍋とフライパンからのにおいを鼻で受けとっている。

第2節 神経のはたらき

要点のまとめ

▶**中枢神経**　脳やせきずいのこと。からだの中で，判断や命令などを行う重要な役割をになう。

▶**末しょう神経**　次の2つからなる。

・**感覚神経**…感覚器官から中枢神経へ信号を伝える

・**運動神経**…中枢神経から運動器官へ信号を伝える

▶**神経系**　中枢神経と末しょう神経の総称。

▶**刺激と反応**　感覚器官で刺激を受けとると，信号が感覚神経を通って中枢神経に伝えられる。信号を受けとった中枢神経から出された命令の信号は，運動神経を通って運動器官に伝えられ，反応が起こる。

▶**反射**　刺激を受けて意識とは無関係に決まった反応が起こること。**反射では，刺激の信号が脳に伝わって意識されることとは無関係に運動が起こる。**

●神経を伝わる信号の経路

脳
意識して
起こす行動
感覚
神経
せきずい
反射
運動
神経
感覚器官
目，耳，鼻など
運動器官
筋肉など
刺激
反応

 教科書 p.155

実験5

刺激に対するヒトの反応

結果の見方

●何回か実験を行った場合，人数を変えた場合には結果にちがいがあるか。平均値を算出する。

1人あたりにかかった時間は，およそ0.27秒だった。

考察のポイント

●この実験で刺激を受けとっている感覚器官はどこだろうか。

右手の皮膚

●右手をにぎられてから，左手でとなりの人の右手をにぎるまでにかかった時間はどのような意味をもつか。

右手の皮膚からの信号が脳に伝わり，脳から左手に信号が伝わるまでにかかった時間。

考察

感覚器官が刺激を受けとってから，反応するまで，次のように信号が伝わっている。

①右手の皮膚が刺激を受けとる。

②信号が感覚神経を通って，脳に伝わる。

③脳が手をにぎられたことを認識して，「となりの人の右手をにぎれ」という信号を出す。

④脳からの信号が，運動神経を通って，左手の筋肉に伝わる。

 教科書 p.157

活用　学びをいかして考えよう

①朝，目覚まし時計が鳴ったので止めた。この場面では，刺激の信号はどのように伝わっているのだろうか。

②反射には，どのようなものがあるのだろうか。調べてみよう。

解答（例）

①目覚まし時計の音の刺激を耳が受けとり，その信号は感覚神経を通って脳に伝わり，「目覚まし時計を止める」という命令が，運動神経を通じて運動器官である手の筋肉に伝わる。

②・目の前に物がとんでくると，思わず目を閉じる。

・あしがゆかにつかないようにしていすに座って，ひざのお皿の下を軽くたたくと，無意識にあしがはね上がる。

・口に食べ物を入れると，だ液が出る。

・気温が変化しても体温を一定に保つ。など

第3節 骨と筋肉のはたらき

要点のまとめ

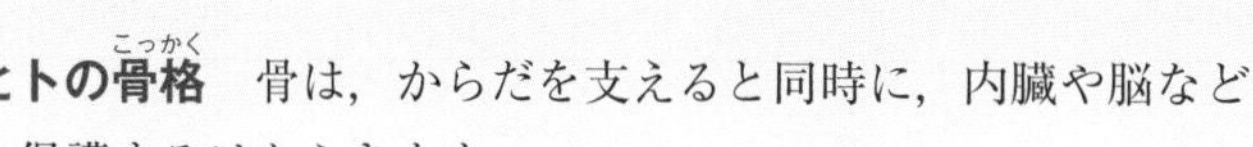

▶ヒトの骨格　骨は，からだを支えると同時に，内臓や脳などを保護するはたらきをもつ。

▶からだが動くしくみ　手あしなどの運動器官は，骨と筋肉のはたらきで動く。

ヒトのうでの筋肉は，両端がけんになっていて，関節をまたいで2つの骨についている。筋肉はうでの骨を囲み，たがいに向き合うようについている。2つの筋肉のどちらか一方の筋肉が縮むことによって，うでを曲げたりのばしたりすることができる。

●ヒトのうでの骨と筋肉の動き

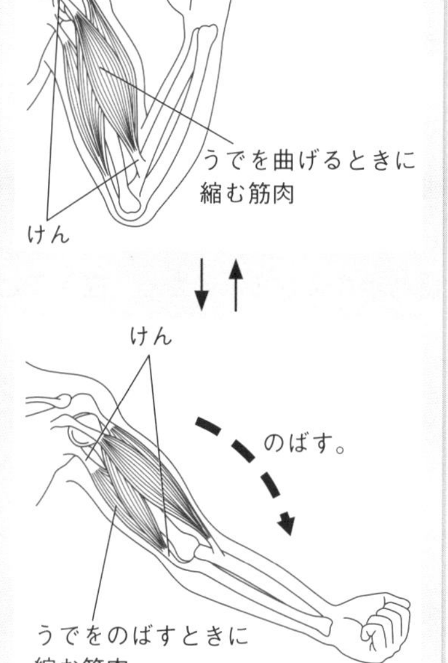

 教科書 p.159

活用　学びをいかして考えよう

手首や手あしがどのような動きをするか，動かして調べよう。１つの動きと関係している骨や関節をあげてみよう。

解答(例)

手首…手のひらに向かって曲げる(手首の関節とそのまわりの骨)
手の甲に向かって曲げる(手首の関節とそのまわりの骨)
手のひらを親指側に曲げる(手首の関節とひじの関節とそのまわりの骨)
手のひらを小指側に曲げる(手首の関節とひじの関節とそのまわりの骨)
あし首…あしの裏側に曲げる(あし首の関節とそのまわりの骨)
あしの甲側に曲げる(あし首の関節とそのまわりの骨)
あしの親指側が下になるように曲げる(あし首の関節とひざの関節とそのまわりの骨)
あしの小指側が下になるように曲げる(あし首の関節とひざの関節とそのまわりの骨)　など

 教科書 p.159

どこでも科学

関節をまたいで，白い筋(すじ)がたくさんある。この筋は何だろうか。

解答(例)

けん

解説

骨につく筋肉は両端がけんになっていて，関節をまたいで２つの骨についている。筋肉は骨を囲むように，２つの筋肉がたがいに向かい合うようについている。このため，２つの筋肉のうちどちらか一方が縮むと，もう一方がのばされる。これによって，曲げたりのばしたりすることができる。

 教科書 p.160

章末　学んだことをチェックしよう

❶ 刺激と反応

外界から刺激(しげき)を受けとる器官(きかん)を(　　)という。

解答(例)

感覚器官(かんかくきかん)

❷ 神経のはたらき

刺激の信号を中枢神経へ伝える神経を(　　), 中枢神経から運動器官に伝える神経を(　　)という。

● 解答(例)

感覚神経, 運動神経

◎ 解説

脳やせきずいは, 判断や命令などを行う場所で, 中枢神経とよばれる。中枢神経から枝分かれして全身に広がる神経を末しょう神経といい, 中枢神経と末しょう神経をあわせて神経系という。

また, 末しょう神経は, 感覚器官から中枢神経へ信号を伝える感覚神経と, 中枢神経から運動器官へ信号を伝える運動神経などに分けられる。

❸ 骨と筋肉のはたらき

ヒトがうでを曲げるときは, うでの上側の(　　)が縮む。

● 解答(例)

筋肉

◎ 解説

ヒトがうでを曲げるときは, うでの上側の筋肉が縮み, ヒトがうでをのばすときは, うでの下側の筋肉が縮む。

教科書 p.160　章末　学んだことをつなげよう

この章で学んだ, 動物が刺激を受けとってから反応するまでの流れを, 模式図にしてまとめてみよう。また, これらの一連の流れが, 動物が生きていくためにどのような役割をもっているのか, 第3章で学んだこととあわせて考えてみよう。

● 解答(例)

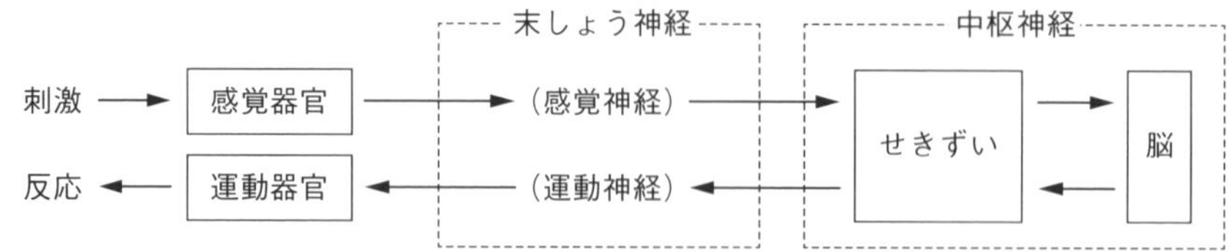

第3章で学んだからだのつくりとはたらきを維持して生きていくためには, からだを環境に適応させたり, 獲物を見つけたり, 危機から逃げたりしなければならない。刺激を受けとってから反応するまでの流れは, そのために必要な役割である。

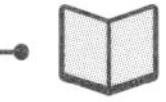 教科書 p.160

Before & After

動物はどのようにまわりのようすを知り，どのように反応するのだろうか。

解答(例)

動物は，目や耳，鼻，舌，皮膚などのいろいろな感覚器官を利用して外界からの刺激を受けとることによって，まわりのようすを知る。それらの感覚器官によってわかったまわりの状況に反応するため，骨や筋肉を使って運動器官を動かす。

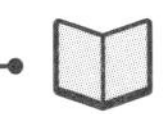 教科書 p.161

観察

軟体動物の解剖と観察

結果(例)

イカのからだの中には，えらや胃などの内臓があった。

内臓は，外とう膜で包まれていた。

背骨はなかった。

解説

無セキツイ動物は，セキツイ動物のような背骨がないという点がセキツイ動物と異なっているが，筋肉を使ってからだを動かすこと，胃などの内臓があることはセキツイ動物と共通している特徴である。

 教科書 p.161

活用　学びをいかして考えよう

1年生のときに，観察したカタクチイワシのからだの中は，教科書161ページの右の写真のようになっている。イカのからだと比較して，共通点や相違点を見つけよう。

解答(例)

共通点…目，口，胃，えら，肝臓がある。

相違点…イカには背骨がないが，カタクチイワシには背骨がある。

イカにはうろこがないが，カタクチイワシにはうろこがある。

定期テスト対策　第4章　刺激と反応

解答 p.198

/100

1 次の問いに答えなさい。

①刺激に対して判断や命令を行う脳やせきずいを何というか。

②①から枝分かれして全身に広がる神経を何というか。

③①から運動器官へ信号を伝える神経を何というか。

2 図はヒトの目の断面を模式的に表したものである。次の問いに答えなさい。

A

B

①目のように，外界からの刺激を受けとる器官を何というか。

②図のA，Bの名称を書きなさい。

③「とんできたボールをつかむ」という反応が起こるとき，目で受けとった信号が手の筋肉に伝わる経路として適当なものを，次の**ア**～**エ**から選び，記号で答えなさい。

ア　目→感覚神経→せきずい→脳→せきずい→運動神経→筋肉
イ　目→運動神経→せきずい→脳→せきずい→感覚神経→筋肉
ウ　目→感覚神経→脳→せきずい→運動神経→筋肉
エ　目→運動神経→脳→せきずい→感覚神経→筋肉

3 図はヒトのうでの骨格や筋肉のようすを模式的に表したものである。ただし，筋肉aの端が骨についている部分は省略してある。次の問いに答えなさい。

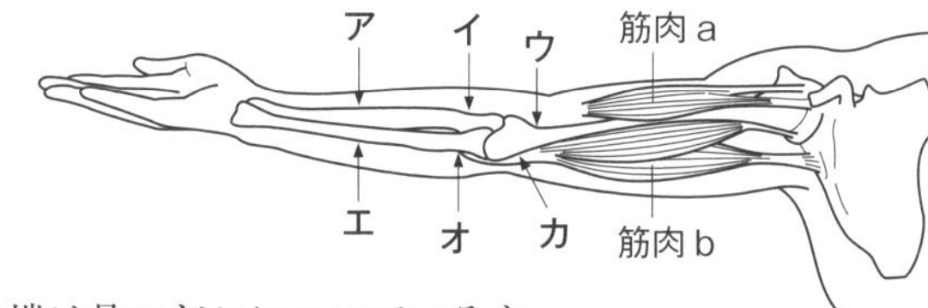

①筋肉aの端は骨のどこについているか。図の**ア**～**カ**から選び，記号で答えなさい。

②「熱いやかんに手をふれ，思わず手を引っこめた」というような，刺激に対して無意識に起こる反応を何というか。

③②の反応が起こるとき，図の筋肉aと筋肉bはそれぞれどうなるか。次の**ア**～**エ**から選び，記号で答えなさい。

ア　筋肉aも筋肉bも縮む。
イ　筋肉aも筋肉bものびる。
ウ　筋肉aは縮むが，筋肉bはのびる。
エ　筋肉aはのびるが，筋肉bは縮む。

1　計30点

①	10点
②	10点
③	10点

2　計40点

①	10点
②A	10点
B	10点
③	10点

3　計30点

①	10点
②	10点
③	10点

教科書 p.166

確かめと応用　単元2　生物のからだのつくりとはたらき

1 顕微鏡

右の写真(教科書参照)は，鏡筒上下式顕微鏡(きょうとうじょうげしきけんびきょう)である。

❶A，B，Cの部分の名称(めいしょう)を答えなさい。

❷オオカナダモの葉を観察するためにつくったプレパラートがかわいて，カバーガラスとスライドガラスの間に気泡が入った。この試料を観察するためには，どのような処理をするとよいか。

解答(例)

❶A…調節ねじ
B…レボルバー
C…ステージ

❷カバーガラスとスライドガラスのすきまから，スポイトで静かに水や染色液(せんしょくえき)を入れる。

解説

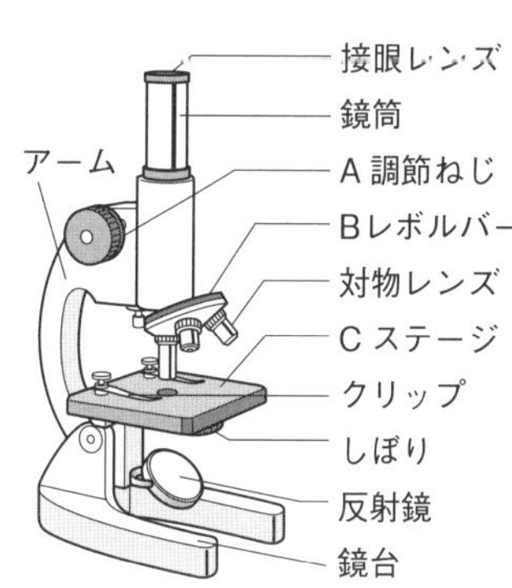

教科書93ページを参照し，顕微鏡の各部分の名称，使い方を復習しよう。

❶A…調節ねじは鏡筒を上下させるときに使う。対物レンズをプレパラートに近づけるときには，真横から見ながら，対物レンズがプレパラートにぶつからないように気をつけて，調節ねじを回す。

B…レボルバーは対物レンズの倍率を変えるときに使う。

C…プレパラートをのせる台。

❷ほかにも，顕微鏡の使い方として，以下のようなものがある。

・視野の明るさが不均一のとき
反射鏡を動かし，視野全体が明るく見えるようにする。

・観察したいものが視野のすみにあるとき
例えば観察したいものを視野の左に動かしたいときは，プレパラートを右に動かす。

・気泡が入って見にくいとき
気泡のない部分を観察するか，プレパラートをつくり直す。

教科書 p.166

確かめと応用　単元 2　生物のからだのつくりとはたらき

2 細胞のつくり

図1はツユクサの葉の裏側の細胞(さいぼう)を，図2はヒトのほおの内側の粘膜(ねんまく)の細胞を，顕微鏡を使って観察したものである。また，図3は植物に見られる細胞を模式的に示したものである。(図1と図2は教科書参照)

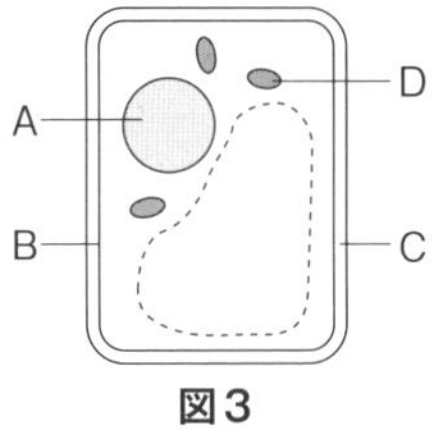

図3

❶この観察で，酢酸(さくさん)オルセインなどの染色液(せんしょくえき)を用いるのはなぜか。

❷ツユクサの葉の表皮やヒトのほおの内側の粘膜が顕微鏡の観察に適した材料である理由は何か。

❸図3のA，Bは何というか。

❹図3のCは，図2にはないものである。どのようなはたらきをするか。

❺図3のDは，緑色の粒(つぶ)である。Dはどのようなはたらきをするか。

解答(例)

❶特定の部分を染めて細胞の内部のつくりを観察しやすくするため。

❷厚みがなく，光を通しやすい試料だから。

❸A…核(かく)
B…細胞膜(さいぼうまく)

❹細胞の形を維持(いじ)し，植物のからだを支えるはたらき。

❺光合成(こうごうせい)を行う。

解説

❶酢酸オルセインや酢酸カーミンなどの染色液を用いると，核がよく染まり，観察しやすくなる。

❷ツユクサの葉は層の数が少ないため光を通しやすいので，そのまま，顕微鏡で観察することができる。また，ヒトのほおの内側の粘膜はうすくて光を通しやすく，綿棒(めんぼう)で軽くこすりとるだけで簡単に採取できる。

❸❹図3のAは核，Bは細胞膜，Cは細胞壁(さいぼうへき)である。核と細胞膜は植物と動物の細胞に共通するつくりであり，細胞壁や液胞，葉緑体(ようりょくたい)は植物の細胞に特徴的なつくりである。

❺葉の細胞にあるDは緑色の粒であるから，光合成を行う葉緑体である。

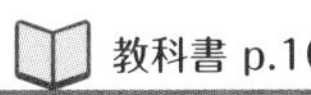

確かめと応用　単元2　生物のからだのつくりとはたらき

3 葉と光合成

光合成のはたらきについて調べるため，次の実験を行った。

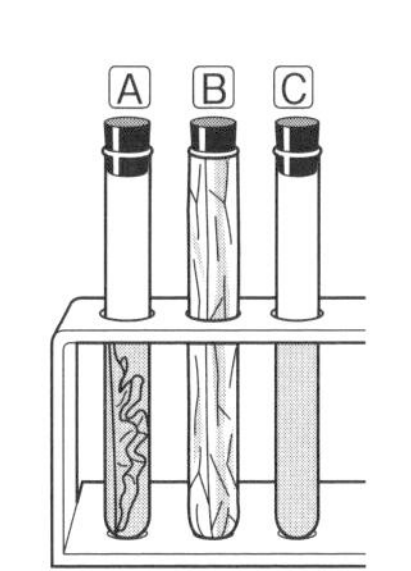

①3本の試験管A～Cのうち，AとBにタンポポの葉を入れた。試験管A～Cにストローで息をふきこみ，ゴム栓(せん)でふたをした。

②試験管Bにはアルミニウムはくを巻いて光が当たらないようにした。

③3本の試験管を30分，光に当てた後，それぞれの試験管に石灰水(せっかいすい)を少し入れ，ゴム栓をしてよくふった。

❶石灰水が白くにごるものを，試験管A～Cから全て選びなさい。

❷光合成に必要な条件のうち，試験管AとBを比べることでわかることは何か。

❸試験管AとCを比べることでわかることを説明しなさい。

解答(例)

❶BとC

❷光合成には光が必要であること。

❸試験管Aで生じる変化が，植物のはたらきによって生じる変化であること。

解説

この実験でわかる光合成に必要なものは，葉緑体，光，二酸化炭素の3つである。水の有無について，この実験ではわからない。

実験ではA～Cが次のような条件になっている。

	A	B	C
葉緑体	あり	あり	なし
光	あり	なし	あり
二酸化炭素	あり	あり	あり

❶二酸化炭素があると，石灰水は白くにごる。Aではタンポポが光合成を行い，二酸化炭素を吸収するため，試験管内の二酸化炭素が減り，石灰水は変化しないと考えられる。Bではタンポポに光が当たっていないため，光合成は行われない。呼吸は行われているので，二酸化炭素がふえて，石灰水は白くにごる。Cではふきこんだ息にふくまれていた二酸化炭素が使われずに残っているので，石灰水は白くにごる。

❷試験管AとBの条件のちがいは，光が当たるか当たらないかである。

❸試験管AとCのちがいはタンポポの葉が入っているかどうかである。試験管Cは試験管Aの対照実験であり，二酸化炭素の減少が光によるものではなく，タンポポの葉のはたらきによるものであることがわかる。

教科書 p.166

確かめと応用　単元2　生物のからだのつくりとはたらき

4 蒸散と吸水の関係

蒸散(じょうさん)と吸水(きゅうすい)の関係について調べるために次のような実験を行った。

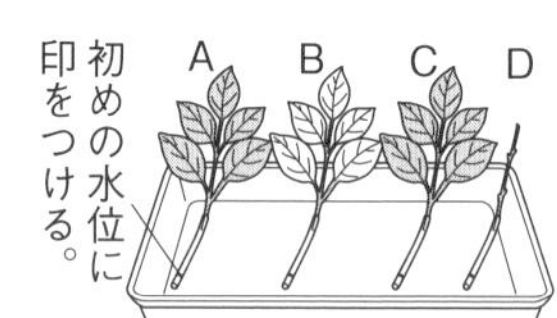

①同じ植物で同じように葉のついた4本の枝をA～Dのように準備する。

A　何も処理しない。

B　葉の裏側にワセリンをぬる。

C　葉の表側にワセリンをぬる。

D　葉を全てとる。

②水を入れた水槽(すいそう)の中で，A～Dの植物の茎(くき)とシリコンチューブを，空気が入らないようにつなぐ。

③バットに置き，20分ほど後に水の量の変化を調べる。

〔結果〕 吸水の量はA，C，B，Dの順に多かった。Dはわずかだがチューブの水が減っていた。

❶シリコンチューブを準備するときに，同じにしなければならない条件は何か。

❷気孔(きこう)は葉の表側と裏側のどちらに多いか。

❸BよりもCの方が吸水の量が多かったことから，蒸散と吸水の関係について考えられることを書きなさい。

❹Dから考えられることを説明しなさい。

解答(例)

❶同じ太さのシリコンチューブを使う。

❷裏側

❸葉の表側より裏側で多く蒸散が行われ，蒸散が行われると吸水が起こる。

❹蒸散は主に葉で行われるが，茎(くき)ではほとんど行われない。

解説

❶影響を知りたい条件以外を同じにして実験を行う必要がある。

❷❸ワセリンをぬると気孔がふさがれる。Bでは主に葉の表側から，Cでは主に葉の裏側から蒸散が行われる。BとCはどちらも片側からのみの蒸散であるが，Cの方が減った水の量が多かったことから，葉の裏側からの蒸散量が表側より多いといえる。蒸散は主に気孔から行われるので，葉の表側と裏側の気孔の数のちがいにより蒸散量にちがいが出た。

❹葉を全てとってしまい，茎の断面がむき出しになっても，ほとんど水が減少しないことから，蒸散は主に葉で行われ，茎ではほとんど行われないことがわかる。

教科書 p.166~p.167

確かめと応用　単元2　生物のからだのつくりとはたらき

5 茎のつくりとはたらき

植物のからだのつくりについて調べるため，次の観察を行った。

①図1のように，赤インクで着色した水にヒマワリの茎をつけ，約2～3時間置いた後，茎の断面を観察した。

②図2はそのときの茎のようすを模式的に表しており，図3は茎の断面の一部を拡大して示したものである。

③図3のAの部分は赤く染まり，Bの部分には変化がなかった。

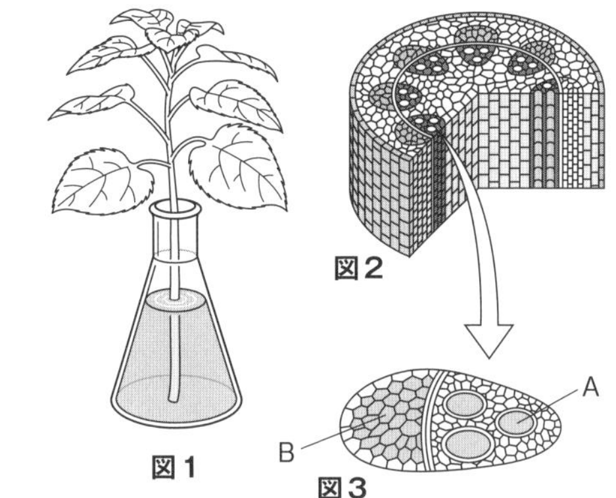

❶図3のAとBの部分を，それぞれ何というか。

❷Aの部分は赤く染まったことから，Aの部分にはどのような物質が通ると考えられるか。次のア～エから選びなさい。

ア　根でつくられたデンプン　　**イ**　葉の中にある葉緑体
ウ　葉でつくられた養分　　**エ**　根で吸収された水や肥料分

❸図3で示したAやBの管(くだ)などが集まった部分を何というか。

❹❸の部分の茎での並び方は，植物によって異なる。図2のように，❸の部分が輪の形に並んでいる植物を，何というか。

❺図2のように，❸の部分が輪の形に並んでいる植物を，次のア～オから全て選びなさい。

ア　アブラナ　　**イ**　ツユクサ　　**ウ**　イネ
エ　トウモロコシ　　**オ**　アサガオ

解答(例)

❶A…道管　B…師管　❷エ　❸維管束(いかんそく)
❹双子葉類(そうしようるい)　❺ア，オ

解説

植物の茎の中を何が通るのか，どのようなつくりになっているのかを観察している。特に維管束について問われている。

❶図2のように，**維管束が輪の形に並んでいる場合，内側が道管，外側が師管である。また，道管は師管より太い。**

❷ア…デンプンは根ではなく，葉でつくられる。
イ…葉緑体が茎の中を通ることはない。
ウ…葉でつくられたデンプンが，水にとけやすい物質に変化し，B(師管)を通ってからだ全体に運ばれる。
エ…A(道管)を通る物質である。

❸道管と師管をまとめて維管束という。

❹単子葉類…維管束が茎の中で散らばっている。
双子葉類…維管束が茎の中で輪の形に並んでいる。

❺単子葉類と双子葉類は，葉脈で区別するとよい。
葉脈が平行に通るのが単子葉類，網目状になっているのが双子葉類である。

教科書 p.167

確かめと応用　単元2　生物のからだのつくりとはたらき

6 消化と吸収

だ液のはたらきを調べるために，4本の試験管A～Dに同量のデンプン溶液(ようえき)を入れ，約40℃の湯につけてあたためた。さらに，AとCにはうすめただ液を，BとDには水を，それぞれ1cm³ずつ入れ，よく混ぜてから湯につけて，約10分間あたためた。その後，A，Bにはヨウ素液を，C，Dにはベネジクト液を加えた。

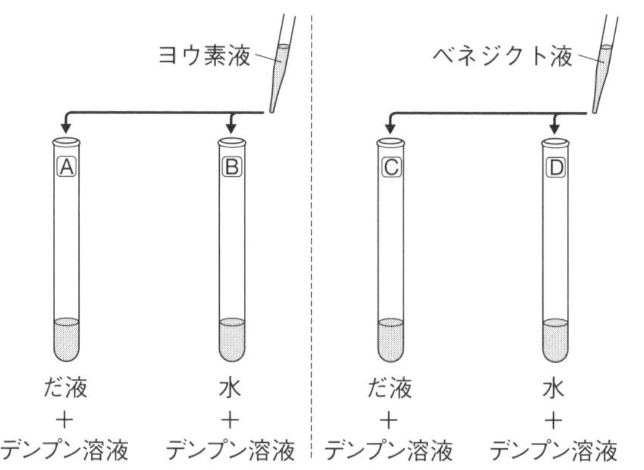

❶試験管を約40℃の湯につけるのはなぜか。

❷だ液を入れないB，Dの試験管を用意しなければならない理由を簡単に説明しなさい。

❸C，Dの試験管にベネジクト液を加えてふり，混ぜた後，反応を確かめるためにはどのような操作が必要か。

❹ヨウ素液，またはベネジクト液により，試験管A～Dではどのような変化が見られたか。

❺この実験からいえる，だ液のはたらきについて簡単に説明しなさい。

解答(例)

❶ヒトの体温とだいたい同じにするため。

❷溶液の変化が，だ液のみのはたらきによることを明らかにするため。

❸沸騰石(ふっとうせき)を入れて加熱する。

❹A…色は変わらなかった。　B…青紫色(あおむらさきいろ)に変わった。
C…赤褐色(せっかっしょく)の沈殿(ちんでん)が生じた。　D…変化しなかった。

❺デンプンを麦芽糖(ばくがとう)などに変化させるはたらきがある。

解説

❷このような実験を対照実験という。

❸ベネジクト液で溶液を調べるときには，必ず加熱してから色の変化を見る。加熱するときは沸騰石を入れて突沸(とっぷつ)を防ぐ。

❹試験管A～Dに入っているものをまとめてみよう。

試験管	入れたもの	できたもの	加えた試薬	反応
A	だ液＋デンプン溶液	麦芽糖など	ヨウ素液	なし
B	水＋デンプン溶液	デンプン	ヨウ素液	青紫色
C	だ液＋デンプン溶液	麦芽糖など	ベネジクト液	赤褐色の沈殿
D	水＋デンプン溶液	デンプン	ベネジクト液	なし

❺ヨウ素液はデンプンの検出に，ベネジクト液は麦芽糖などデンプンが分解されてできたものの検出に使う。

B，Dの実験結果から，水だけではデンプンは変化しないことがわかる。A，Cの実験でデンプンは検出されず，麦芽糖などが検出されたことから，だ液によりデンプンが麦芽糖などに変化したことがわかる。だ液にはデンプンを麦芽糖などに分解する消化酵素(しょうかこうそ)のアミラーゼがふくまれている。試験管を約40℃の湯につけてあたためたのは，消化酵素が最もはたらきやすい体温に近い温度にするためである。

教科書 p.167

確かめと応用　単元2　生物のからだのつくりとはたらき

7 ヒトの血液の循環

右図は，ヒトの血液の循環(じゅんかん)の模式図である。

❶次のような血管を図のa～gから選びなさい。

ア　養分を最も多くふくむ血液が流れている血管。

イ　静脈(じょうみゃく)(全て)。

ウ　動脈血(どうみゃくけつ)が流れている血管(全て)。

❷全身の細胞でつくられたアンモニアを無害にする器官(きかん)と，無害にしたものを排出(はいしゅつ)するためにこし出す器官の名前をそれぞれあげなさい。

❸細胞の生命活動によって，出される二酸化炭素やアンモニアなどの不要な物質は，血液中の何という成分にとけ，運ばれるか。

❹血液によって運ばれた酸素と小腸で吸収(きゅうしゅう)された養分を使って，細胞は何をとり出しているか。また，このはたらきを何というか。

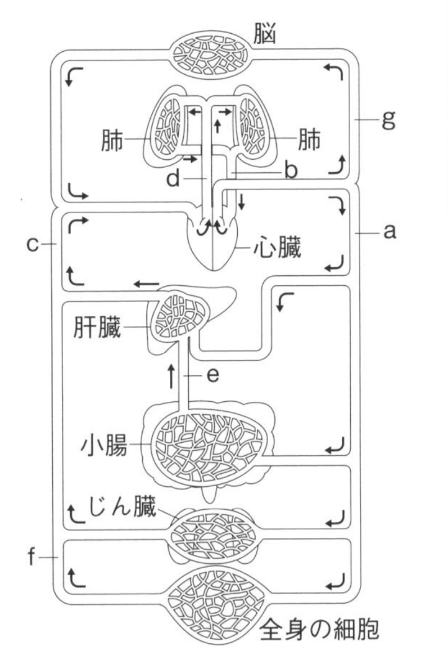

解答(例)

❶ア…e　イ…b，c，e，f　ウ…a，b，g

❷無害にする器官…肝臓(かんぞう)

こし出す器官…じん臓

❸血しょう

❹とり出しているもの…エネルギー

はたらき…細胞による呼吸

解説

❶ア…食物が消化された後，養分は主に小腸のかべの柔毛で吸収されて毛細血管に入るので，小腸を通った後の血管には養分を多くふくむ血液が流れる。

イ…心臓へもどってくる血液が流れる血管が静脈である。

ウ…酸素を多くふくんだ血液を動脈血という。bは肺から心臓にもどる血管で，肺静脈というが流れているのは動脈血である。まちがえやすいので注意しよう。

❷アンモニアは肝臓で無害な尿素に変えられる。じん臓では尿素などの不要な物質をとり除いている。

❹からだを構成している細胞では，届いた酸素を使い，養分からエネルギーがとり出される。このとき，二酸化炭素と水ができる。このような細胞の活動を「細胞による呼吸」という。

教科書 p.167

確かめと応用　単元2　生物のからだのつくりとはたらき

8 刺激と反応，骨と筋肉のはたらき

下の問いに答えなさい。

❶目や耳のように，外界からの刺激を受けとる器官を何というか。

❷「熱い物に手がふれて，思わず手を引っこめる」という反応について答えなさい。

①上記のように，刺激を受けて意識とは無関係に決まった反応が起こることを何というか。

②日常生活のなかで見られる，この反応と同様の反応の具体例をあげなさい。

❸❷で手を引っこめる命令の信号が伝わった筋肉は，ア，イのどちらか。

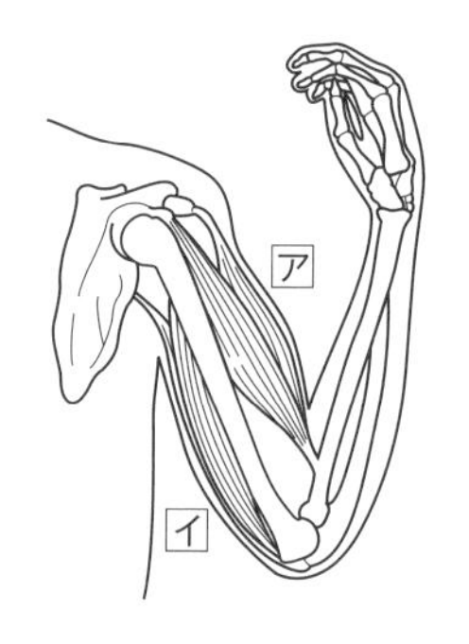

解答(例)

❶感覚器官

❷①反射

②ボールが顔面にとんできたので目をつむった。

❸ア

解説

❶感覚器官からの信号を伝えるのが感覚神経，筋肉を動かす信号を伝えるのが運動神経である。

❷無意識に起こる反応は，信号が脳を経由しないで起こる。

反射は脳で意識される前に起こる。反射は刺激を受けてから反応までの時間が短いので，からだを危険から守ることに役立っていることが多い。

❸アがうでを曲げるときに縮む筋肉である。

教科書 p.168

活用編

確かめと応用　単元 2　生物のからだのつくりとはたらき

1 光合成と二酸化炭素

ある春の日にYさんは理科室の水槽でオオカナダモを見つけたので図鑑で分類について調べたところ，イネやユリと同じグループでアサガオやヒマワリとは異なるグループであることがわかった。

❶このときYさんはオオカナダモのどのような特徴を調べたと考えられるか。

次にYさんは，光合成が行われる条件について調べるために，オオカナダモを使って試験管で以下のような実験を行った。

〔実験〕

①いちど沸騰させてから冷ました水に，オオカナダモを入れゴム栓でふたをして日光を当てた。

②いちど沸騰させてから冷ました水に，オオカナダモを入れゴム栓でふたをして暗い場所に置いた。

実験①　実験②
光
水
オオカナダモ
暗い場所

❷上の実験で光合成が行われたかどうかを確かめるためには，どのようにすればよいか。

❸実験①と実験②では，❷のようにして確かめた結果に大きなちがいが見られなかった。その理由として考えられることを「二酸化炭素」という言葉を用いて述べなさい。

❹光合成には光とともに二酸化炭素が必要であることを調べるためには，これらに加えてどのような実験を行えばよいか。

解答(例)

❶イネやユリは単子葉類なので，同じグループであることを確認するには，その特徴である葉脈を調べた。

❷それぞれに少量の石灰水を入れ，色の変化を見る。

❸沸騰させたことで水の中から二酸化炭素が追い出されたため，どちらも光合成を行わなかったと考えられる。

❹一度沸騰させてから冷ました水に，オオカナダモを入れ，ストローで息をふきこんでからゴム栓でふたをして，日光を当て，光合成が行われたかどうかを調べる。

解説

❶種子植物は，大きく裸子植物と被子植物に分類できる。被子植物は，子葉に注目すると，イネやユリのように子葉が1枚の単子葉類と，アサガオやタンポポのように子葉が2枚の双子葉類に分類することができる。単子葉類の葉脈は平行に通り，茎の横断面で維管束は，ばらばらに散らばっている。双子葉類の葉脈は網目状に通り，茎の横断面で維管束は，輪の形に並んでいる。

❷光合成は，細胞の葉緑体で行われる。日光を利用して水と二酸化炭素からデンプンなどの養分と酸素をつくり出している。石灰水は二酸化炭素がふくまれると白くにごるので，光合成が行われていれば二酸化炭素が使われ白くにごらず，光合成が行われていなければ二酸化炭素が残り白くにごると考えられる。

❸どちらも結果に大きなちがいが見られなかったということは，どちらも白くにごったか，どちらも白くにごらなかったということである。実験①は光と水があるので，光合成が行われるはずであり，石灰水が白くにごったとは考えられないので，どちらも白くにごらなかったということである。実験②では光合成が行われず，二酸化炭素がもともとあれば石灰水が白くにごるはずであるので，二酸化炭素が最初からなかったと考えられる。

❹ヒトの呼気には多くの二酸化炭素がふくまれている。

教科書 p.168

活用編

確かめと応用　単元 2　生物のからだのつくりとはたらき

2 消化液のはたらき

Ｉさんは，だ液と胃液のはたらきを調べるために，次のような実験を行った。

水の入ったペトリ皿

だ液をつけた紙

オブラート

〔実験１〕

①右図のように，ペトリ皿に40℃の水を入れ，まる形のオブラートを入れてうかべた。

②オブラートの上に，だ液にじゅうぶんにひたした紙を静かに置いてようすを観察した。しばらくしたら，オブラートにあながあき，紙が水中に落下した。

③だ液のかわりに水をつけた紙で同様な実験を行うと，あなはあかなかった。

〔実験２〕

だ液と胃液のどちらがタンパク質を分解するかを確かめるために，けずり節を使って実験を行った。けずり節にはタンパク質が豊富にふくまれている。下図のように試験管を３本用意し，Ａにはペプシンをふくむ人工胃液，Ｂにはうすめただ液，Ｃには蒸留水を8cm³ずつ加えて３本ともに同じ量のけずり節を入れ，ヒトの体温程度の温度の水の入ったビーカーの中でしばらくあたためた。この実験の結果は下の表のようになった。

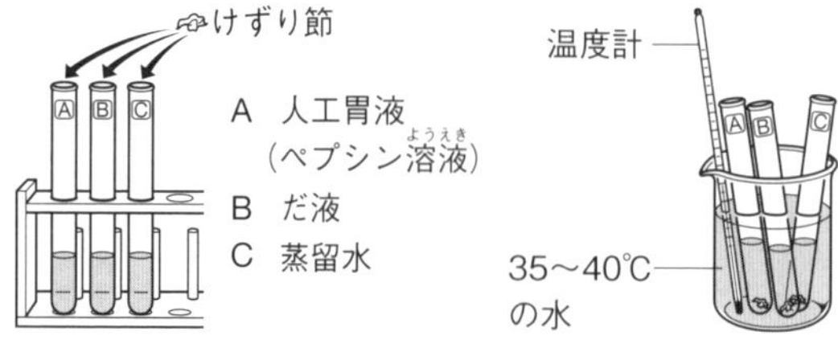

5分後の試験管の中のようす		
A	人工胃液	けずり節がとけ，液がにごる。
B	だ液	変化なし。
C	蒸留水	変化なし。

❶〔実験1〕からオブラートはどのような物質でできているといえるか。結果から考察しなさい。
❷〔実験1〕の③を行うとき，先生が「『だ液をつけた紙』と『水をつけた紙』の実験では，別のピンセットを使いなさい」という注意をした。しかし太郎さんは，「だ液をつけた紙」の実験で使ったピンセットをそのまま「水をつけた紙」の実験でも使った。すると「水をつけた紙」でもしばらくしたらオブラートにあながあいた。このような結果になった理由を推測して答えなさい。
❸〔実験2〕から，だ液と胃液のどちらがタンパク質を分解するといえるか。根拠(こんきょ)とともに答えなさい。

解答(例)

❶だ液をじゅうぶんにつけた紙を置いたオブラートだけにあながあいたという実験の結果から，オブラートがだ液によって分解されたと考えられる。したがって，オブラートはデンプンでできていると考えられる。
❷「だ液をつけた紙」のだ液がピンセットについて残り，それが「水をつけた紙」についたことで，オブラートが分解されたためだと推測できる。
❸Aではけずり節がとけ，液がにごったが，B，Cでは変化がなかったので，胃液がタンパク質を分解するといえる。

解説

❶だ液にふくまれる消化酵素であるアミラーゼはデンプンを分解する。
❷水だけではオブラートにあなはあかないので，あながあいたということはだ液の影響だと考えられる。
❸ペプシンはタンパク質を分解する消化酵素である。だ液にはタンパク質を分解する消化酵素はふくまれていない。

教科書 p.168～p.169 活用編

確かめと応用 単元2 生物のからだのつくりとはたらき

3 ダイズの光合成

Rさんは，「ダイズの種子は，発芽して葉が出てくるまでの間に光合成をしているかどうか」という疑問を調べるために次のような実験を行った。

〔実験〕

①保存びんに100個のダイズの種子を入れ，ダイズの質量よりもやや多い水の量を保存びんに加えた。

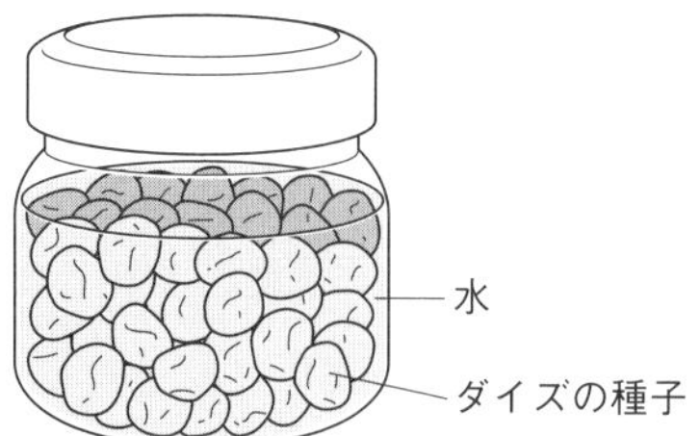

②水中に呼気をふきこんで，緑色に調整したBTB溶液を加え，保存びんは空気を入れた状態で密閉(みっぺい)した。

③この保存びんを光の十分(じゅうぶん)に当たるところに置き，保存びんの中のようすを観察した。

ただし，この実験で，BTB溶液の色を変えるものは，保存びんの中で使われたり生じたりした気体のみとする。

〔実験の結果〕

種子が発芽するまでは，BTB溶液はしだいに黄色に変化していった。やがて，葉が出てくるとBTB溶液は黄色から緑色になり，青色まで変化した。

❶下線部のように，呼気を水中に入れるのは，Rさんがどのようなことを調べたいと考えているからか。Rさんのもつ疑問から考えられることを述べなさい。

❷BTB溶液が緑色から黄色に変化した理由は，保存びんの中でどのような気体がふえたためと考えられるか。また，これは植物の何というはたらきによってふえたと考えられるか。

❸種子が発芽し，葉が出てくると，BTB溶液が黄色から緑色になり，青色まで変化した理由を説明しなさい。

❹Rさんは，BTB溶液が黄色から緑色になる過程で，保存びんの水が少なくなっていることに気づいた。この理由について，Rさんは「光合成」という言葉を使って考察した。Rさんがした考察を簡潔(かんけつ)に述べなさい。

解答(例)

❶ダイズが，光合成によって二酸化炭素を使うかどうかを調べるため。

❷ふえた気体…二酸化炭素　　植物のはたらき…呼吸

❸ダイズの葉で光合成が行われ，二酸化炭素が減ったと考えられる。

❹光合成によって，水が使われた。

解説

❶❹光合成は，日光を利用して水と二酸化炭素からデンプンなどの養分と酸素をつくり出すはたらきである。ヒトの呼気には二酸化炭素が多くふくまれている。

❷❸BTB溶液は，酸性で黄色，中性で緑色，アルカリ性で青色を示す。二酸化炭素は水にとけて酸性を示す。

単元

3

天気とその変化

この単元で学ぶこと

第1章　気象の観測

気象(きしょう)観測の方法を知り，その結果をまとめ，考察することを学ぶ。

天気図から気象情報を読みとることを学ぶ。

大気圧と圧力について学ぶ。

空気中の水蒸気がどのようなしくみで液体の水に変化するのかを学ぶ。

気圧と風の関係を学ぶ。

第2章　雲のでき方と前線

水が，気体，液体，固体と姿を変えて循環(じゅんかん)していることを学ぶ。

雲のでき方や前線(ぜんせん)のしくみを知り，前線が通過すると天気がどのように変化するのかを学ぶ。

第3章　大気の動きと日本の天気

太陽のエネルギーなどによって，大気がどのように動くのかを知り，それによって日本の天気の特徴(とくちょう)がどのように生じるのかを学ぶ。

気象災害への備え方を学ぶ。

第1章 気象の観測

これまでに学んだこと

▶**天気による１日の気温の変化**(小4)　晴れの日の気温は，１日の変わり方が大きい。くもりの日や雨の日の気温は，あまり変わらない。

▶**雲のようすと天気**(小5)　雲の形や量は，時刻によって変わる。雲のようすが変わると，天気が変わることがある。

▶**気温のはかり方**(小4)　気温は，温度計を用いてはかる。

▶**質量，重力**(中1)　質量100gの物体には，地球から約1Nの重力がはたらいている。

▶**空気中の水蒸気の変化**(小4)　水は，蒸発して水蒸気になる。空気中には水蒸気がふくまれており，冷やすと水にもどる。

▶**溶解度(ようかいど)と溶解度曲線(ようかいどきょくせん)**(中1)　一定量の水に物質をとかしていき，物質がそれ以上とけることのできなくなった水溶液(すいようえき)を，その物質の**飽和水溶液(ほうわすいようえき)**という。

ある物質を100gの水にとかして飽和水溶液にしたときの，とけた物質の質量を**溶解度**といい，物質によって決まっている。水の温度ごとの溶解度をグラフに表したものを，**溶解度曲線**という。

●**溶解度曲線**

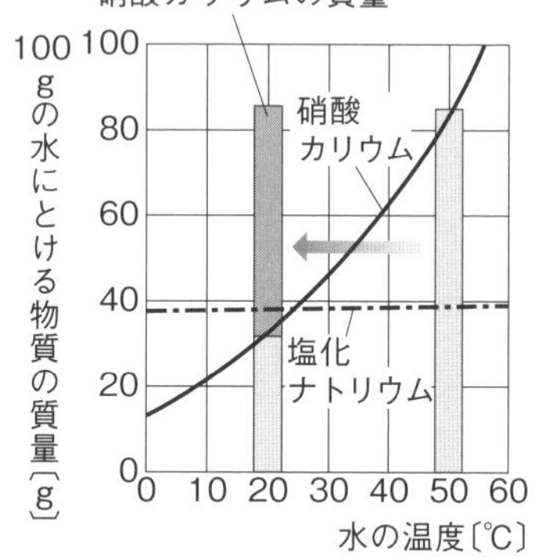

第1節 気象の観測

要点のまとめ

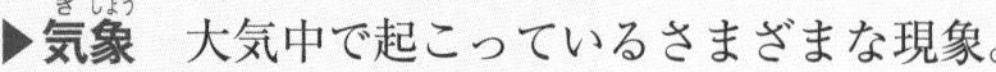

▶**気象(きしょう)**　大気中で起こっているさまざまな現象。

▶**気象要素(きしょうようそ)**

・**気温(きおん)**
・**湿度(しつど)**(空気のしめりぐあい)
・**気圧(きあつ)**(大気圧)
・**風向(ふうこう)**(風のふいてくる方向)
・**風速(ふうそく)**(風の速さ)
・**風力(ふうりょく)**(風の強さ)

●**雲量(うんりょう)と天気**

雲量	0～1	2～8	9～10
天気	快晴	晴れ	くもり

▶気象観測のしかたと表し方

・**天気**…雨や雪が降っていないときは，**雲量**(空全体を10としたとき，雲がおおっている割合)で表す。

・**気温**…地上から約1.5mの高さで，直射日光の当たらない場所ではかる。

・**湿度**…乾湿計(かんしつけい)の乾球(かんきゅう)の示す温度(示度(しど))と，乾球と湿球(しっきゅう)の示度の差から，**湿度表**より読みとる。(教科書179ページ参照)

・**気圧**…気圧計を使って測定する。単位は**ヘクトパスカル**(記号**hPa**)。

1気圧＝約1013hPa

・**風向**…風向計などで調べる。風のふいてくる方位を，16方位で表す。

・**風速**…風速計で計測する。

・**風力**…風力階級表から，風力0～12の13段階で表す。

▶天気図の記号　天気，風向，風力を表す記号。風力1～6までを表す矢ばねは，天気記号側から風向を見て，その右側にかく。

●天気図の記号

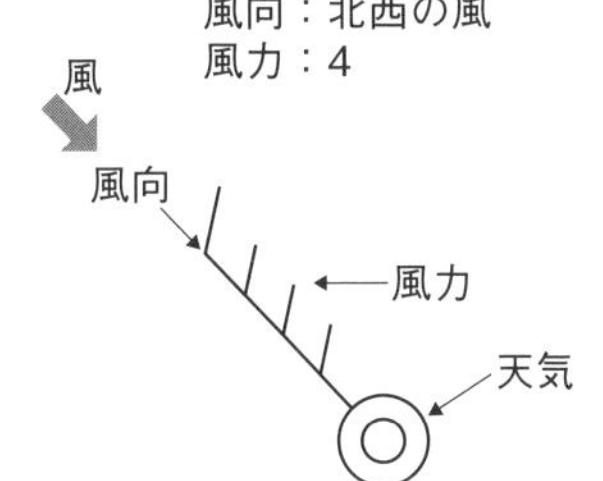

天気・風力を表す記号

天気	記号	風力	記号	風力	記号
快晴	○	0	○	5	
晴れ	⦶	1		6	
くもり	◎	2		7	
雨	●	3		8 ⋮	⋮
雪	⊗	4		12	

 教科書 p.177

観察1

校内の気象観測

結果(例)

ステップ1，2

気温，湿度，風向，風力は観測する場所によって異なる。

ステップ3

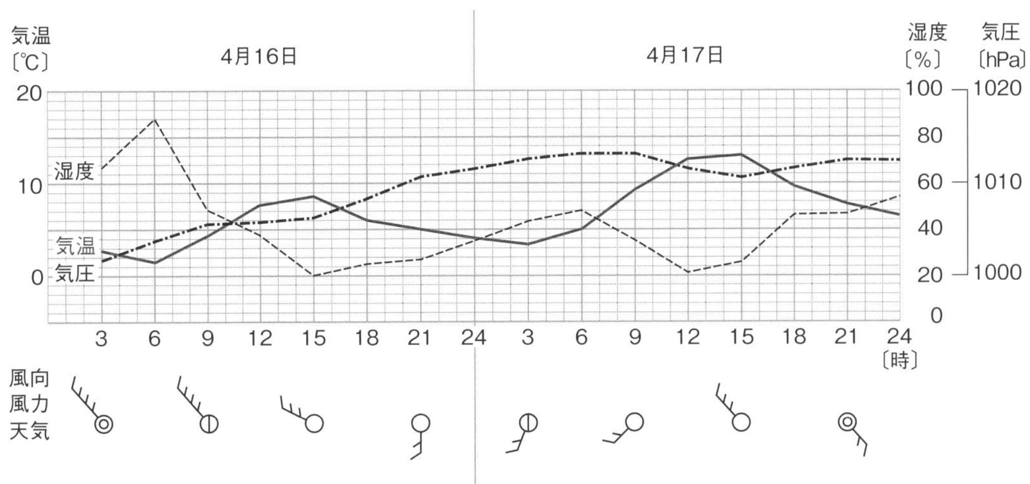

考察のポイント

●学校内の場所による気温や風向，風力のちがいの原因について考えよう。

風向や風力は，風をさえぎる建物などがあるかどうかで異なる。また，同じ建物のそばでも，場所が変わると値が変わる。

気温は，太陽の光が当たる量が測定場所によって異なるので，結果が変わる。

湿度は，太陽の光が当たる量や，地面が土やコンクリートでできている場合によって変わってくる。

●継続観測したときのそれぞれの気象要素のデータの変化と天気の変化について，気づいたことをまとめよう。

気象要素を継続的に観測すると，時間とともに変化していることがわかる。

晴れの日は，気温は明け方が最低で昼過ぎに最高になり，湿度は日中低くなる。くもりや雨の日は，気温は１日のなかで変化が少なく，湿度は一日中高い。

教科書 p.180

理由を考えよう

学校内での観測結果を教科書180ページの次のようにまとめた。それぞれの班の気象観測の結果を比較すると，場所(A～N)によって異なるものやそうでないものがある。それはなぜか考えよう。

解説

天気・雲量…どこでも同じである。

気温…太陽の光が当たる場所では高いが，当たらない場所では低くなる。

湿度…地面が土の場所では高くなるが，コンクリートの場所では低くなる。

風向・風力…風をさえぎる建物がない場所と，ある場所では異なる。

教科書 p.181

活用　学びをいかして考えよう

気象庁などのホームページにアクセスして，継続観測を行ったときの気象データと比較したり，過去の気象観測データを調べたりして，天気と気象要素とのかかわりについて考えてみよう。

解説

天気の変化と気象要素の間には次のような関係がある。

晴れた日は，気温が上がると湿度が下がり，気温が下がると湿度が上がり，雨やくもりの日は，気温や湿度の変化は小さい。また，気圧が低くなると天気はくもりや雨になり，気圧が高くなると晴れることが多い。天気が変化するときには，風向や風速が急に変化することが多い。

第2節 大気圧と圧力

要点のまとめ

▶**大気圧**（たいきあつ） 上空にある空気が地球上の物に加える，重力による圧力。

▶**圧力** 物体どうしがふれ合う面にはたらく**単位面積**（**1 m^2 や 1 cm^2**）あたりの力。単位は**パスカル**（**記号Pa**）である。

$$\text{圧力〔Pa〕} = \frac{\text{面を垂直におす力〔N〕}}{\text{力がはたらく面積〔}m^2\text{〕}}$$

圧力の単位には，ニュートン毎（まい）平方メートル（記号N/m^2）やニュートン毎平方センチメートル（記号N/cm^2）も使われる。

 教科書 p.182

調べよう

①空かんに水を少し入れて，沸騰（ふっとう）するまで加熱する。

②さかんに湯気が出るようになったら加熱をやめて，ラップシートで空かん全体を上からくるみ，空かんのようすを観察する。

○ **解説**

②で冷えると，空かんの中の水蒸気が水に状態変化して，体積が急に小さくなる。そのため，空かんの中の気体の圧力が急に小さくなり，外側からの空気の圧力におされて，空かんがつぶれる。

 教科書 p.183

調べよう

教科書183ページの右図のように，水を入れてふたをしたペットボトルを逆さまにして，正方形に切りとった段ボールを置いたスポンジの上に立てる。スポンジと段ボールが接する部分の面積による力のはたらき方のちがいを確かめるためには，何を変化させて何をはかればよいだろうか。

● **結果（例）**

正方形の段ボールの一辺の長さを変えて，スポンジのへこみ方を調べる。

段ボールの一辺の長さ〔cm〕	3	4	5	6
段ボールの面積〔cm^2〕	9	16	25	36
スポンジがしずんだ深さ〔mm〕	14	10	6	2

○ **考察**

スポンジに加わる力が同じなら，スポンジと段ボールの接している面積が大きいほど，スポンジのしずみ方は小さくなる。このことから，接する部分の面積が大きいほど単位面積あたりの力のはたらきは小さくなると考察できる。

 教科書 p.184

活用　学びをいかして考えよう

教科書184ページの次の写真のように，実生活で大気圧を利用している例をさがして，どのように利用されているか説明しよう。

解答(例)

ふとん圧縮袋，掃除機，手動の給油ポンプなど。

解説

これらは，いずれも内部の空気を抜いて圧力を下げることによって，大気圧を利用するものである。また，呼吸によって息を吸うのも，肺の容積を大きくすることで内部の圧力を下げ，大気圧との差を利用して空気を吸いこんでいる。

 教科書 p.185

練習

教科書185ページの上の例題と別の教科書は，表紙の面積が400 cm^2で，質量が400 gだった。この教科書を机の上に置いたときの圧力の大きさは何Paか。ただし，質量100 gの物体にはたらく重力の大きさを1 Nとする。

解答(例)

100 Pa

解説

・教科書にはたらく重力…教科書の質量が400 gなので，教科書にはたらく重力は4 N

・力がはたらく面積… 10000 cm^2 = 1 m^2 より，400 cm^2 = **0.04 m^2** となる。

・$\text{圧力〔Pa〕} = \dfrac{\text{面を垂直におす力〔N〕}}{\text{力がはたらく面積〔m}^2\text{〕}} = \dfrac{4\ \text{N}}{0.04\ \text{m}^2} = 100\ \text{Pa}$

 教科書 p.185

確認

次の①，②，③で，ゆかに加わる圧力が最も大きいのはどれか。

①50 kgのヒトが両あしで立っている。(片方のくつの裏の面積を200 cm^2とする。)

②45 kgのバレエダンサーが片あしでつま先立ちしている。(くつのつま先の面積を4 cm^2とする。)

③3000 kgのゾウが4本あしで立っている。(1本のあしの裏の面積を1000 cm^2とする。)

解答(例)

②

解説

① $\dfrac{500\ \text{N}}{0.04\ \text{m}^2} = 12500\ \text{Pa}$　② $\dfrac{450\ \text{N}}{0.0004\ \text{m}^2} = 1125000\ \text{Pa}$　③ $\dfrac{30000\ \text{N}}{0.4\ \text{m}^2} = 75000\ \text{Pa}$

第3節 気圧と風

要点のまとめ

▶**等圧線** 天気図上で，同時刻の気圧が等しい地点を結んだなめらかな曲線。**1000hPaを基準に4hPaごとに実線で引く。20hPaごとに太線にする。**必要に応じて2hPaごとの点線を引くこともある。

▶**気圧と風** 風は，**気圧の高いところから低いところへ**向かってふく。等圧線の間隔がせまいところほど，強い風がふく。

▶**高気圧** 中心部の気圧が周囲より高くなっている部分。

▶**低気圧** 中心部の気圧が周囲より低くなっている部分。

▶**高気圧と低気圧** どちらも，天気図では閉じた等圧線で表される。数値は，中心の気圧を表す。高気圧，低気圧とも，まわりと比べたもので，基準となる気圧の値があるわけではない。

▶**高気圧・低気圧と風**

・高気圧…まわりより気圧が高いので，**中心部から周辺に向かって風がふく。**中心部では，**下降気流**が生じている。

・低気圧…まわりより気圧が低いので，**周辺から中心部に向かって風がふく。**中心部では，**上昇気流**が生じている。

地球の自転の影響で，北半球では，高気圧からふき出す風は時計まわりに，低気圧にふきこむ風は反時計まわりにふく。

●**高気圧と低気圧**

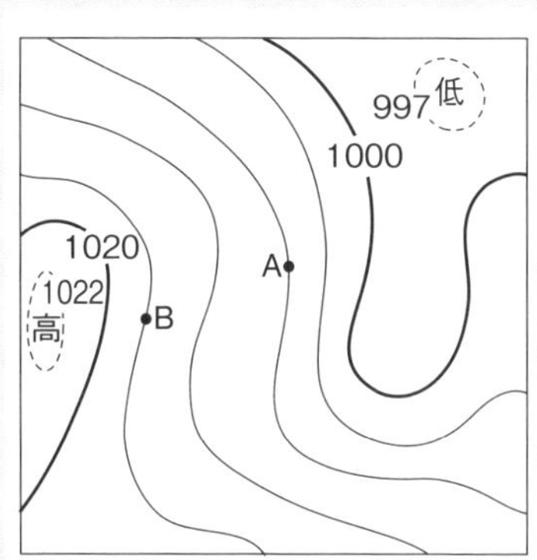

A は 1008hPa
B は 1016hPa
低気圧の中心は997hPa
高気圧の中心は1022hPa

教科書 p.187

分析解釈 考察しよう

教科書187ページの下の天気図から高気圧や低気圧の中心部の地表付近ではどのように風がふいているのか，考えよう。

解説

空気が気圧の高いところから低いところへ移動する現象が風である。等圧線の間隔がせまいほど，気圧の変化が大きいので強い風がふく。

高気圧は，地表付近では中心から周辺に向かって時計まわりに風がふき出し，中心部は下降気流が発生するために晴れることが多い。低気圧は，地表付近では周辺から中心に向かって反時計まわりに風がふきこみ，中心部は上昇気流が発生するために雲ができることが多い。

教科書 p.188

活用　学びをいかして考えよう

低気圧が自分の住んでいる場所の近くを通るとき，風向や風速はどのようになっているだろうか。教科書188ページの下の天気図を例にして考えてみよう。

解説

　低気圧は，まわりよりも気圧の低いところなので，周辺部から中心部に向かって風がふきこんでいる。そのため，中心部では，上昇気流が生じ，天気が悪くなることが多い。高気圧に比べると等圧線の間隔もせまくなるため，強い風がふくことが多い。

第4節　水蒸気の変化と湿度

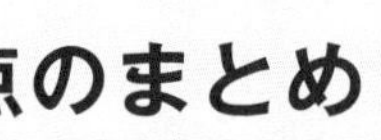

要点のまとめ

▶**露点**　水蒸気をふくむ空気を冷やしていくと，ある温度で湿度が100％になって，水蒸気が水滴に変わる。この現象を凝結といい，このときの温度を**露点**という。

　露点は，湿度が100％のときの温度なので，空気にふくまれる水蒸気の質量によって変化する。

▶**飽和水蒸気量**　$1 m^3$の空気がふくむことのできる水蒸気の最大質量。

　飽和水蒸気量をこえる水蒸気は，気体として空気中にとどまれず，水滴になって空気中から出ていく。飽和水蒸気量は気温によって変化し，気温が高いほど大きい。

▶**湿度**　空気のしめりぐあいを数値で表したもの。

$$\text{湿度〔\%〕} = \frac{1\text{m}^3\text{の空気にふくまれる水蒸気の質量〔g/m}^3\text{〕}}{\text{その空気と同じ気温での飽和水蒸気量〔g/m}^3\text{〕}} \times 100$$

　飽和水蒸気量は気温によって変化するので，空気にふくまれる水蒸気の質量が同じなら，気温が変化すると湿度も変化する。例えば，晴れた日の日中は気温が上がるので，飽和水蒸気量も大きくなり，湿度は低くなる。

▶**霧**　空気中の水蒸気が水滴になって，地表付近にうかんでいる現象。

●気温と飽和水蒸気量

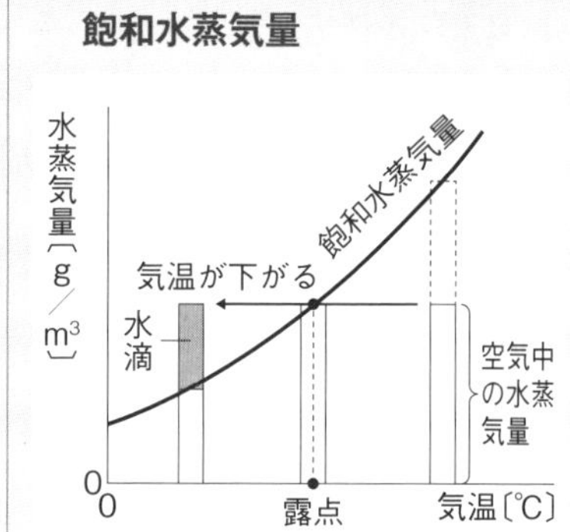

教科書 p.191

実験1

水蒸気が水滴に変わる条件

◎ 実験のアドバイス

水温が急に下がってしまうと，空気中の水蒸気が水滴に変わる温度を正確にはかれないので，ゆっくり温度を下げていく。

実験は何回かくり返し，温度の平均を求める。

実験に使う水はあらかじめ室温にしておかないと，コップに水を入れただけで水滴がつくこともある。

金属はあたたまりやすく冷えやすいので，氷水を入れると金属製のコップもすぐ冷やされ，中の水とほぼ同じ温度になる。そのため，コップに水滴がつき始めたときのコップの表面の温度は，水温と同じと考えてよい。

◎ 結果の見方

●金属製のコップの表面に水滴がつき始めたときの，コップの中の水の温度は何℃だったか。ほかの班とも比べてみよう。

コップの表面に水滴がつき始めたときの，コップの中の水の温度(気温…15.2℃)

	1回目	2回目	3回目	4回目	5回目	平均
水の温度〔℃〕	8.0	8.5	8.0	7.8	8.0	8.1

◎ 考察のポイント

●まずは自分で考察しよう。わからなければ，教科書193ページ「考察しよう」を見よう。

実験の日と同じ気温でも，天気がちがうと水滴の生じ方はどのようにちがうだろうか。

雨が降っている日の方が，水滴がつき始める温度は高い。

◎ 解説

金属製のコップの表面についた水滴は，コップのまわりの空気中にふくまれる水蒸気が冷やされて，水に変化したものである。このように，水蒸気が水滴に変わる現象を凝結(ぎょうけつ)といい，**凝結し始める温度を露点という。** 1 m^{3}の空気がふくむことのできる水蒸気の最大質量(飽和水蒸気量)は，気温によって決まっている。飽和水蒸気量は，気温が高くなるほど大きくなり，気温が低くなるほど小さくなる。空気が冷やされて露点に達すると，飽和水蒸気量をこえる水蒸気(ふくみきれなくなった水蒸気)が水滴になって出てくる。

雨が降っている日の方が空気中に水蒸気を多くふくんでいるので，同じ気温であれば水滴がつき始める温度(露点)は雨の降っていない日より高い。

教科書 p.193

分析解釈　考察しよう

実験の日と同じ気温でも，天気がちがうと水滴の生じ方はどのようにちがうだろうか。

● 解答(例)

同じ気温で雨が降っている日と降っていない日を比べると，雨が降っている日の方が空気中にふくまれる水蒸気の量が多くなるため，水滴ができ始める気温が高くなる。

教科書 p.193

練習

気温が20℃のときの飽和水蒸気量は，教科書192ページの表1より17.3 g/m^3である。そのときの空気1 m^3にふくまれる水蒸気の質量が9.4 gだとすると，湿度は何％か。

解答(例)

54％

解説

水蒸気の質量は9.4 g/m^3，飽和水蒸気量は17.3 g/m^3である。

湿度 $= \frac{9.4}{17.3} \times 100 \fallingdotseq 54$　　よって，54％

教科書 p.193

確認

教科書192ページの表1より，気温が20℃，湿度が60％のとき，1 m^3の空気にふくまれる水蒸気の質量は何gか。

解答(例)

10.4 g

解説

気温20℃のときの飽和水蒸気量は17.3 g/m^3だから，

1 m^3の空気にふくまれる水蒸気の質量〔g/m^3〕＝飽和水蒸気量〔g/m^3〕×湿度〔％〕÷100より，

$$17.3\,\mathrm{g} \times \frac{60}{100} = 10.38\,\mathrm{g} \fallingdotseq 10.4\,\mathrm{g}$$

教科書 p.195

活用　学びをいかして考えよう

次の場合，洗たく物がかわきやすいのはそれぞれどちらだろうか。また，そう考えた理由は何か。

①気温が同じで，湿度が50％の日と80％の日を比べた場合。

②1 m^3の空気にふくまれている水蒸気の質量は同じで，気温が25℃の日と15℃の日を比べた場合。

③ある晴れた1日で，朝と昼を比べた場合。

解答(例)

①湿度50％の日　(理由)空気中にふくまれている水蒸気の質量が小さいから。

②気温が25℃の日　(理由)気温が高い方が湿度が低いから。

③昼　(理由)晴れた日は昼の方が湿度が低いから。

◎ 解説

①気温が同じであれば2種類の空気の飽和水蒸気量は同じだから，湿度の低い方がふくむ水蒸気の質量が小さいので，さらにふくむことができる水蒸気の質量にゆとりがある。

②ふくまれる水蒸気の質量が同じ(露点が同じ)でも，気温が高いほど飽和水蒸気量は大きくなるので，25℃の日の方が15℃の日より湿度が低くなり，かわきやすい。

③晴れた日は，朝よりも昼の方が気温が高くなり飽和水蒸気量が大きくなるので，その空気がふくむ水蒸気の質量が変わらなければ，昼の方が朝より湿度は低くなる。
(②，③を湿度の式にあてはめて考えることもできる。水蒸気の質量が変わらず気温が高くなれば，湿度の式の分子は変わらず分母が大きくなるので，湿度は低くなる。)

 教科書 p.195　章末　学んだことをチェックしよう

❶ 気象の観測

1. 次の気象要素を，天気図記号でかきなさい。
　[南東の風，風力：1，天気：晴れ]
2. 雨の日の気温，湿度(しつど)は，晴れの日と比べてどうちがうか。

● 解答(例)

1.

2. 気温…晴れの日より低く，変化が少ない。
湿度…晴れの日より高い。

◎ 解説

1. 天気図の記号は，○の中で天気を表し，矢の向きで風向，矢ばねの数で風力を表す。
2. くもりや雨の日は，気温は1日中変化が少なく，気圧は低く，湿度は高くなっている。

❷ 大気圧と圧力

10 N の力が，面積 2 m^2 の面にはたらくとき，その面にはたらく圧力は何 Pa か。

● 解答(例)

5 Pa

◎ 解説

$$\text{圧力〔Pa〕} = \frac{\text{面を垂直におす力〔N〕}}{\text{力がはたらく面積〔m}^2\text{〕}} = \frac{10\,\text{N}}{2\,\text{m}^2} = 5\,\text{Pa}$$

❸ 気圧と風

風は気圧の(　　)ところから(　　)ところへ向かってふく。

解答(例)

高い，低い

解説

空気は気圧の高いところから低いところへ移動する。その空気の動きが風となるため，風は気圧の高いところから低いところへ向かってふく。等圧線の間隔(かんかく)がせまいところは，気圧の変化が急なので，強い風がふく。

❹ 水蒸気の変化と湿度

1. 飽和水蒸気量(ほうわすいじょうきりょう)をこえた空気中の水蒸気は，(　　)になる。
2. 湿度が100％になり，空気中の水蒸気が凝結(ぎょうけつ)し始める温度を(　　)という。

解答(例)

1. 水滴(すいてき)(水)
2. 露点(ろてん)

解説

1. $1\,\mathrm{m}^3$の空気がふくむことのできる水蒸気の最大質量を飽和水蒸気量という。飽和水蒸気量をこえる水蒸気は，気体として空気中にとどまることができないので液体の水滴となって出てくる。
2. 空気にふくまれる水蒸気が水滴に変わり始める温度を露点という。

 教科書 p.195　章末　学んだことをつなげよう

湿度の面から見ると，雲ができやすいのはどのような場合か説明してみよう。

解答(例)

湿度が高い場合

解説

湿度が高いと，それ以上水蒸気をふくむ余裕が少ないので，雲ができやすい。

 教科書 p.195

Before & After

今の天気の状態を言葉で伝えるには，どのように説明すればよいだろうか。

解説

天気のようすを「快晴，晴れ，くもり，雨，雪」などで表現し，風のようすを「風向，風力」で伝える。気温や湿度をはかり伝えるとさらにわかりやすい。天気のようすを雲量(うんりょう)で伝えるのもよいだろう。

定着ドリル 第1章 気象の観測

①表紙の面積が600 cm^2で，質量が750 gの本がある。ただし，質量100 gの物体にはたらく重力の大きさを1 Nとする。

(ア)本にはたらく重力の大きさは何Nか。

(イ)力がはたらく面積は何 m^2か。

(ウ)この本を机の上に置いたときの圧力の大きさは何Paか。

②気温が30℃のときの飽和水蒸気量は，30.4 g/m^3である。そのときの空気1 m^3にふくまれる水蒸気の質量が22.8 gだとすると，湿度は何%か。

③気温が25℃，湿度が40%のとき，1 m^3の空気にふくまれる水蒸気の質量は何gか。なお，25℃のときの飽和水蒸気量は，23.1 g/m^3とする。

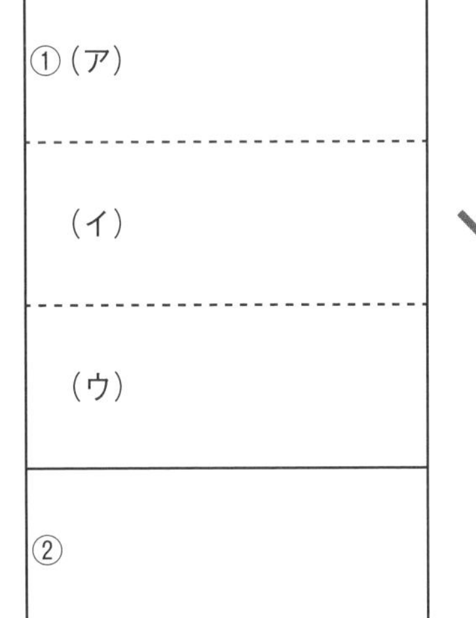

解答
①(ア)7.5N (イ)0.06m^2 (ウ)125Pa ②75% ③9.2g

定期テスト対策　第1章　気象の観測

解答 p.199

/100

1 次の問いに答えなさい。

①空気にふくまれる水蒸気が凝結し始める温度を何というか。

②空気中の水蒸気が水滴に変わって空気中にうかんでいる現象で，地面に接しているものを何というか。

③気圧の単位hPaを何と読むか。

2 ある日の午前10時の雲量は9，風向計(上から見た図)は図1の向きを指し，風力は3であった。次に，乾湿計を用いて，気温と湿度を調べた。図2は，このときの乾湿計の一部を示したものである。また，表は湿度表の一部である。後の問いに答えなさい。

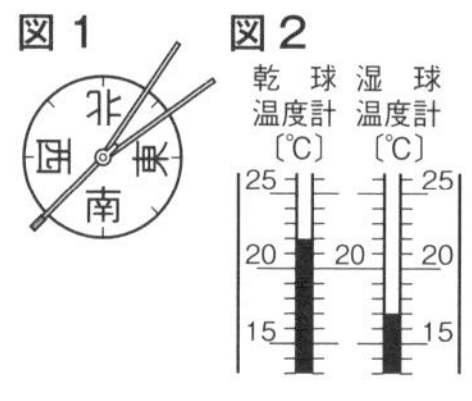

乾球の示度〔℃〕	乾球と湿球の示度の差〔℃〕					
	0	1	2	3	4	5
25	100	92	84	76	68	61
24	100	91	83	75	67	60
23	100	91	83	75	67	59
22	100	91	82	74	66	58
21	100	91	82	73	65	57
20	100	90	81	72	64	56

①下線部の天気，風向，風力を天気図記号でかきなさい。

②観測したときの湿度は何%か。

3 気温18℃の理科室で，くみ置きの水を金属製のコップに半分ぐらい入れ，少しずつ氷水を加えてかき混ぜ，コップの表面がくもり始めるときの水温を測定した。表は，気温と飽和水蒸気量との関係を表している。次の問いに答えなさい。

気温〔℃〕	飽和水蒸気量〔g/m³〕
8	8.3
10	9.4
12	10.7
14	12.1
16	13.6
18	15.4

①下線部の水の温度は何℃か。

②金属製のコップを使うのは，金属のどのような性質を実験に利用するためか。

③水温が12℃になったときコップの表面がくもり始めた。理科室の空気1m³中にふくまれる水蒸気量は何gか。

④③の結果から，理科室の湿度は何%か。小数第1位を四捨五入し，整数で答えなさい。

⑤空気にふくまれている水蒸気量を変えずに気温を上げると，湿度はどう変化するか。その理由も答えなさい。

解答欄

1 計9点
① 3点
② 3点
③ 3点

2 計10点
① 5点
② 5点

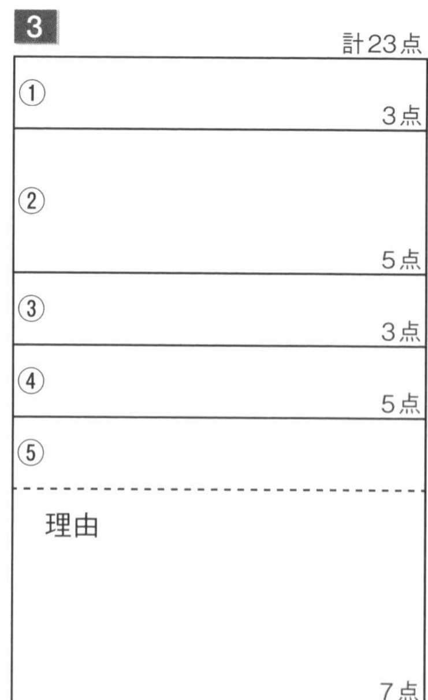

3 計23点
① 3点
② 5点
③ 3点
④ 5点
⑤
理由 7点

4 図は，天気図の一部である。後の問いに答えなさい。

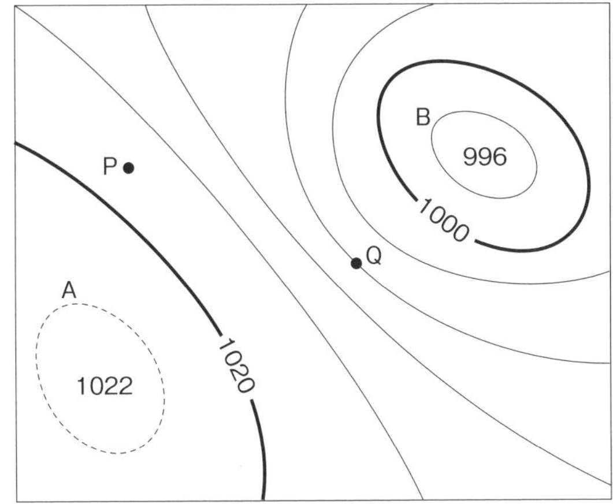

①高気圧はA，Bのどちらか。
②高気圧の中心の気圧は何hPaか。
③高気圧の中心には上昇気流と下降気流のどちらがあるか。
④風はAからB，BからAのどちらに向かってふくか。
⑤北半球で，風が反時計まわりに中心部へふきこむのはAとBのどちらか。
⑥P地点の気圧は何hPaか。
⑦P地点とQ地点で，風が強いのはどちらか。
⑧次の文は，⑦の地点で強い風がふく理由を述べたものである。（　）に当てはまる言葉をそれぞれ選び，記号で答えなさい。
　等圧線の間隔が(**ア**　広い　**イ**　せまい)ところは，気圧の変化が(**ウ**　急　**エ**　ゆるやか)なので，空気の移動する速さが速くなるから，強い風がふく。

4 計27点

①	3点
②	3点
③	3点
④	3点
⑤	3点
⑥	3点
⑦	3点
⑧	3点
	3点

5 図の物体は質量1.2kgの直方体である。次の問いに答えなさい。ただし，質量100gの物体にはたらく重力の大きさは1Nとする。

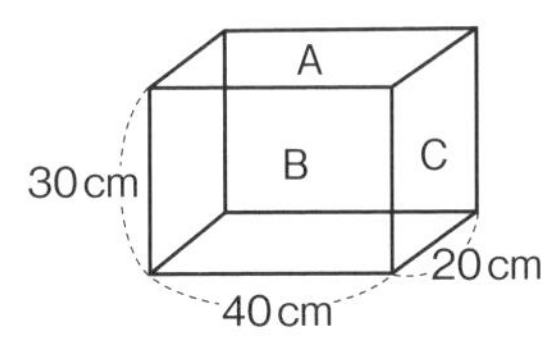

①A～Cの面を下にして机の上に置いたとき，この物体が机の面をおす力の大きさは，それぞれ何Nか。
②Aの面の面積は，何m^2か。
③A～Cの面を下にして机の上に置いたとき，この物体が机の面をおす圧力の大きさは，それぞれ何Paか。
④A～Cの面を下にしてスポンジの上に置いたとき，スポンジのへこみが大きい順に，左からA～Cを並べなさい。
⑤スポンジのへこみが最も小さい面を下にしたとき，何kgのおもりを上に置けば，スポンジのへこみが最も大きい面を下にしたときと同じへこみになるか。

5 計31点

① A	3点
B	3点
C	3点
②	3点
③ A	3点
B	3点
C	3点
④	5点
⑤	5点

第2章 雲のでき方と前線

これまでに学んだこと

▶雲と天気(小5)

・雲の形や量は，時刻によって変わる。

・雲のようすが変わると，天気が変わることがある。

▶密度(中1)　ふつう，$1cm^3$あたりの質量で表す。

●天気の見分け方

天気	晴れ	くもり
雲の量 (空全体を10)	0～8	9～10

第1節 雲のでき方

要点のまとめ

▶雲のでき方　空気のかたまりが**上昇する**。

→上空へいくほど**気圧が下がる**ので，空気のかたまりは**膨張する**。

→空気は膨張すると**温度が下がる**。

→空気の温度が**露点に達する**と，飽和水蒸気量をこえた分の水蒸気は水滴になり，**雲ができる**。

▶水の循環　地球上の水は地球表面と大気の間で，液体，気体，固体と状態を変化させながら循環している。この循環をもたらしているのは太陽のエネルギーである。

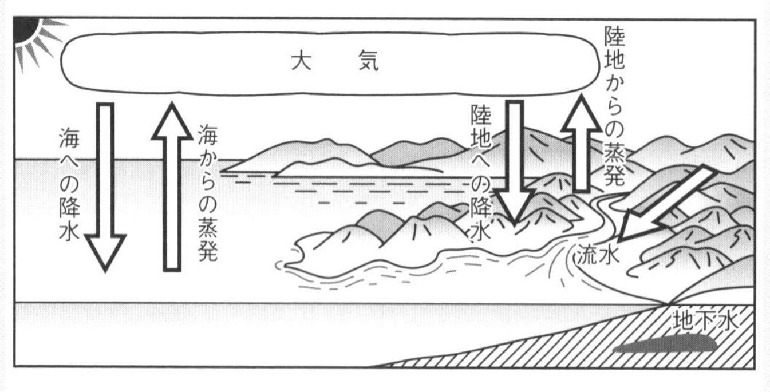

雲をつくる水滴や氷の粒が大きくなって落下してきたものが，雨や雪だよ。

 教科書 p.199

実験２

気圧の低いところで起こる変化

○ **実験のアドバイス**

簡易真空容器の中を，少量の水でしめらせるのは，容器内の水蒸気をふやすためである。温度が少し下がるだけでも飽和状態になり，露点に達することができる。

また，線香(せんこう)のけむりを入れるのは，水蒸気が水滴に変化するとき，核(かく)になる粒子(りゅうし)があると，水滴になりやすいからである。上空の雲では，ちりなどが核になっている。

○ **結果の見方**

●教科書199ページのステップ１で簡易真空容器の中の気圧を下げたとき，温度はどう変化したか。また，教科書199ページのステップ２で入れたビニルぶくろはどうなったか。

・ステップ１：気圧を下げると，温度が下がっていく。また，ビニルぶくろはふくらむ。

・ステップ２：気圧を下げると，ビニルぶくろの中はくもった。

○ **考察のポイント**

●教科書199ページのステップ２で簡易真空容器の中の気圧を下げたとき，ビニルぶくろの中はどのように変化したか。それはなぜだと考えられるか。

容器の中の気圧を下げると，容器の中の空気は膨張する（ビニルぶくろも膨張した）。空気は膨張すると温度が下がる。

温度が下がり露点に達すると，空気中にとどまることのできなくなった水蒸気が，凝結(ぎょうけつ)して水滴になる。そのため，ビニルぶくろの中はくもる。

 教科書 p.201

説明しよう

雲から地表に降った雨や雪は，その後どうなるだろうか。

● **解答(例)**

森林に蓄えられたり，氷や地下水となったり，川によって海へ運ばれたり，蒸発して再び雲になったりする。

 教科書 p.201

活用　学びをいかして考えよう

水の蒸発や降水がさかんなのは，地球上のどのような地域だろうか。

● **解答(例)**

地球表面の水の一部は太陽のエネルギーを受けて蒸発するので，太陽のエネルギーが強い熱帯の地域でさかんだと考えられる。

第2節 気団と前線

要点のまとめ

▶**気団**　気温や湿度が広い範囲でほぼ一様な，空気の大きなかたまり。

▶**前線面**　気温や湿度などの性質の異なる空気のかたまりが接したときにできる境の面。

▶**前線**　前線面と地表面が接した部分。

▶**寒冷前線**　**寒気が暖気の下にもぐりこみ，暖気をおし上げながら進む前線**(天気図記号)。

▶**温暖前線**　**暖気が寒気の上にはい上がり，寒気をおしやりながら進む前線**(天気図記号)。

▶**閉そく前線**　**寒冷前線が温暖前線に追いついてできる前線**。寒冷前線は温暖前線より移動する速さが速い(天気図記号)。

▶**停滞前線**　**同じくらいの勢力の寒気と暖気がぶつかり合い**，ほとんど位置が動かない前線(天気図記号)。

▶**前線と雲**　前線の付近では上昇気流ができるので，雲が発生しやすい。前線の通過によって気温や湿度が急激に変化する。

▶**温帯低気圧と前線**　中緯度帯(北緯および南緯30～60度の間の地域)で発生し，前線をともなう低気圧を，**温帯低気圧**という。日本付近では，温帯低気圧の**南東側に温暖前線，南西側に寒冷前線**ができることが多い。

　日本付近の上空には常に西風(偏西風)がふいているので，温帯低気圧は，西から東に移動しながら発達し，前線も長くなっていく。

　また，寒冷前線は温暖前線より速く進むので，やがて寒冷前線が温暖前線に追いつき，2つの前線が重なって**閉そく前線**がつくられる。すると，地上は寒気におおわれるようになるので，上昇気流は発生しなくなり，温帯低気圧は衰退する。

▶**前線と天気の変化**

・**寒冷前線と天気の変化**

　暖気が急激におし上げられ，**積乱雲**が発達する。

　前線が通過するとき，**短時間**に**強い雨**が降る。

　前線の通過前は**南寄り**の風だが，通過後は**北寄り**に変わり，**気温は下がる**。

●**気団と前線**

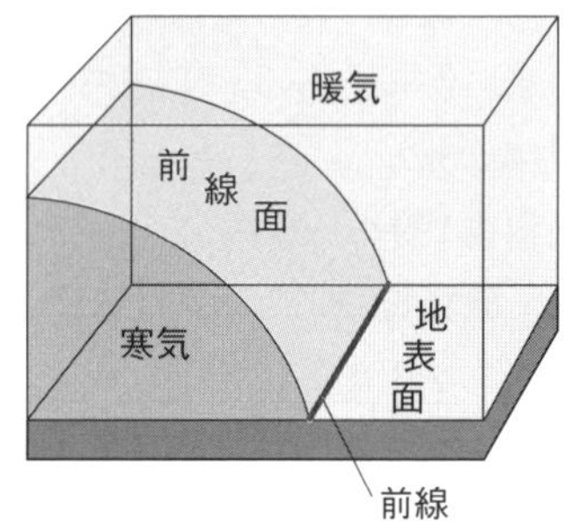

●**温暖前線と寒冷前線**

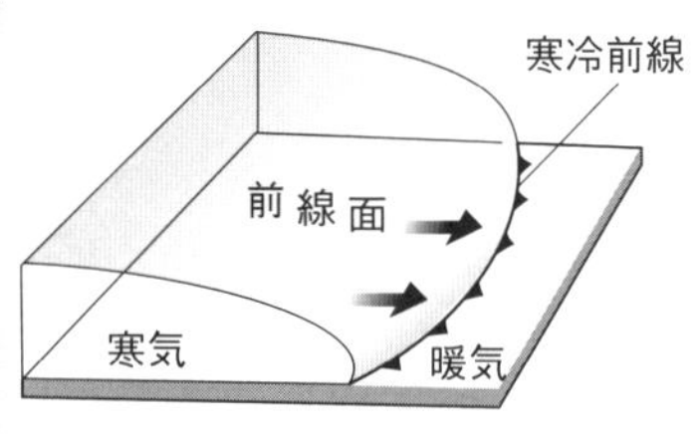

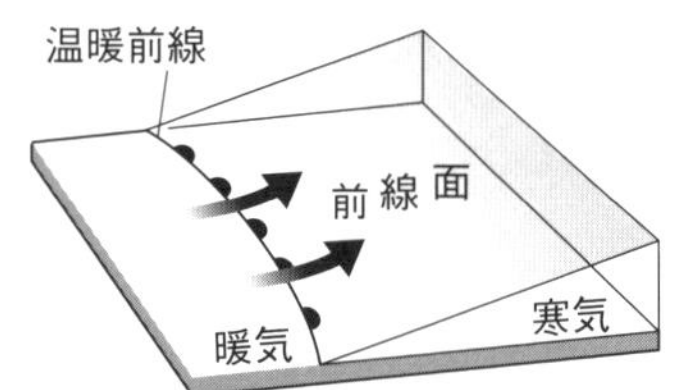

●**温帯低気圧**

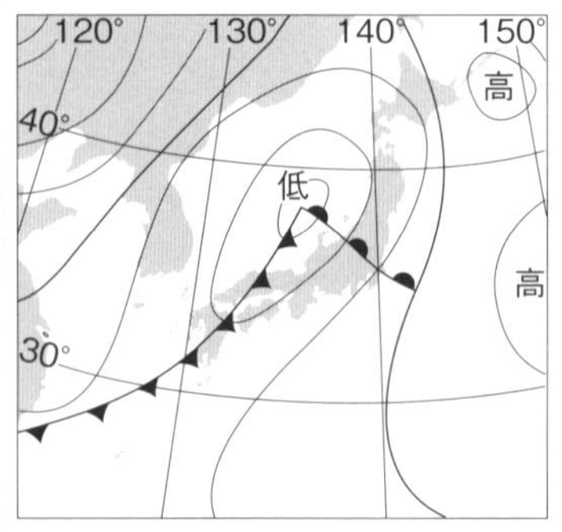

・**温暖前線と天気の変化**

温暖前線では暖気がゆるやかに上昇するので，広い範囲に雲(**乱層雲**や**高層雲**など)ができる。

前線が通過するとき，**弱い雨**が**長時間**降ることが多い。

前線の通過後は**南寄り**の風がふき，**気温は上がる**。

・**停滞前線と天気の変化**

ほぼ同じ勢いの暖気と寒気がぶつかり合い，ほとんど動かないため，厚い雲ができ，**長期間にわたって雨が降り続く**。初夏の梅雨前線や夏の終わりの秋雨前線が停滞前線である。

●前線と天気の変化

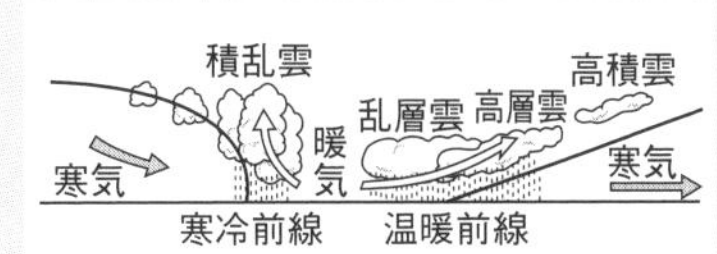

 教科書 p.206

活用　学びをいかして考えよう

Ⓐ教科書206ページの次のグラフから，①～③について考えよう。

①気温，湿度，気圧，風向，風力，天気が大きく変化したのはいつか。

②①の気象要素はどのように変化したか。

③①，②の変化は，その地域をおおう気団が，どのような性質の気団からどのような性質の気団に入れかわったために起こったのか。

解答(例)

① 5月18日12時から18時と5月19日9時から12時

② 5月18日12時から18時：気温が急に下がり，湿度が急に上がった。風向が南寄りから北寄りに変化し雨が降り出した。

5月19日9時から12時：湿度が急に下がり，気圧や気温が上がった。雨があがりくもりになった。

③ 5月18日12時から18時：暖気から寒気に入れかわった。

5月19日9時から12時：寒気から暖気に入れかわった。

解説

前線が通過するとき，暖気から寒気または寒気から暖気へと気団の入れかわりがあり，気象要素の変化が起こる。そのため，気象要素の変化を調べることで，どのような前線や気団の変化があったかを判断することができる。

 教科書 p.208

章末　学んだことをチェックしよう

❶ 雲のでき方

空気が上昇して膨張すると，気温が(　　)がり，(　　)より低い温度になると雲ができる。

解答(例)

下，露点

❷ 気団と前線

1. 気温や湿度(しつど)が広い範囲(はんい)でほぼ一様な空気のかたまりを(　　)という。
2. 気温や湿度などの性質の異なる空気が接している面を(　　)といい，その面が地表面に接しているところを(　　)という。
3. 寒気が暖気(だんき)をおしている場合にできる前線を(　　)という。この前線が通過すると(　　)寄りの風がふき，気温が(　　)がる。
4. 暖気が寒気をおしている場合にできる前線を(　　)という。この前線が通過すると(　　)寄りの風がふき，気温が(　　)がる。
5. 寒気と暖気がぶつかり合っていて，位置がほとんど変わらない前線を(　　)といい，寒冷前線が温暖前線に追いついてできる前線を(　　)という。

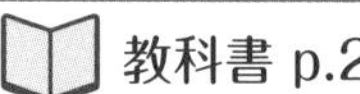
解答(例)

1. 気団　　2. 前線面，前線　　3. 寒冷前線，北，下
4. 温暖前線，南，上　　5. 停滞(ていたい)前線，閉そく前線

教科書 p.208

章末　学んだことをつなげよう

「気団」と「前線」という言葉を使って，自分たちのいるところの北を温帯低気圧が通過したときの天気の変化を説明しよう。

解答(例)

温帯低気圧の南東側にのびる温暖前線付近では，冷たい気団の上をあたたかい気団がはい上がりながら上昇するので広い範囲に雲ができ，弱い雨が長時間降り，温暖前線が通過すると気温が上がる。また，温帯低気圧の南西側にのびる寒冷前線付近では冷たい気団があたたかい気団をおし上げることで積乱雲が発達し，短時間に強い雨が降り，気温が急激に下がる。

教科書 p.208

Before & After

急に雨が降ってくるときと，何日も雨が降り続くときでは，何がどうちがうだろうか。

解答(例)

とつぜん雨が降るときは，寒気が暖気をおし上げて強い上昇気流が起きたときで，何日も雨が降り続くときは，暖気が寒気の上にはい上がりながら寒気をおして進んでいるか，暖気と寒気の勢いが同じくらいのときだと考えられる。

定期テスト対策 第2章 雲のでき方と前線

解答 p.199

/100

1 図のような装置を用いて，次の実験a，bを行った。

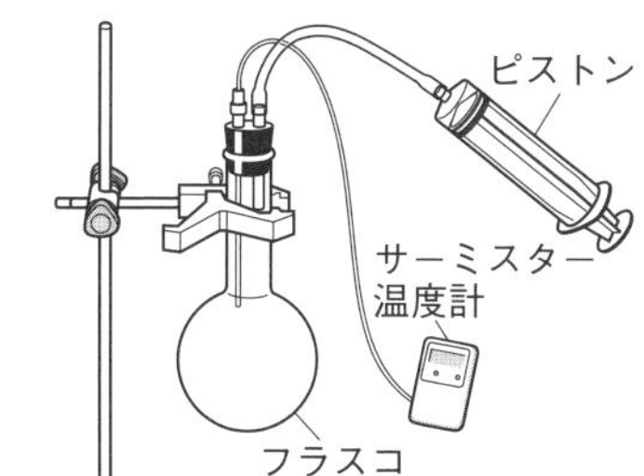

a　フラスコに少量のぬるま湯と線香のけむりを入れ，ピストンをすばやく引くと，フラスコ内に雲が発生した。

b　フラスコに線香のけむりだけ入れ，ピストンをすばやく引くと，フラスコ内に雲は発生しなかった。

次の問いに答えなさい。

①フラスコ内にできた雲は，小さな水滴の集まりである。この水滴の集まりは，フラスコ内の空気中の何が状態変化したものか。

②実験aとbについて，ピストンをすばやく引いたとき，フラスコ内の気圧と温度はそれぞれどのように変化するか。

③実験bについて，フラスコ内に雲が発生しなかった理由を，「湿度」と「露点」という2つの言葉を使って簡単に書きなさい。

④実際の大気中でも上昇気流があるところでは，空気が上昇すると膨張するため，雲が発生しやすい。空気が上昇するとなぜ膨張するのか，その理由を簡単に書きなさい。

1 計40点

①	8点
②気圧	8点
温度	8点
③	8点
④	8点

2 図は，日本付近の低気圧にできる2種類の前線の断面を模式的に表したものである。次の問いに答えなさい。

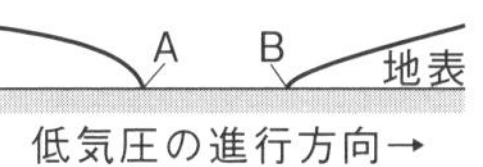

①寒気の流れを ━━▶ で，暖気の流れを ---▶ で図に示しなさい。

②A，Bは前線を表す。それぞれ何というか。

③Aの前線の上空に発達し，雷をともなうことがある雲を何というか。

④Aの前線がBの前線に追いついてできる前線を何というか。また，その記号をかきなさい。

⑤梅雨前線や秋雨前線のように，寒気と暖気の勢力が同じくらいのときにできる前線を何というか。また，その記号をかきなさい。

2 計60点

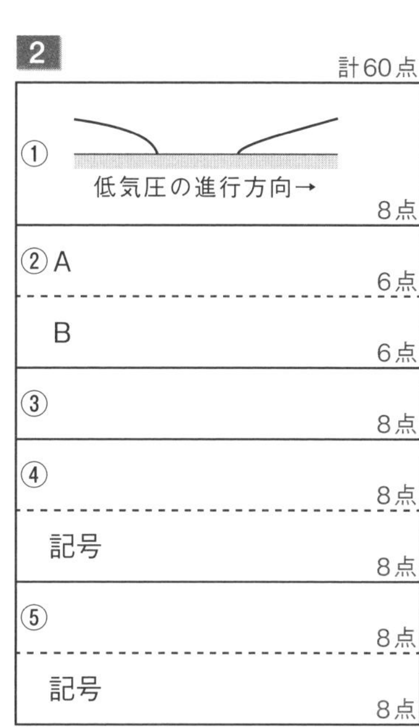

第3章 大気の動きと日本の天気

これまでに学んだこと

▶**空気のあたたまり方**(小4) あたためられた空気は，上に動く。

▶**天気の変化の特徴**(小5) 日本付近では，雲は西から東に動くことが多い。雲の動きにつれて，天気も西の方から変わってくることが多い。

▶**台風**(小5) 台風は日本の南の方で発生する。初めは西の方へ動き，やがて北や東の方へ動くことが多い。台風が近づくと，強い風がふき，大量の雨が降るなど，天気のようすが大きく変わる。

空気は，動きながら全体があたたまっていくんだったね。

第1節 大気の動きと天気の変化

要点のまとめ

▶**偏西風** 地球の中緯度帯の上空を西から東に向かう大気の動き。偏西風は，西から東へ向かって，地球を1周している。

日本は中緯度帯にあるので，偏西風の影響を受け，**天気が西から東へ変わる**ことが多い。

▶**大気の動き** 大気は，地表が太陽から受けとるエネルギーが大きい赤道付近であたたかく，小さい北極と南極では冷たい。この温度差によって，大気は常に動いている。

●**熱による大気の循環(北半球)**

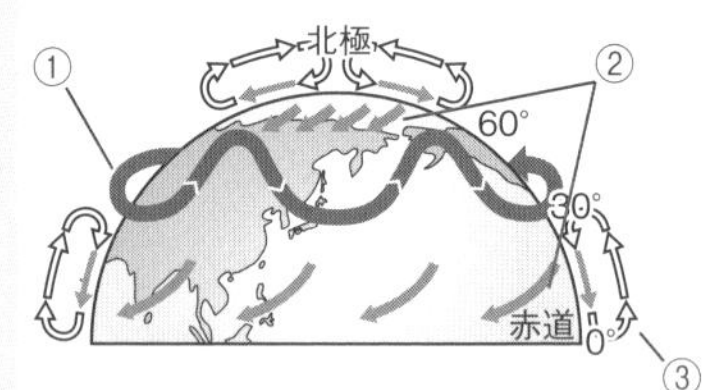

①：偏西風は，西から東へ地球を1周している。
②：赤道と極の近くでは，偏西風と反対向きの風がふく。
③：赤道付近では大気があたためられ，常に上昇気流が発生する。

 教科書 p.211

活用　学びをいかして考えよう

日本付近の気象衛星(ひまわり)などの画像を５日間分集めて，自分の住んでいる地域の大気がどのように動いているか考えよう。

○ **解説**

中緯度帯の上空で，西から東に一年中ふいている強い風を偏西風という。日本付近では，この偏西風の影響で低気圧(ていきあつ)や高気圧(こうきあつ)が西から東に向かって移動する。この低気圧や高気圧が移動するようすは，気象衛星ひまわりの画像からもわかる。

第2節 日本の天気と季節風

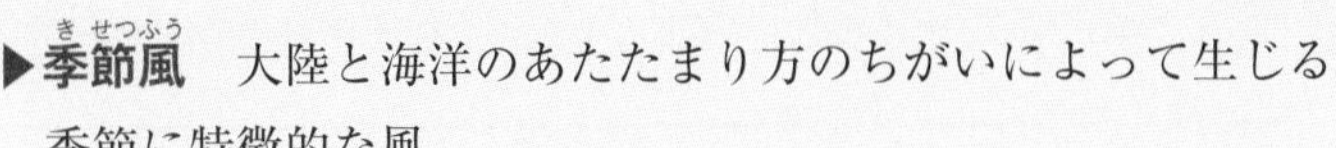

要点のまとめ

▶**季節風**(きせつふう)　大陸と海洋のあたたまり方のちがいによって生じる，季節に特徴的な風。

・**冬の季節風**…冬は，太陽の光が弱くなるので，冷えやすい大陸の気温は，海よりも低くなる。その結果，大陸には高気圧が，海には低気圧が発生し，大陸から海に向かって風がふく。

・**夏の季節風**…夏は，太陽の光が強いので，あたたまりやすい大陸の気温は，海よりも高くなる。その結果，大陸には低気圧が，海には高気圧が発生し，海から大陸(高気圧から低気圧)に向かって風がふく。

・**日本付近の季節風**…日本列島は，ユーラシア大陸と太平洋にはさまれているので，
夏は，太平洋からユーラシア大陸に向かって(南東の)，
冬は，ユーラシア大陸から太平洋に向かって(北西の)，
季節風がふく。

季節風は，地形や気圧の配置の影響を受けるので，常に同じ向きにふくわけではないが，夏の日本列島は，**太平洋高気圧**(たいへいようこうきあつ)の影響で，安定した南東の季節風がふくことが多い。

●**季節風**

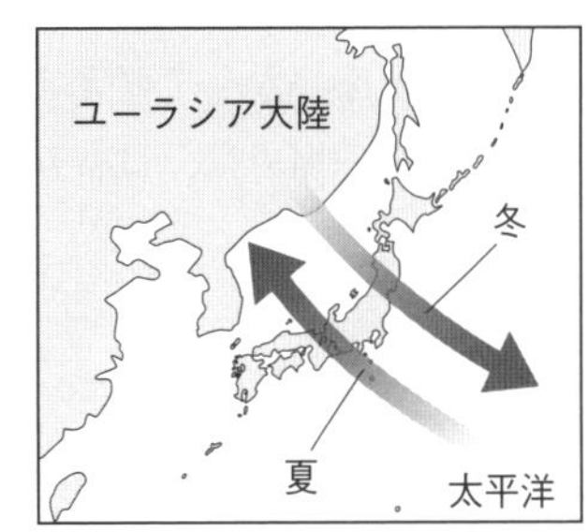

▶**海陸風**（かいりくふう）　昼は海から陸に，夜は陸から海に向かってふく風。

水は，陸をつくる岩石などよりも，あたたまりにくく，冷えにくい。したがって，海は陸よりもあたたまりにくく，冷えにくい。このため，陸と海では，太陽の光を受けたときのあたたまり方にちがいがある。

空気は，あたためられると膨張（ぼうちょう）し，体積が大きくなるので密度が小さくなって，まわりの空気より軽くなり，上空へのぼっていく。これによって上昇気流が発生し，低気圧となる。低気圧には，まわりの高気圧から風がふいてくる。

・日中…あたたまりやすい陸上の気温が，海上の気温より高くなる
→気圧の高い**海から**，気圧の低い**陸に**向かって，**海風**（うみかぜ）がふく
・夜…冷えやすい陸上の気温が，海上の気温より低くなる
→気圧の高い**陸から**，気圧の低い**海に**向かって，**陸風**（りくかぜ）がふく

1年の周期でくり返される季節風と似た現象で，1日のうちで変化する。

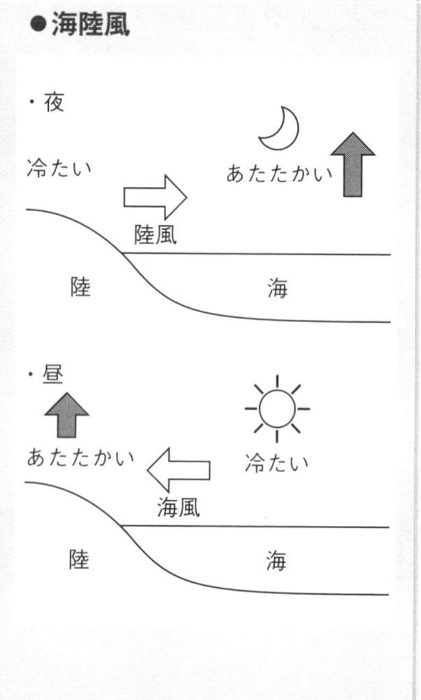

教科書 p.213

活用　学びをいかして考えよう

海に近い野球場では，試合が海風の影響を受けることがある。どのような影響が考えられるだろうか。

解説

日中は陸上の方があたたまりやすいため気圧が低くなり，海上の方があたたまりにくいため気圧が高くなる。このため，日中は気圧の高い海から気圧の低い陸に向かって風がふく。これを海風という。野球場ではこの風によって打球が流され，試合の行方を左右することがある。高く上がった打球が，海風によっておしもどされホームランにならなかったり，逆に海風に乗ってホームランになったりすることもある。

第3節 日本の天気の特徴

要点のまとめ

▶**日本の天気**　日本は，ユーラシア大陸と太平洋にはさまれていることや，偏西風などの影響を受けて，季節ごとに特徴的な天気になっている。

▶**冬の天気**　ユーラシア大陸が冷やされ，大陸上に**シベリア高気圧**が成長する。シベリア高気圧の中心付近には，冷たく乾燥した**シベリア気団**ができる。このため，大陸から太平洋に向かって，**冷たく乾燥した北西の季節風**がふく。

日本列島の西側に高気圧，東側に低気圧があり，南北方向に等圧線がせまい間隔で並ぶので，**西高東低の冬型の気圧配置**となる。

北西の季節風が，日本海に流れる暖流の対馬(つしま)海流によってあたためられ，上昇気流が発生し，雲ができる。この雲により，**日本海側では多くの雪が降る**。日本海側に多くの雪を降らせた後，山地をこえた空気は水蒸気を失うため，**太平洋側では乾燥した季節風がふき，晴れの天気が続く**ことが多い。

▶**夏の天気**　夏になると，**太平洋高気圧**が成長し，日本列島はあたたかくしめった**小笠原(おがさわら)気団**におおわれる。太平洋高気圧の成長によって，停滞前線(梅雨前線(ばいうぜんせん))は北に移動し，消滅する。夏の終わりに太平洋高気圧が弱くなると，再び停滞前線(秋雨前線(あきさめぜんせん))が現れる。

夏の日本列島は，**高温多湿で晴れる**ことが多い。

▶**春と秋の天気**　ユーラシア大陸の南東部で発生した高気圧と低気圧が，次々に日本列島付近を通るので，**同じ天気が長く続かない**。春と秋に見られるこのような高気圧を，**移動性(いどうせい)高気圧**という。高気圧と低気圧は，西から東へ動いていくため，天気も西から東へ変わることが多い。

▶**停滞前線とつゆ(梅雨(ばいう))**　初夏になると，南のあたたかくしめった気団と，北の冷たくしめった気団の間に停滞前線ができて，雨やくもりの日が多くなる。この時期を**つゆ(梅雨)**といい，この時期の停滞前線を**梅雨前線**という。

夏の終わりにも，同じような前線ができ，これは**秋雨前線**とよばれる。つゆや秋雨の時期には，太平洋からユーラシア大陸に向かってふく季節風などにより，海から大量の水蒸気が運ばれ，停滞前線のところで上昇するため，大量の雨が降る。

●冬の天気図

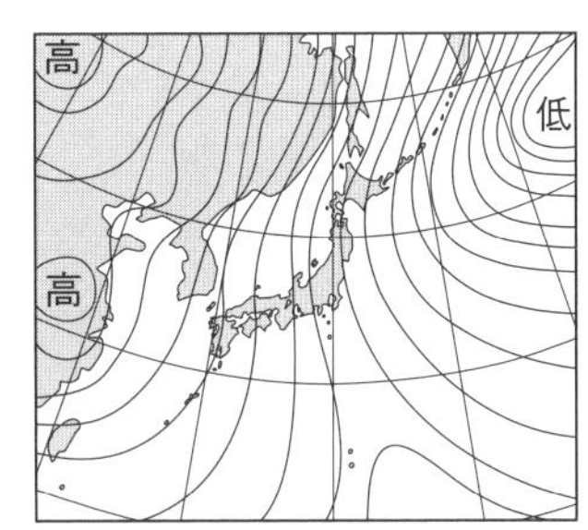

●夏の天気図

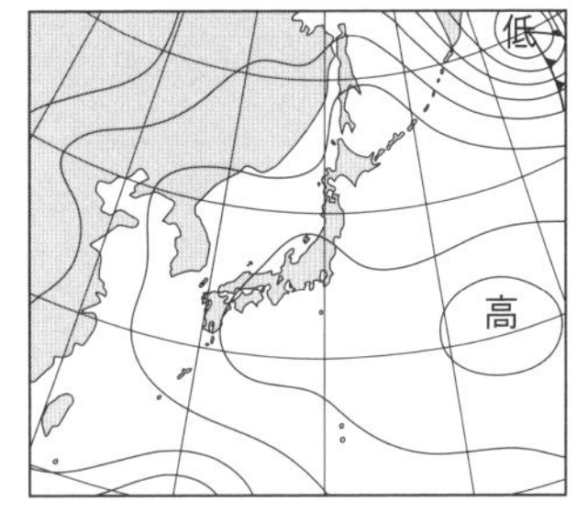

●つゆの雲のようす

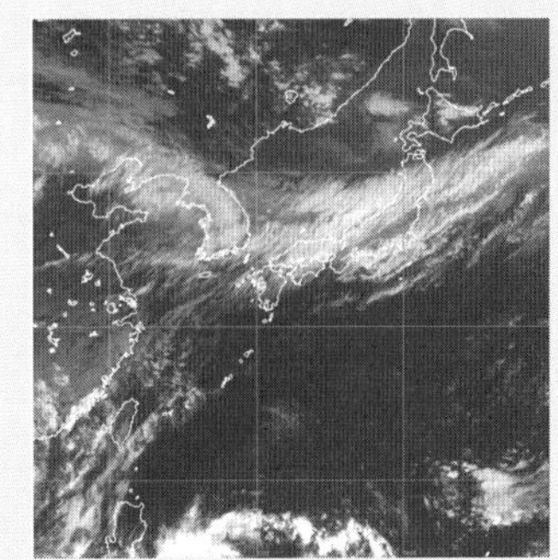

▶**台風**　熱帯地方で発生した低気圧(熱帯低気圧)が発達し，最大風速が約17 m/s 以上になったもの。台風の中心付近には，あたたかくしめった空気があり，強い上昇気流を生じるため，大量の雨と強い風をともなう。

夏の間は，太平洋高気圧の南を通ってユーラシア大陸に進んでいくが，秋になって太平洋高気圧が弱くなると，高気圧のへりに沿うように進み，日本列島に近づいてくる。北上した台風は，偏西風に流されて東へ進んでいく。

本州付近まで進んだ台風は，あたたかい海からの熱や水蒸気が補給されなくなってくるので，勢力が弱まり，熱帯低気圧に変わったり，周囲の冷たい空気をとりこんで温帯低気圧に変わったりする。

●台風の雲のようす

 教科書 p.217

活用　学びをいかして考えよう

教科書217ページの右の天気図上で，１地点を選び，その地点のこのときの天気と，これからの天気の変化を予測して説明しよう。

◎ **解説**

低気圧も高気圧も西から東へと移動すること，前線の通過によって天気が変化することをもとにして，この数日間の天気の変化を予測してみるとよい。

第4節　天気の変化の予測

 教科書 p.219～p.220

実習 1

翌日の天気の予想

◎ **結果の見方**

●**実際の気圧配置はどうだったか。天気は予想どおりに変化したか。**

気圧配置は季節によって特徴があるので，それをもとに予想する。

◎ **考察のポイント**

●**予想と実際の天気は合っていたか。ちがっていたら，その原因は何だろうか。**

日本付近の上空の偏西風は蛇行(だこう)しているのが普通なので，高気圧や低気圧は単純に西から東へ移動するというものでもない。

 教科書 p.221

活用　学びをいかして考えよう

翌日の天気を予測するために必要な気象要素をあげ，その気象要素が必要な理由を説明しよう。

解答(例)

気温：気温の急激な変化があるときは前線の通過する場合が多い。

湿度：雨が近づくと湿度が上がる。

気圧：気圧が高くなると今後の天気は晴れに，気圧が低くなると今後の天気はくもりや雨になることが多い。

風向：風向によっておおよその気圧配置が判断できる。

第5節 気象現象がもたらすめぐみと災害

 教科書 p.224

活用　学びをいかして考えよう

日本で最近起きた気象災害について調べ，次のことを考えてみよう。

①災害が起きる前後数日の天気図はどのように変化していただろうか。

②その災害に対して，どのように備えればよいだろうか。

解説

①台風や大雨・豪雨(ごうう)があった前後の天気図を見て，台風や低気圧がどのように移動したかを調べてみるとよい。

②気象災害から身を守るために，いろいろな情報が発表されているのでこれらに注意することが重要になってくる。その情報には，大雨・豪雨などの際に気象庁によって出される「注意報」，「警報」，「特別警報」などがある。また，日常からの備えとしては，自治体などによって発行されているハザードマップの利用が考えられる。ハザードマップには，予想される自然災害による被害(ひがい)の程度や範囲(はんい)，避難経路(ひなんけいろ)，避難場所などの情報が地図に表されている。

 教科書 p.224　**章末　学んだことをチェックしよう**

❶ 大気の動きと天気の変化

1. 日本の天気は上空にふく(　　)の影響(えいきょう)を受けている。
2. 気象現象が起こる大気の厚さは地表からおよそ(　　)km である。

解答(例)

1. 偏西風(へんせいふう)　　2. 10

◎ 解説

中緯度地域の上空では，西から東へふく風が地球を１周しており，これを偏西風という。

❷ 日本の天気と季節風

1. 季節によってふく特徴的(とくちょうてき)な風を(　　)という。
2. 日本の冬は(　　)から(　　)に向かって風がふく。

● 解答(例)

1. 季節風　　2. ユーラシア大陸，太平洋

◎ 解説

冬は，太平洋に比べてユーラシア大陸が冷えるため，ユーラシア大陸の気圧が高くなり，大規模な高気圧ができる。そのため，冬はユーラシア大陸から太平洋へ向かって季節風がふく。

❸ 日本の天気の特徴

1. 日本の冬は発達した(　　)高気圧の影響を受ける。
2. 日本の夏は発達した(　　)高気圧の影響を受ける。

● 解答(例)

1. シベリア　　2. 太平洋

❹ 天気の変化の予測

天気の予測は(　　)の変化を予測して行う。

● 解答(例)

気圧配置

❺ 気象現象がもたらすめぐみと災害

災害の被害を少なくするためには，災害による被害を予測した(　　)などを活用して，備えることが重要である。

● 解答(例)

ハザードマップ

◎ 解説

自治体が発行するハザードマップは，その地域で災害が発生すると予想される範囲と避難経路などがまとめられている。

教科書 p.224　章末　学んだことをつなげよう

季節を１つ選び，その季節の日本の天気の特徴を次の視点からまとめよう。
①高気圧の性質と強さ　　②偏西風と季節風のふき方

解答(例)

春(秋)：移動性高気圧と低気圧が，偏西風にのって次々に西から東へ移動するので同じ天気が長く続かない。

夏：日本の南東に中心をもつ太平洋高気圧が発達し，南東の季節風がふく。高温多湿で晴れることが多い。

冬：シベリア高気圧が発達して西高東低の冬型の気圧配置になり，北西の季節風がふく。このため，日本海側には雪が多く，太平洋側は乾燥した晴れの天気が続く。

教科書 p.224

Before & After

何日か先の天気を予測できるのはなぜだろうか。

解答(例)

季節によって，気圧配置にはある程度の規則性があるため。

解説

天気の変化を予測するには，前線や気圧配置，特に低気圧の位置を予測することが必要になる。そのためには，低気圧の発達や衰弱，移動速度の変化などを正確に予測しなければならない。現在では，大型コンピュータを使って計算する「数値予報」という手法によって，地上付近の気圧配置だけではなく，上空をふくめた大気の気温，湿度，風向，風速，降水量などを予測することができるようになっている。

教科書 p.227

活用　学びをいかして考えよう

ここ(教科書226ページ～227ページ参照)にあげたほかに，地球温暖化による影響には，どのようなものがあるか，調べてみましょう。

解説

地球温暖化による影響は，さまざまなことが考えられる。例えば，地球温暖化によって南極や北極にある氷や氷河がとけると，そこにすんでいた生物が生きていけなくなってしまったり，海の水が増えてしまったりすることが考えられる。

定期テスト対策 第3章 大気の動きと日本の天気

解答 p.199

/100

1 次の問いに答えなさい。

①春と秋に日本列島を西から東に向かって移動する高気圧を何というか。

②海に面した地域でふく風を何というか。

③大陸と海洋の温度差によって生じる，季節に特徴的な風を何というか。

④②と③は，海と陸のどのような性質のちがいによって生じるか。

⑤②の風で陸風がふいているとき，気圧が高い方は陸と海のどちらか。

1 計20点

①	4点
②	4点
③	4点
④	4点
⑤	4点

2 図は，ある季節の等圧線と気圧配置を表している。次の問いに答えなさい。

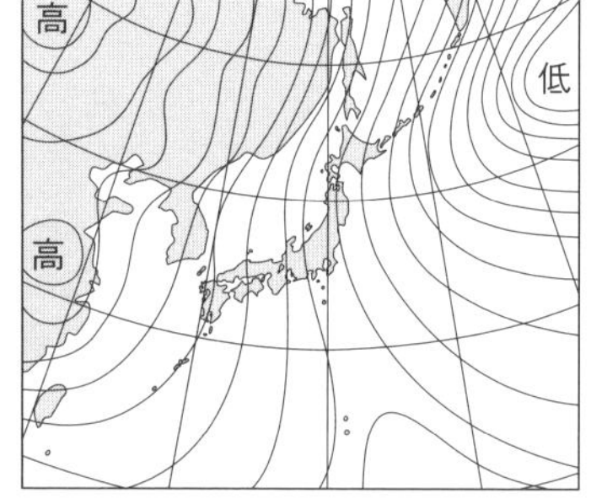

①図は，どの季節のものか。

②この季節に大陸上で発達する高気圧を何というか。

③この季節に，日本付近の気象に大きな影響を与える気団を何というか。

④③の気団の特徴として正しいものを次の**ア**～**エ**から選び，記号で答えなさい。

ア 冷たくしめっている。

イ 冷たく乾燥している。

ウ あたたかくしめっている。

エ あたたかく乾燥している。

2 計16点

①	4点
②	4点
③	4点
④	4点

3 写真は，初夏のころや夏の終わりのころに見られる雲のようすである。次の問いに答えなさい。

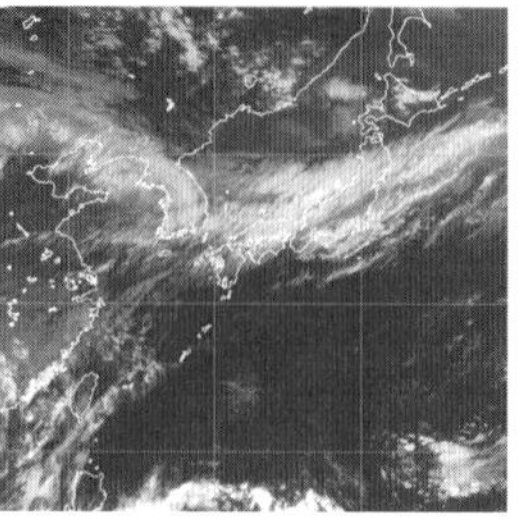

①このころ南の気団と北の気団の間に停滞前線ができる。初夏のころと夏の終わりのころにできる停滞前線をそれぞれ何というか。

②この時期には，日本付近で大量の雨が降ることが多い。その原因は，海から運ばれてくる大量の水蒸気をふくんだ空気が，停滞前線付近でどうなるからか。

3 計12点

①初夏のころ	4点
夏の終わりのころ	4点
②	4点

4 図は，ある季節の等圧線と気圧配置を表している。次の問いに答えなさい。

①図は，どの季節のものか。

②この季節に日本列島の南東で発達する高気圧を何というか。

③この季節に，日本付近の気象に大きな影響を与える気団を何というか。

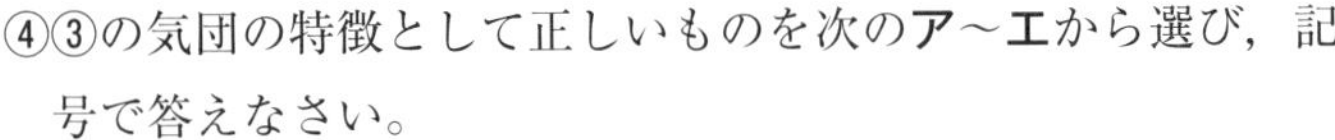

④③の気団の特徴として正しいものを次の**ア**～**エ**から選び，記号で答えなさい。

ア　冷たくしめっている。　**イ**　冷たく乾燥している。

ウ　あたたかくしめっている。　**エ**　あたたかく乾燥している。

⑤②の高気圧の成長によって，それまで日本列島付近に停滞していた前線は移動し，しだいに雲の帯は見えなくなる。停滞前線はどの方位に移動するか。次の**ア**～**エ**から選び，記号で答えなさい。

ア　東　**イ**　西　**ウ**　南　**エ**　北

4　計21点

①	5点
②	4点
③	4点
④	4点
⑤	4点

5 写真は，台風の雲のようすを表している。次の問いに答えなさい。

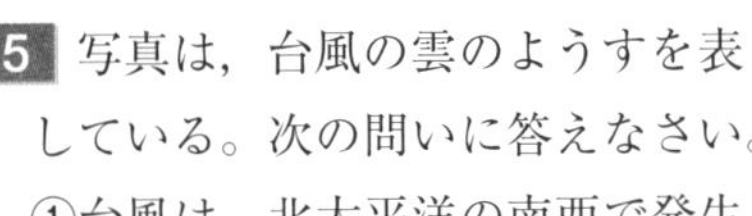

①台風は，北太平洋の南西で発生した低気圧が発達したものである。台風に発達する前の低気圧を何というか。

②秋が近くなって日本列島に北上する台風が東寄りに進路を変えるのは，ある風の影響によるものだと考えられる。この風を何というか。

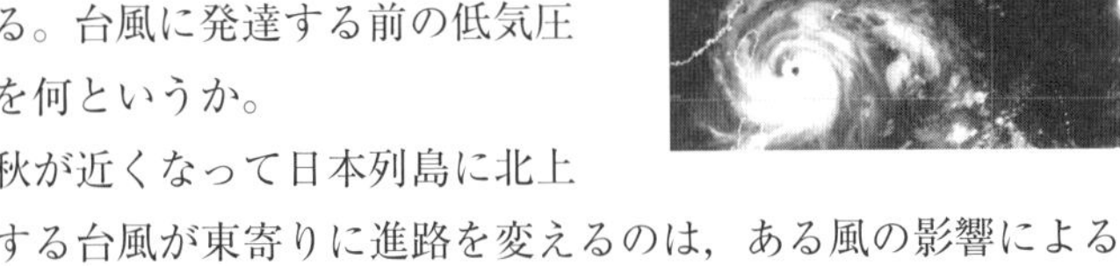

③台風が日本列島の本州付近まで北上するとおとろえていく理由を，「海」という言葉を使って，簡単に書きなさい。

5　計18点

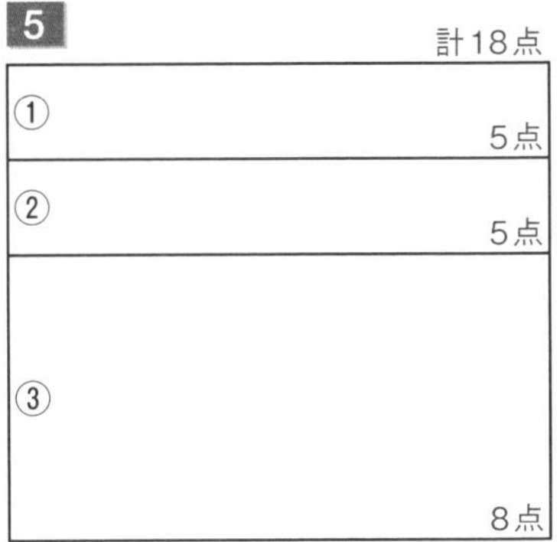

①	5点
②	5点
③	8点

6 次の**ア**～**ウ**の図は，12月4日15時と12月5日3時，12月5日15時のいずれかの天気図を表している。3つの天気図を，時間の経過にそった順に並べ，**ア**～**ウ**の記号で答えなさい。また，そのように判断した理由も書きなさい。

ア

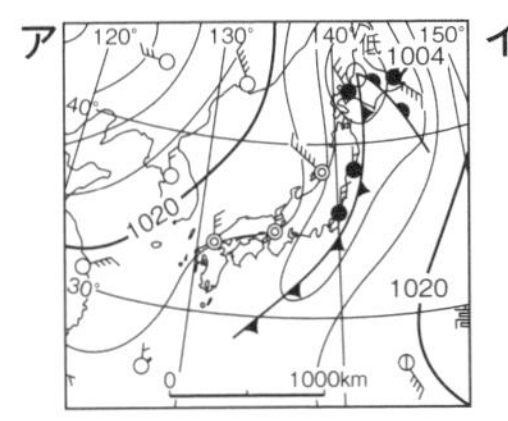

イ

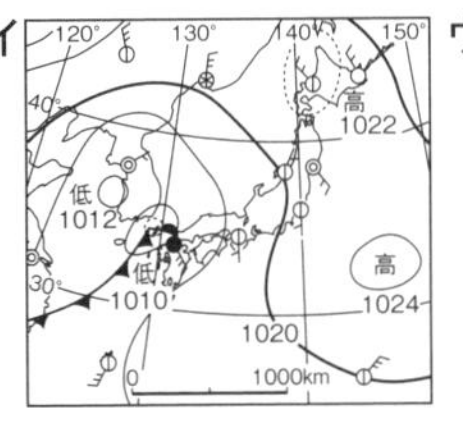

ウ

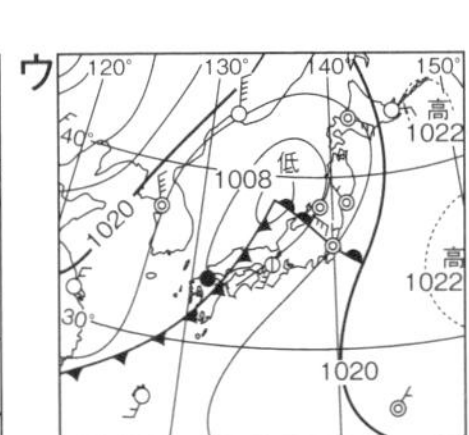

6　計13点

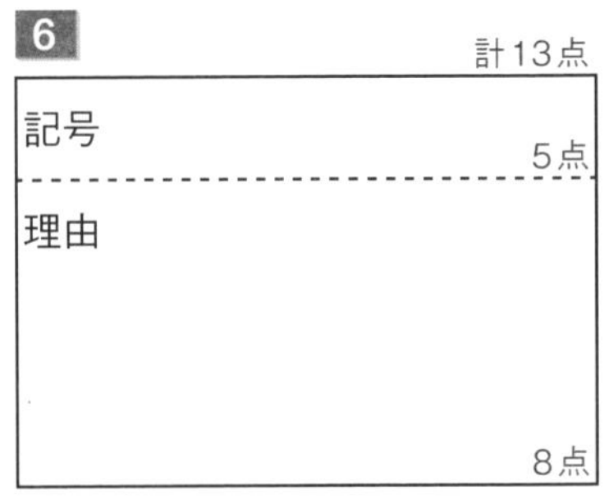

記号	5点
理由	8点

単元 3 天気とその変化

教科書 p.230

確かめと応用　単元3　天気とその変化

1 気象観測

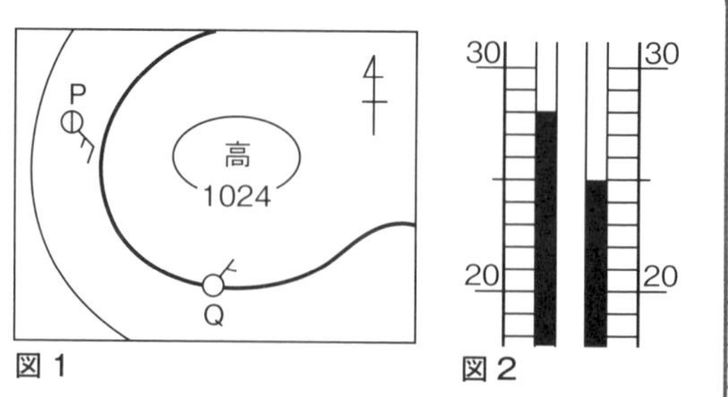

図1　図2

図1は，ある日の天気図の一部である。

❶図1のP地点の天気・風向・風力を答えなさい。

❷ある場所での乾湿計の示度を調べると図2のようになった。この場所の気温と湿度はいくらか。湿度表(教科書179ページ)を用いて求めなさい。

❸図1のQ地点の気圧は何hPaか。

❹図3はある地点での気温・湿度・気圧を示したものである。X，Y，Zはそれぞれ気温・気圧・湿度のどれを示すか。また，3月10日9時の天候は晴れ・くもり・雨のうちどれだと考えられるか。

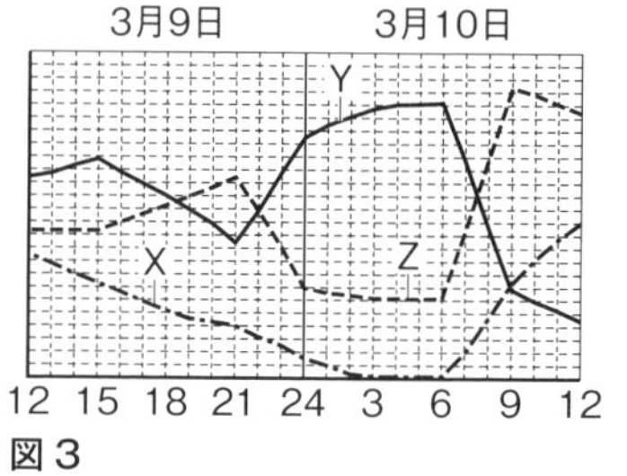

図3

解答(例)

❶天気…晴れ
　風向…南東
　風力…2

❷気温…28℃
　湿度…77％

❸1020hPa

❹X…気圧
　Y…湿度
　Z…気温
　天候…晴れ

解説

❶矢ばねの向きは，風のふいてくる方位を表すので，P地点の風向は南東である。また，P地点の天気は晴れ，風力は2である。

❷乾球の示度は気温を表している。乾球28℃，湿球25℃なので，乾球と湿球の示度の差は3℃である。湿度表で，乾球28℃と，示度の差3℃の交わるところを読みとる。

❸高気圧の中心からはなれるほど気圧は低くなる。等圧線は4hPaごとに引いてある。Q地点を通る等圧線は太線になっているので，1020hPaである。

❹一般的に，気温は日中に高く深夜に低くなり，湿度は日中よりも深夜の方が高くなる。このことから，Zが気温を示し，Yが湿度を示すと考えられる。3月10日，朝から気温と気圧が上昇し，湿度が急激に低下していることがわかる。このことから，天候は晴れと考えられる。

教科書 p.230

確かめと応用　単元3　天気とその変化

2 圧力

図1のように，水を入れてふたをしたペットボトルを逆さまにして，正方形に切りとった段ボールを置いたスポンジの上に立てた。

❶表1のA，Bの条件のとき，スポンジにはたらく圧力はそれぞれ何Paか。ただし，質量100gの物体にはたらく重力の大きさを1Nとする。

❷ペットボトルの重さを120gにしたとき，段ボールの面積を何cm^2にすると，表1のAと同じ圧力になるか。

❸一方がとがった鉛筆（えんぴつ）の両端（りょうたん）を指でおさえたとき，より痛く感じるのはとがった方か，とがっていない方か。また，より痛く感じるのは圧力が大きいためであると考えられるが，とがった方ととがっていない方では，おさえる力が等しいのに，なぜ圧力が一方だけ大きくなるのか。「圧力」，「面積」という言葉を使って理由を説明しなさい。

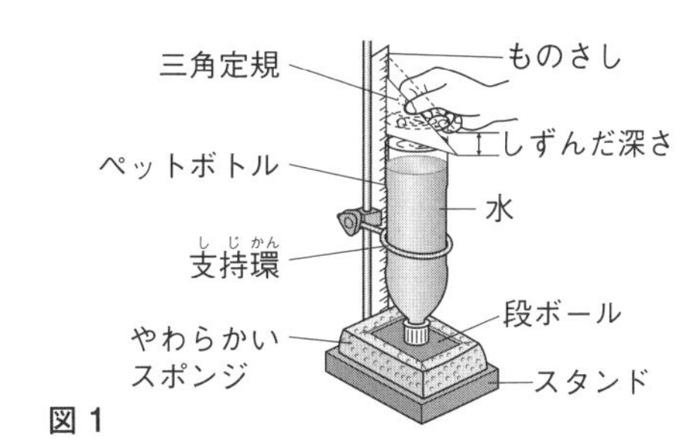

図1

表1

	ペットボトルの重さ	段ボールの面積
A	600g	16cm^2
B	500g	25cm^2

解答(例)

❶A…3750Pa　B…2000Pa　❷3.2cm^2

❸とがった方。

理由…同じ大きさの力で比べると，力の加わる面積が小さいほど，圧力は大きくなるから。

解説

❶$圧力〔Pa〕=\frac{面を垂直におす力〔N〕}{力がはたらく面積〔m^2〕}$で求めることができる。ここで，面積の単位が$m^2$であることに注意しなければいけない。1$m^2$は，10000$cm^2$である。

A…加わる力は，600÷100＝6より6N。面積は，16÷10000＝0.0016より0.0016m^2なので，

$$圧力〔Pa〕=\frac{6N}{0.0016m^2}=3750Pa$$

B…加わる力は，500÷100＝5より5N。面積は，25÷10000＝0.0025より0.0025m^2なので，

$$圧力〔Pa〕=\frac{5N}{0.0025m^2}=2000Pa$$

❷段ボールの面積をxとする。Aの圧力が3750Pa，加わる力が120÷100＝1.2より1.2Nなので，

❶の式に代入すると，$3750Pa=\frac{1.2N}{x}$　$x=0.00032m^2$

単位をcm^2にすると，0.00032×10000＝3.2より，3.2cm^2である。

❸とがった方がとがっていない方よりも面積が小さい。加える力が同じならば力の加わる面積が小さいほど圧力は大きくなるため，とがった方が痛く感じる。

教科書 p.230

確かめと応用　単元 3　天気とその変化

3 空気中の水蒸気の変化

金属製のコップを用い，表面に水滴ができ始める温度を調べる実験を行った。

〔実験〕

①表面をよくふいた金属製のコップにくみ置きの水を入れ，水温をはかる。

②コップの中の水をかき混ぜながら，氷水を少しずつ入れ，コップの中の水の温度を下げる。コップの表面がくもり始めたときの水温をはかる。

〔結果〕

初めの水温は部屋の温度と同じ25℃で，水温が10℃のときにコップの外側がくもり始めた。

❶コップの表面がくもり始めたとき，コップの周囲の空気中の水蒸気は，どのような状態になっていると考えられるか。

❷❶のときの温度を何というか。

❸この実験の結果，部屋の湿度は何％か。表1を参考にして，小数第2位を四捨五入して答えなさい。

表 1

気温	−5	0	5	10	15	20	25	30	35
飽和水蒸気量〔g/m³〕	3.4	4.8	6.8	9.4	12.8	17.3	23.1	30.4	39.6

解答（例）

❶飽和している。　❷露点　❸40.7％

解説

❸表1より，25℃での飽和水蒸気量は23.1 g/m³，10℃での飽和水蒸気量は9.4 g/m³である。10℃が露点なので，この実験が行われた部屋の湿度は，

$$湿度〔\%〕=\frac{1\,m^3の空気にふくまれる水蒸気の質量〔g/m^3〕}{その空気と同じ気温での飽和水蒸気量〔g/m^3〕}\times100=\frac{9.4\,g/m^3}{23.1\,g/m^3}\times100=40.69\cdots$$

小数第2位を四捨五入すると，40.7％となる。

教科書 p.230～p.231

確かめと応用　単元 3　天気とその変化

4 飽和水蒸気量と湿度

図1は，気温と飽和水蒸気量の関係を表しており，グラフ中のA～Fはそれぞれ温度と水蒸気量のちがう空気を示している。

❶空気Fの露点は何℃か。

❷湿度がおよそ50％の空気を全て選びなさい。

❸A～Fのうち湿度がいちばん高い空気と湿度がいちばん低い空気はどれか。

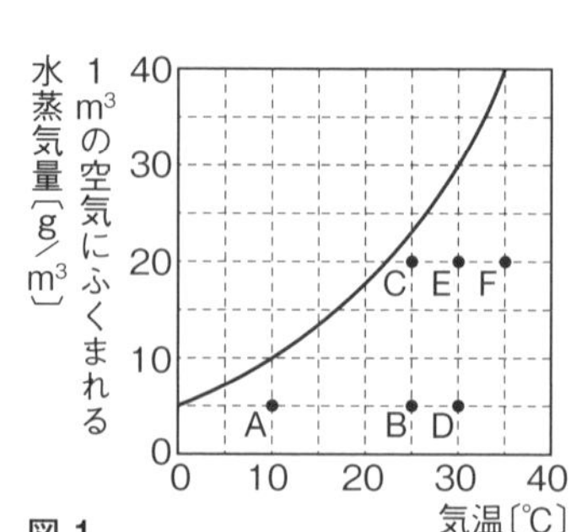

図 1

解答(例)

❶22.5℃　❷A，F　❸湿度がいちばん高い空気…C　湿度がいちばん低い空気…D

解説

❶Fの空気の水蒸気量(縦軸) 20 g/m^3 が飽和水蒸気量であるときの気温(横軸)を読みとると22.5℃である。

❷湿度50％の空気は，それぞれの水蒸気量が，それぞれの飽和水蒸気量の半分になっている空気である。

❸C，E，Fは露点が同じでCの気温が低いので，このグループではCの湿度が最も高く，Fの湿度が最も低い。A，B，Dも露点が同じでAの気温が低いので，このグループではAの湿度が最も高く，Dの湿度が最も低い。❷より，AとFは湿度が50％なので，湿度がいちばん高い空気はC，湿度がいちばん低い空気はDである。実際に湿度を求めると，以下の通りである。

Aの湿度… 5 ÷10 ×100 ＝ 50より50％，Fの湿度… 20 ÷ 40 ×100 ＝ 50より50％

Cの湿度…20 ÷ 22.5 ×100 ≒ 89より89％，Dの湿度… 5 ÷ 30 ×100 ≒ 17より17％

(注意)水蒸気量と飽和水蒸気量の差が大きい空気が湿度が低い空気であるといえない場合もあるので，湿度を求めてみるとよい。例えば，Eの空気と気温20℃で10 g/m^3 の水蒸気をふくむ空気の湿度を比べると，水蒸気量と飽和水蒸気量の差がEの空気の方が大きいが，Eの空気の湿度は約66%，気温20℃で10 g/m^3 の水蒸気をふくむ空気の湿度は約57％になる。

湿度は，その気温での飽和水蒸気量に対する空気1m^{3}中の水蒸気の質量の割合(％)である。

教科書 p.231

確かめと応用　単元3　天気とその変化

5 雲のでき方

❶実験①で簡易真空容器の空気をぬいていくと，次のア～ウはそれぞれどのように変化するか。

ア 気圧　**イ** 温度　**ウ** ビニルぶくろ

❷ビニルぶくろに少量の水と少量の線香(せんこう)のけむりを入れ，口を閉じた。実験②の容器内の空気をぬいていくと，ビニルぶくろの中に霧(きり)のようなものが発生した。その理由を実験①の結果を参考にし，次の語句を用いて簡単に説明しなさい。

〔気圧・温度・水蒸気・水滴〕

解答(例)

❶ア…下がる　イ…下がる　ウ…ふくらむ

❷簡易真空容器の空気をぬいていくと容器内の気圧が下がり，それとともにビニルぶくろ内の空気の温度が下がる。温度が下がって露点に達したため，ビニルぶくろ内の水蒸気が水滴に変化した。

解説

❶気圧が急に下がれば，温度も下がり，ビニルぶくろの中の空気は膨張（ぼうちょう）する。

❷ビニルぶくろの中に霧のようなものが発生したのは，ビニルぶくろの中の気温が露点に達したからである。

教科書 p.231

確かめと応用　単元3　天気とその変化

6 日本の季節と天気の特徴

図１は日本列島付近の代表的な気団を示し，図２，図３は日本のある季節の天気図を示している。

❶図１の気団のうち，空気がかわいている気団はどれか。A～Cの記号で選びなさい。

❷図２，図３の天気図のうちA気団が発達したときの天気図はどちらか。また，このときの日本の季節と発達した気団の名前を答えなさい。

❸図２，図３の天気図のうちB気団が発達したときの天気図はどちらか。また，このときの日本の季節と発達した気団の名前を答えなさい。

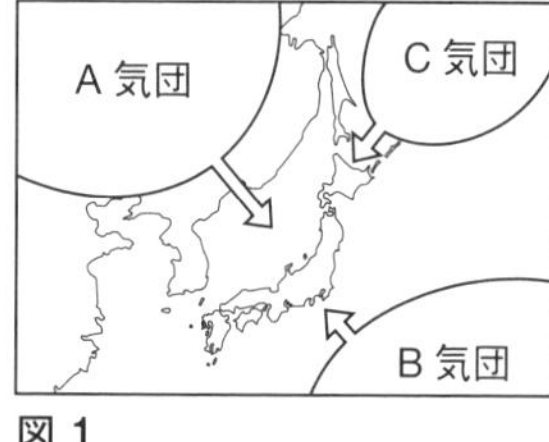

図１

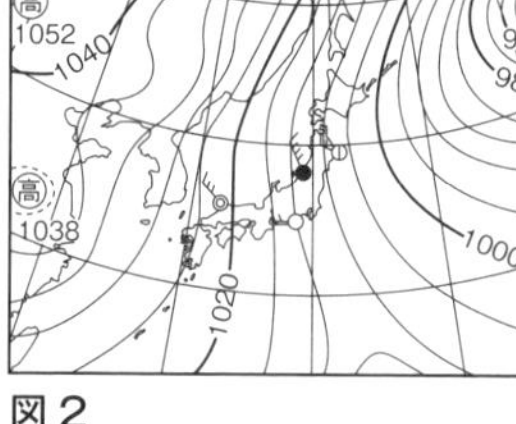

図２

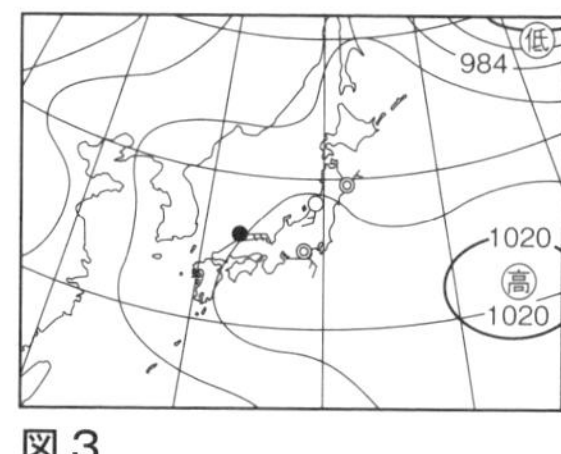

図３

解答（例）

❶A

❷天気図…図２　季節…冬　気団…シベリア気団

❸天気図…図３　季節…夏　気団…小笠原（おがさわら）気団

解説

❶Aは冬の時期に成長する冷たく乾燥しているシベリア気団，Bは夏に成長するあたたかくしめった小笠原気団，Cは冷たくしめったオホーツク海気団である。

❷Aのシベリア気団が発達すると，西高東低の冬型の気圧配置になり，南北方向の等圧線がせまい間隔で並ぶ。

❸Bの小笠原気団が発達すると，それまで日本列島付近に停滞していた梅雨前線が北に移動し，南高北低の夏の気圧配置になる。日本列島はあたたかくしめった小笠原気団におおわれ，高温多湿で晴れることが多くなる。

教科書 p.231

確かめと応用　単元3　天気とその変化

7 天気の予想

図1は12月4日15時，図2はその12時間後の12月5日3時の天気図である。

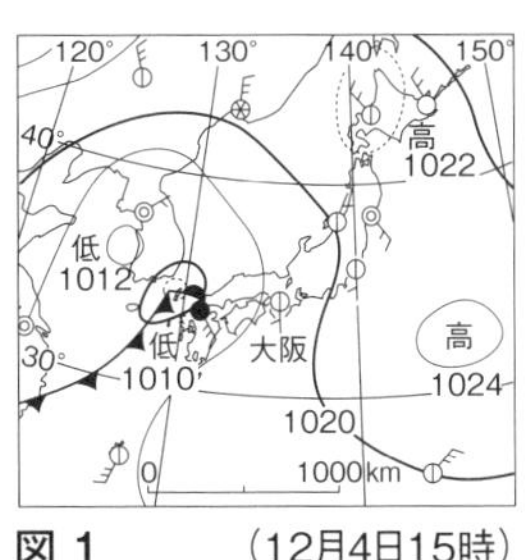

図1　(12月4日15時)

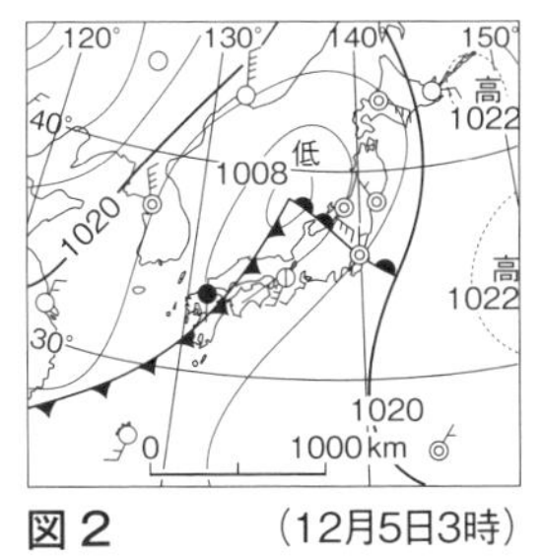

図2　(12月5日3時)

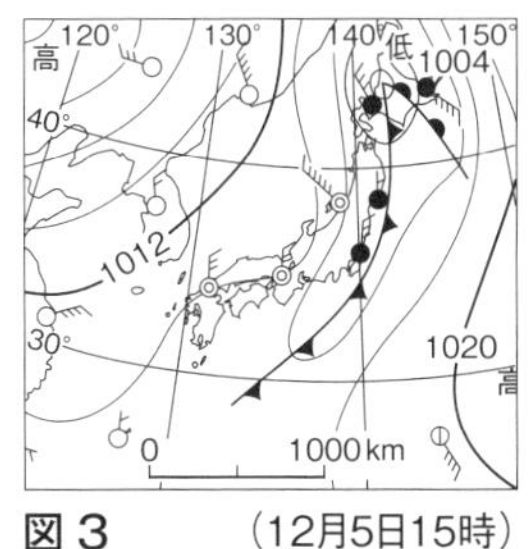

図3　(12月5日15時)

❶図1と図2から低気圧はどの方位からどの方位へ進んでいると考えられるか。

❷図3は12月5日15時の天気図である。大阪(おおさか)の天気は図2から図3の間にどのように変化したと考えられるか。

解答(例)

❶南西から北東へと進んでいる。

❷寒冷前線が大阪を通過したため短時間に強い雨が降り，風向が南寄りから北寄りに変化し，気温が低下したと考えられる。

解説

❶日本列島付近の低気圧や高気圧は，偏西風の影響で一般的に西から東へ進む傾向にある。

❷図2(5日3時)と図3(5日15時)の天気図を比べると，低気圧の南西に寒冷前線がのびており，西から東に進む寒冷前線が，ちょうど中間の5日9時ごろ大阪を通過したと推測できる。
寒冷前線が通過するとき，短時間に強い雨が降り，風向が南寄りから北寄りに急変する。また，通過後は気温も下がる。

教科書 p.232 活用編

確かめと応用　単元3　天気とその変化

1 飽和水蒸気量

理科実験室の空気にどれくらいの水蒸気が含(ふく)まれているかを調べたい。図1の飽和(ほうわ)水蒸気量のグラフと，下の「準備できる道具」を用いて調べることにした。

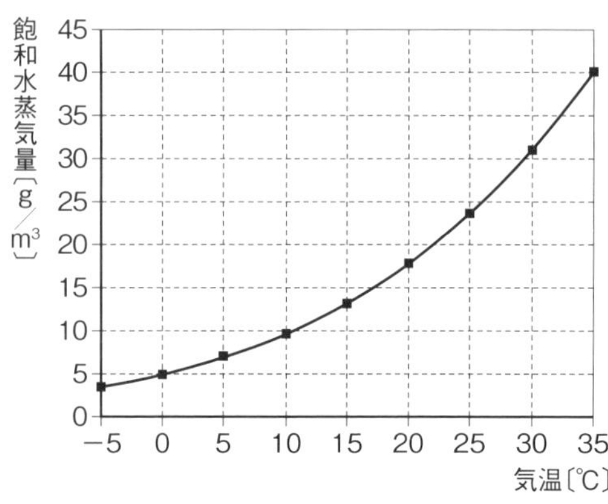

図1　飽和水蒸気量のグラフ

準備できる道具

温度計　金属製のコップ　乾湿計(かんしつけい)
湿度計(しつどけい)　氷　水道水　ビーカー　ガラス棒
※いずれも個数，量は必要なだけ用意できるものとする。

道具の中から必要なものを選び，水蒸気の質量を求める手順を答えなさい。

解答(例)

ビーカーに水道水をくみ置きし，室温に近づけた水を金属製のコップに$\frac{1}{3}$程度入れ，温度計で温度をはかる。そこへ氷水を注ぎ，コップの表面に水滴がつき始めたら氷水を注ぐのをやめ，コップの中の温度をはかる。得られた露点から，飽和水蒸気量のグラフを用いて，水蒸気量を求める。

解説

金属製のコップの表面に水滴がつき始めたとき，金属製のコップの周囲の空気は飽和状態になっていると考えられる。この空気に含まれる水蒸気が凝結(ぎょうけつ)し始める温度を露点という。空気中の水蒸気量がその気温での飽和水蒸気量と等しくなる温度が露点である。

教科書 p.232 活用編

確かめと応用 単元3 天気とその変化

2 海陸風

内陸部に住むなつきさんは，海辺に住むみなとさんの家にとまりに行った。なつきさんは，漁師(りょうし)であるみなとさんのお父さんから，海風(うみかぜ)と陸風(りくかぜ)について聞いた。図1は，海風と陸風を説明する図である。

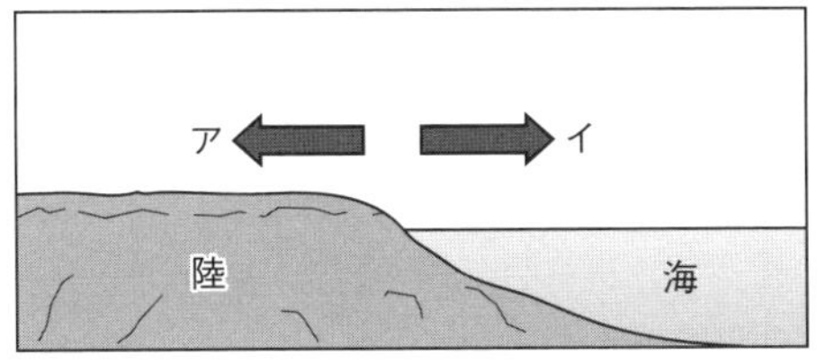

図 1

❶よく晴れた日中(昼間)にふく風は，上の図のア，イのどちらの方向か。

❷❶の原因として，陸と海の温度差がある。日中の陸の温度と海の温度はどのような関係か。

❸❷から，海と陸で垂直方向に生じる気流はそれぞれ何か。

❹なつきさんは，漁師であるみなとさんのお父さんから，「出漁するときは夜明け前(夜)に船を沖に出すよ。」と聞いた。漁師は海陸風をどのように利用していると考えられるか，説明しなさい。

❺さらに，なつきさんは，みなとさんのお父さんから海辺を散歩するなら，朝なぎ，夕なぎのときがよいと教わった。「朝なぎ」「夕なぎ」とは，どのような状況(じょうきょう)のことをいうか説明しなさい。

解答(例)

❶ア

❷陸の方が海よりあたたかい。

❸陸…上昇気流
海…下降気流

❹夜明け前(夜)には，陸から海へ向かう風(陸風)が船をおすので沖に出やすい。

❺陸風と海風が切りかわるときに風や波がやむ状態が「なぎ」で，「夕なぎ」は海風が陸風にかわるとき，「朝なぎ」は陸風が海風にかわるときのこと。

解説

❶❷よく晴れた日中は陸上の方があたたまりやすいため気圧が低くなり，海上の方があたたまりにくいため気圧が高くなる。このため，日中は気圧の高い海から気圧の低い陸に向かって風がふく。これを海風という。

❸日中，陸であたためられた空気は上に向かう上昇気流になり，海では下降気流となる。

❹夜は冷えやすい陸上の気圧が高くなり，冷めにくい海上の気圧が低くなる。このため，気圧の高い陸から気圧の低い海に向かって風がふく。これを陸風という。

教科書 p.232

活用編

確かめと応用　単元3　天気とその変化

3 降水量と土砂災害

そうたさんは，図1の方法で簡易雨量計をつくって，1時間の降水量を調べた。

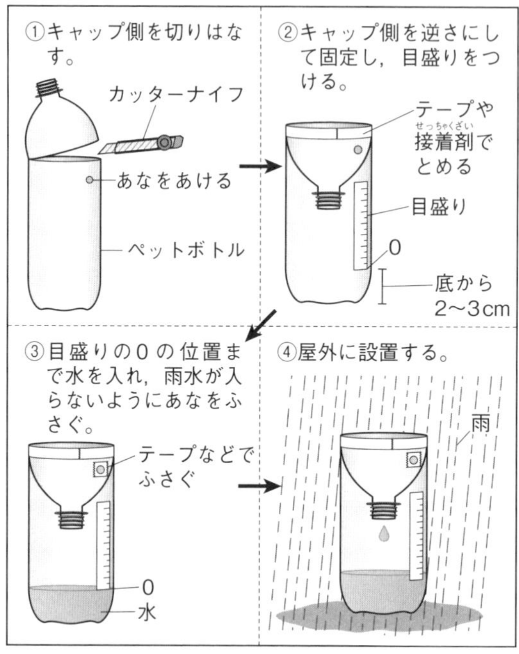

図1　ペットボトル雨量計のつくり方

1時間で，水の高さが4cm増えた。そうたさんの家の面積は500 m^{2}ある。このとき家には何Lの雨が降ったことになるか。

解答(例)

20000 L

解説

水の高さが4cm＝0.04mなので，家には500 m^2 × 0.04 m ＝ 20 m^{3}の雨が降ったことになる。
1 m^3 ＝ 1000 L なので，20 × 1000 ＝ 20000 より，20000 L となる。

教科書 p.232～p.233　活用編

確かめと応用　単元3　天気とその変化

4 雲のようすと天気

教科書233ページの図1は富士山（ふじさん）の写真である。このような雲を「笠雲（かさぐも）」という。山頂付近に静止しているように見えるが，実は雲は風上側の斜面（しゃめん）で発生し，風下側の斜面で消えていく現象を絶え間なくくり返しているため，見た目には変化がないように見える。笠雲は日本に低気圧や前線が接近し，あたたかいしめった空気が入ってくるときにできやすい。このようすはことわざで，「富士山が笠をかぶれば近いうちに雨」と言われていて，実際に笠雲がかかった後の天気は，雨になりやすい。その理由を考えて，答えなさい。

解答(例)

笠雲の発生は，低気圧や前線の接近を表していることが多く，低気圧や前線が近づくと雨が降ることが多いから。

解説

水蒸気を多くふくんだ空気が山の斜面にぶつかることで上昇気流が起こると雲ができやすい。

教科書 p.233　活用編

確かめと応用　単元3　天気とその変化

5 天気図と天気の特徴

次の天気図を見て，問題に答えなさい。

❶下の天気図の日に，札幌（さっぽろ）の天気は，晴れ，くもり，雨のいずれだったと考えられるか。

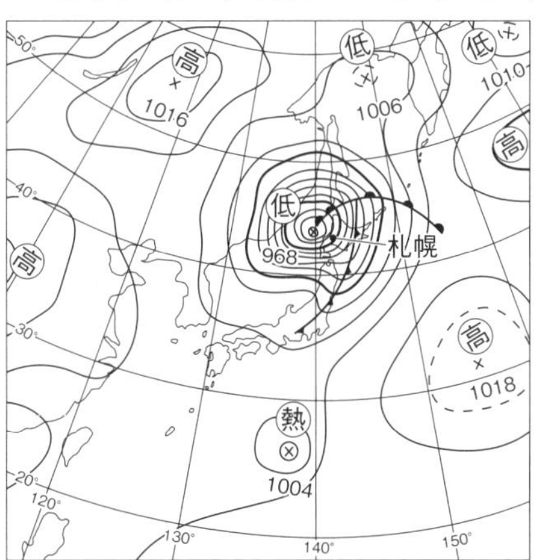

図1　2004年9月8日9時の天気図

❷9月のある日，テレビの天気予報で，下の天気図をうつし，札幌に，温帯低気圧が近づいていて，この後，通過すると伝えている。このとき札幌は晴れていて，空には巻雲(けんうん)が見える。この後に札幌の天気はどのように変化すると予想できるか。

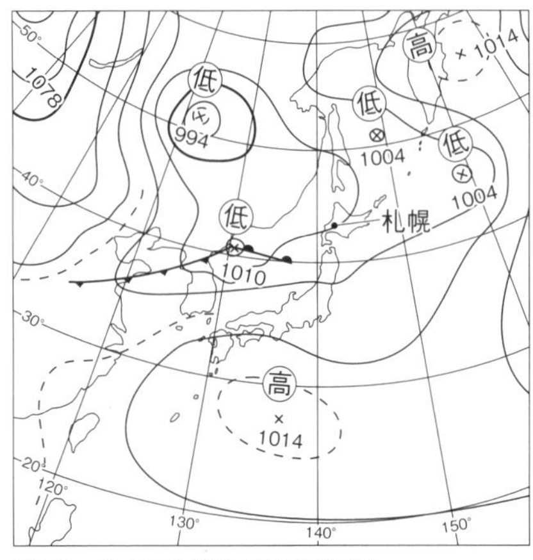

図2　9月のある日の天気図

解答(例)

❶雨

❷おだやかな雨ののちに晴れ，南寄りの風がふいてあたたかくなる。やがて短時間の激しい雨ののちに晴れ，北寄りの強い風がふき，気温が下がる。

解説

❶天気図から札幌付近には，低気圧にともなう寒冷前線があるので，天気は雨だと考えられる。

❷日本列島付近では，温帯低気圧の南東側に温暖前線，南西側に寒冷前線ができることが多い。そのため，温帯低気圧が近づくと，弱い雨が長時間降り続くことが多い。温暖前線の通過後は，地表付近では南寄りの風がふき，暖気(だんき)におおわれて気温は上がる。その後，寒冷前線が近づくと，強い雨が短時間に降り，強い風がふくことが多い。寒冷前線の通過後は，地表付近では北寄りの風がふき，寒気におおわれて気温は下がる。

単元 4 電気の世界

この単元で学ぶこと

第1章 静電気と電流

静電気が発生するしくみや性質について学ぶ。

クルックス管などを用いて実験し，電流の正体について学ぶ。

第2章 電流の性質

電源装置(乾電池)，抵抗器(豆電球)，電流計，電圧計などを用いて実験し，直列回路と並列回路のちがい，電圧と電流の関係，熱量と電力量などについて学ぶ。

第3章 電流と磁界

コイルと磁石などを用いて実験し，モーターと発電機のしくみを学ぶ。

乾電池とコンセントの電流のちがいを見いだし，直流と交流について学ぶ。

第1章 静電気と電流

これまでに学んだこと

▶**電流の流れる向き**(小4)　**電流**は，乾電池の＋極から回路を通り，－極に向かって流れる。

▶**磁石の性質**(小3)　２つの磁石を近づけると，ちがう極どうしは引き合い，同じ極どうしは反発し合う。

●**磁石の性質**

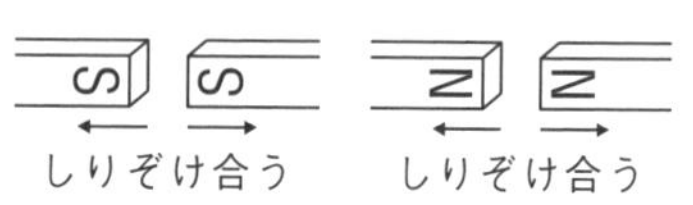

第1節 静電気と放電

要点のまとめ

▶**静電気**　物体の電気のバランスがくずれ，＋や－の電気を帯びた状態が現れた電気。異なる物質でできた物体どうしをこすり合わせると，一方の物体の表面近くの－の電気が他方の物体の表面に移動する。

▶**帯電**　物体が電気を帯びること。

・同じ種類に帯電した物質どうし…反発し合う力がはたらく。

・異なる種類に帯電した物質どうし…引き合う力がはたらく。

▶**放電**　たまっていた電気が空間をへだてて一瞬で流れる現象。

放電の例としては，ドアの金属のノブに手を近づけたときに飛ぶ火花や，いなずまなどがあるよ。

教科書 p.239

実験１

静電気の性質

実験のアドバイス

異なる種類の物質どうしをこすり合わせると，それぞれの物質は静電気を帯びる。

結果の見方

●**つるしたストローにもう１本のストローを近づけたとき，つるしたストローはどのように動いたか。**

反発し合うように動いた。

●**つるしたストローに紙ぶくろを近づけたとき，つるしたストローはどのように動いたか。**

引き合うように動いた。

○ 考察のポイント

●つるしたストローの動きから，ストローや紙ぶくろには，どのような変化が起こったと考えられるか。

静電気を帯びた**同じ物質どうしは反発し合う力**がはたらき，**異なる物質どうしには引き合う力**がはたらく。

このことから，ストローとそれをこすった紙ぶくろは，それぞれ＋と－という**異なる種類の電気**を帯びていると考えられる。

教科書 p.241

活用　学びをいかして考えよう

金属にさわってびりっとしたり，衣類がまとわりついたりするような静電気の発生を防ぐために，どのようなくふうが考えられるか。

○ 解説

いずれも乾燥したとき(冬など)に見られる現象で，湿度の高い夏にはあまり見られない。このことから，室内の湿度を高くしておけば静電気が発生しにくいと考えられる。

また，金属にさわるとびりっとする場合は，金属にさわる前にほかの物質にさわって，静電気を減らす方法も考えられる。このときさわる物質は，電気をほとんど通さないプラスチックやガラス，ゴムではうまくいかないが，木やコンクリート，紙，土などがよい。

化学繊維(せんい)は静電気が発生しやすいが，綿などの天然繊維でできた洋服を着ると静電気の発生がおさえられる。また，静電気は異なる種類の物質をこすり合わせると発生するので，同じ材質でできた洋服を着ると静電気の発生を防ぐことができると考えられる。さらに，静電気の発生が少なくなるような洋服の組み合わせを調べてみるとよい。

第2節 電流の正体

要点のまとめ

▶**真空放電**(しんくうほうでん)　気体の圧力を小さくした空間に電流が流れる現象。

▶**陰極線**(いんきょくせん)　蛍光板(けいこうばん)入りのクルックス管を使い，電流の道筋に沿って蛍光板が光るとき，この蛍光板を光らせるもの。－の電気を帯びたものの流れである。

▶**電子**(でんし)　－の電気を帯びた小さな粒子(りゅうし)。陰極線の正体は，電子の流れである。

▶**電流の正体**　電流の正体は，電子の流れである。電流が流れているとき，実際は，－の電気をもった電子が，電源の－極から導線の中を通り＋極へ引き寄せられて移動している。

・電子の流れ…－極　→　＋極

・電流の流れ…＋極　→　－極

●陰極線

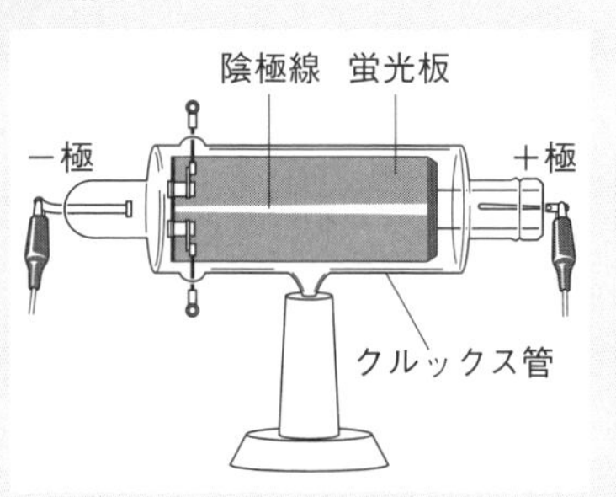

 教科書 p.245

活用　学びをいかして考えよう

放電による電流と導線を流れる電流で，同じことは何だろうか。また，ちがうことは何だろうか。

解答(例)

同じこと…一の電気をもつ電子の流れである。

ちがうこと…放電による電流は，電極の金属から飛び出した電子の流れであるが，導線を流れる電流は，金属の導線内にある電子の流れである。

第3節　放射線の性質と利用

要点のまとめ

▶**放射線(ほうしゃせん)**　α(アルファ)線やβ(ベータ)線，γ(ガンマ)線，X(エックス)線などのこと。人工的なものだけではなく，自然にも存在する。

▶**放射性物質(ほうしゃせいぶっしつ)**　放射線を出す物質。

 教科書 p.247

活用　学びをいかして考えよう

新聞やインターネットなどで，放射線に関する記事をさがそう。それらの記事で課題とされていることには，どのようなことがあるか調べよう。

解説

2011年に起こった福島第一原子力発電所の事故では，多量の放射性物質が放出され，周辺の広い地域が汚染された。除染作業を行うなどして処理を行ってきているが，原子力発電所の廃炉(はいろ)については放射線量が多いため十分に進められていない。

 教科書 p.248

章末　学んだことをチェックしよう

❶ 静電気と放電

1. 静電気は，物質どうしが(　　)ことで生じる。
2. 静電気には(　　)と(　　)の2種類の電気があり，同じ種類の電気をもった物体の間には(　　)力がはたらき，異なる種類の電気をもった物体の間には(　　)力がはたらく。

解答(例)

1. こすり合わされる
2. ＋(プラス)(－)，－(マイナス)(＋)，反発し合う，引き合う

❷ 電流の正体

1. クルックス管での放電の際に，－極から出て蛍光板を光らせるものを何とよぶか。また，その正体は何か。
2. 電流は，電源の(　　)極から導線を通って(　　)極へ流れ，電子は電源の(　　)極から出て(　　)極へ流れる。

解答(例)

1. 陰極線，電子　　2. ＋，－，－，＋

❸ 放射線の性質と利用

1. 放射線を出す物質のことを(　　)物質という。
2. 放射線には物質を(　　)性質や，物質を(　　)性質がある。
3. 放射線の性質を利用することで，医療や農業，工業などに利用できるが，(　　)への影響があり，注意する必要がある。

解答(例)

1. 放射性　　2. 通りぬける，変質させる　　3. 人体

教科書 p.248　章末　学んだことをつなげよう

静電気に対して，電流を「動電気」と表現する場合，何が「静」や「動」なのだろうか。

解答(例)

ストローと紙ぶくろをこすり合わせて生じた静電気は，放電するまでストローや紙ぶくろの中を電子が移動できずに静止している。このように，電子が移動できない状態が「静」である。それに対して，電池につながれた導線内の電子は電池の－極から回路を通って＋極の向きに力を受けて移動する。このように，電池につながれて電子が移動する場合が「動」であり，電子が移動することによって電流は流れ，明かりがついたり，音が出たりする。

教科書 p.248

Before & After

静電気とは何だろうか。

解答(例)

異なる物質でできた物体どうしをこすり合わせてはなすと，一方の物体の－の電気が他方に移動するためにそれぞれの物体に発生する電気のこと。

定期テスト対策　第1章　静電気と電流

解答 p.200

/100

1 次の問いに答えなさい。

①異なる物質どうしを摩擦すると帯びる電気を何というか。

②物質が①のように電気を帯びることを何というか。

③①は，摩擦した物質の一方から他方へあるものが移動して生じる。あるものとは何か。

④③はどのような電気を帯びているか。

⑤電流は，導線内を何が移動することによって流れるか。

2 異なる種類の布で別々に摩擦した3個の発泡ポリスチレンの球A～Cを糸でつるしたら図1，図2のようになった。次の問いに答えなさい。

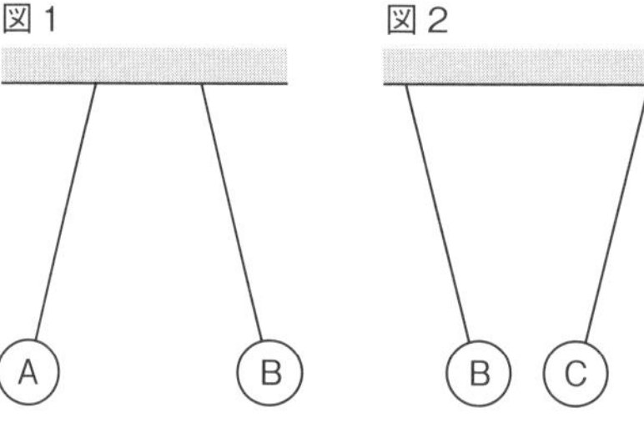

①球Aと同じ種類の電気を帯びている球は，B，Cのどちらか。

②球AとCをつるすと図1と図2のどちらと同じ結果になるか。

③球Aを摩擦した布と同じ種類の電気を帯びている球を，A～Cから全て選びなさい。

3 図は蛍光板を入れたクルックス管に電流を流したときのようすである。次の問いに答えなさい。

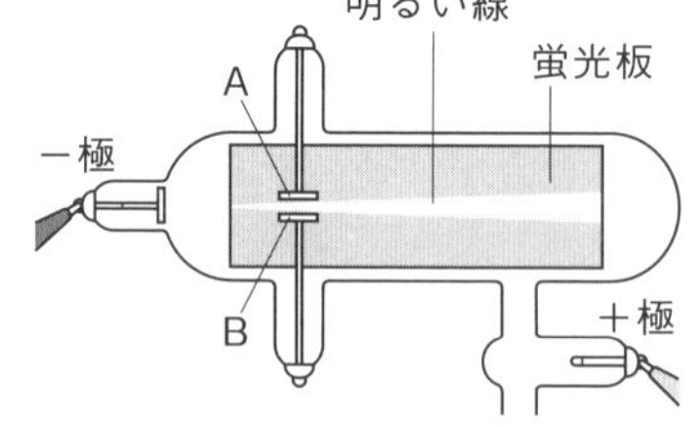

①蛍光板上に見える明るい線を何というか。

②①は，電極の＋極，－極のどちらから出ているか。

③図の上下の電極板を電源につないだ。Aを電源の＋極，Bを－極につなぐと，①はどうなるか。次の**ア**～**ウ**から選び，記号で答えなさい。

ア　図のようにまっすぐになる。

イ　図のAの方に曲がる。　**ウ**　図のBの方に曲がる。

④③から，①の蛍光板上に見える明るい線は，＋，－のどちらの電気を帯びているとわかるか。

⑤蛍光板上に見える明るい線は④の電気を帯びた粒子の流れである。この粒子を何というか。

1	計30点
①	6点
②	6点
③	6点
④	6点
⑤	6点

2	計28点
①	8点
②	10点
③	10点

3	計42点
①	8点
②	8点
③	10点
④	8点
⑤	8点

第2章 電流の性質

これまでに学んだこと

▶**乾電池と豆電球のつなぎ方**(小3)　乾電池の＋極，豆電球，乾電池の－極が，１つの輪になるように導線でつなぐと，電気が通って，豆電球に明かりがつく。電気の通り道のことを**回路**という。

▶**乾電池の直列つなぎと並列つなぎ**(小4)

・**直列つなぎ**…乾電池の＋極と，別の乾電池の－極をつなぐ。

・**並列つなぎ**…乾電池の＋極どうし，－極どうしを，まとめてつなぐ。

乾電池のつなぎ方	豆電球の明るさ	電流の大きさ
２個を**直列つなぎ**	乾電池１個のときと比べて，豆電球は明るくつく。	乾電池１個のときと比べて，回路に流れる電流は大きい。
２個を**並列つなぎ**	乾電池１個のときと比べて，明るさはほとんど同じだが，長い時間つく。	乾電池１個のときと，ほとんど同じ。

●**豆電球の回路の例**

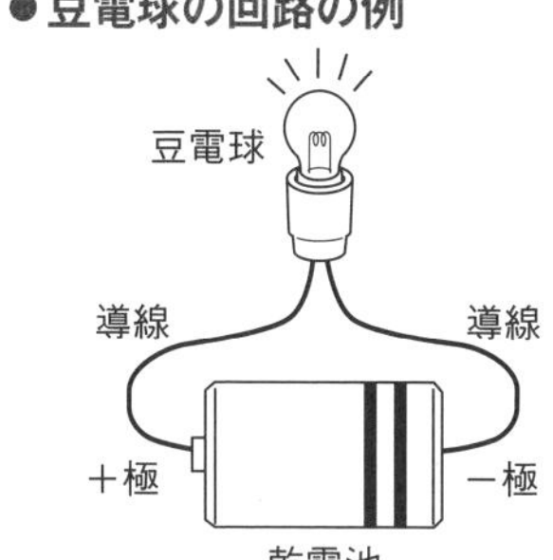

●**直列つなぎ**

●**並列つなぎ**

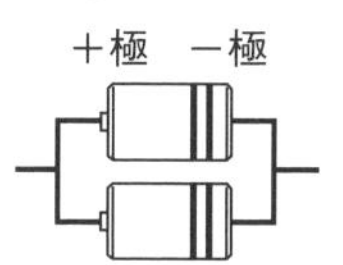

第1節 電気の利用

要点のまとめ

▶**回路**　電流が流れる道筋。次の３つの共通する部分からなり立つ。

①電流を流そうとするところ(電源)

②電流が流れるところ(導線)

③電気を利用するところ(負荷)

▶**直列回路**　１本の道筋でつながっている回路。

▶**並列回路**　枝分かれした道筋でつながっている回路。

▶**回路図**　電気用図記号で回路を表したもの。

●**直列回路**

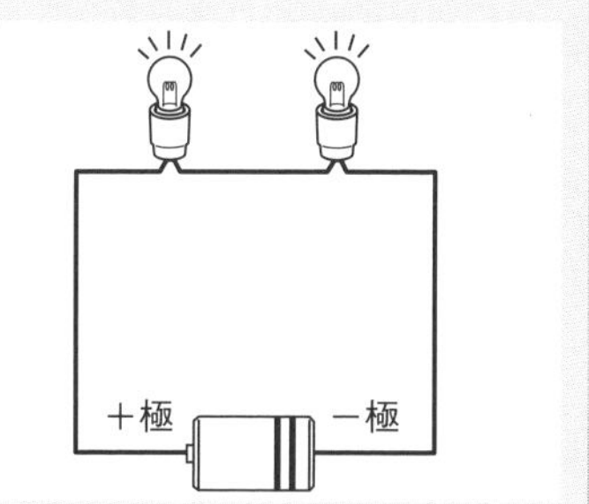

▶電流計の使い方

①電流計をつなぐ

電流を測定したい点の導線を外す。電源の＋側を電流計の＋端子（たんし）に，－側を電流計の－端子に，それぞれ導線でつなぐ。

※電流計は，回路に直列につなぐ。

②－端子を選ぶ

回路に流れる電流の大きさが予想できない場合，針がふり切れて電流計がこわれないように，初めは5Aの－端子を選ぶ。電流を測定して，針のふれが小さいときは，500mA→50mAの順に，－端子をつなぎかえる。

※電流の大きさが予想できるときは，初めから適切な－端子を選ぶ。

③目盛りを読む

つないだ－端子に合った値（あたい）を読む。例えば，500mAの－端子につないだときは，最大の目盛りを500mAとして読む。

●並列回路

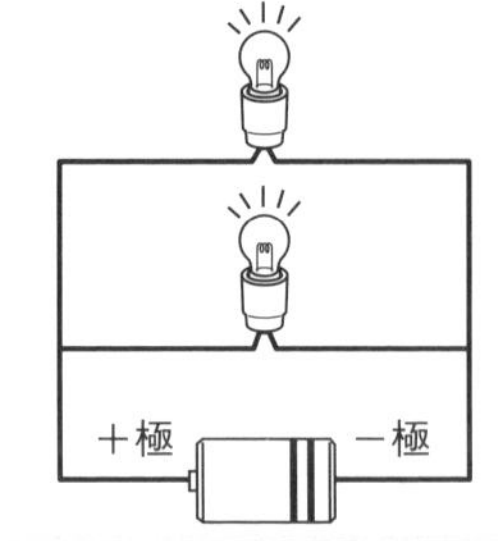

●電気用図記号

電池または直流電源	電球
(長い方が＋極)	
スイッチ	**抵抗（ていこう）器または電熱線**
電流計	**電圧計**
Ⓐ	Ⓥ
導線の交わり(接続するとき)	**導線の交わり(接続しないとき)**

 教科書 p.253

活用　学びをいかして考えよう

教科書253ページの図3の家庭で用いられるテーブルタップには，さまざまな電気器具がつながれている。これらの電気器具が電源に対して並列回路をつくるように接続する理由を考えよう。

解答(例)

並列回路は回路が枝分かれしているので，どれか1つのスイッチを切っても，全てのスイッチが切れることはなく，接続した電気器具に電流を流すことができるから。

解説

もし直列回路だと，どれか1つのスイッチを切ると全ての電気器具に電流が流れなくなってしまう。

第2節 回路に流れる電流

要点のまとめ

▶**電流**　回路を流れる電流の大きさは，電流計で測定することができる。電流の大きさを表す単位は，**アンペア**(記号**A**)や，**ミリアンペア**(記号**mA**)である。

1 A＝1000 mA

▶**回路を流れる電流**

・**直列回路の電流**…回路の各点を流れる電流の大きさは，どこも同じである。

・**並列回路の電流**…枝分かれする前の電流の大きさは，枝分かれした後の電流の和に等しく，再び合流した後の電流にも等しい。

●**直列回路の電流**

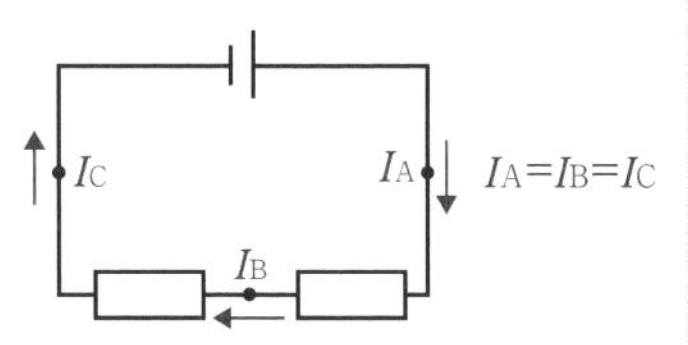

●**並列回路の電流**

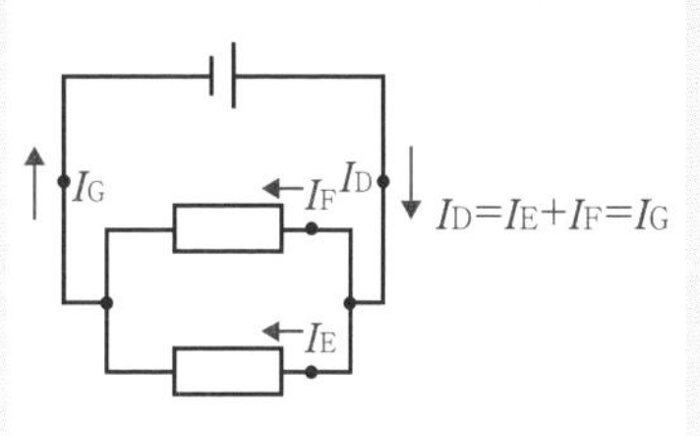

 教科書 p.255

実験2

直列回路と並列回路を流れる電流

○ **実験のアドバイス**

①電源(乾電池)の**＋側**を電流計の**＋端子**につなぐ。

②電流計は，測定したい部分に**直列**につなぐ。

③回路に流れる電流の大きさが予想できないときは，はじめに電源の－側を**5Aの－端子**につなぐ。

④導線のつなぎ方は，以下の通り。

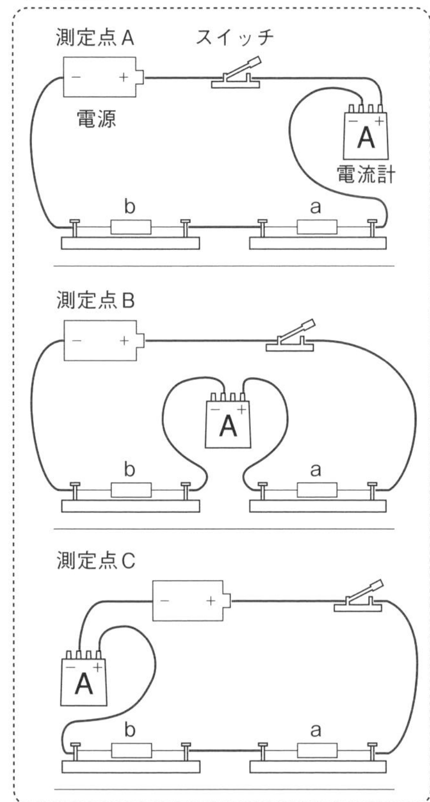

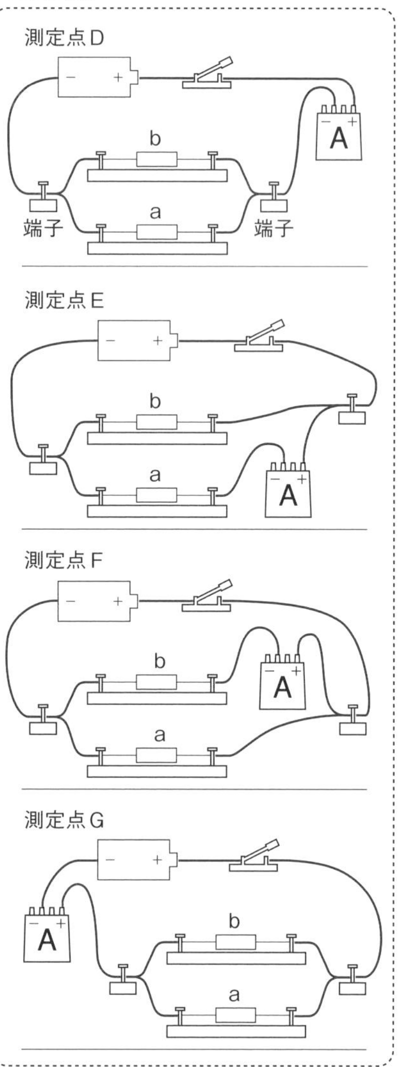

○ 結果の見方

●直列回路や並列回路の各点で，電流の大きさはどうなったか。

(例)直列回路

A	B	C
0.050 A	0.050 A	0.050 A

並列回路

D	E	F	G
0.225 A	0.075 A	0.150 A	0.225 A

○ 考察のポイント

●直列回路の各点の電流の大きさの関係は，どのようになっているか。

直列回路では，各点を流れる電流の大きさは，**どこも同じ**である。

●並列回路で，枝分かれする前後の電流の大きさの関係は，どのようになっているか。

並列回路では，枝分かれする前の電流の大きさは，枝分かれした後の電流の**和**に等しく，再び合流した後の電流にも等しい。

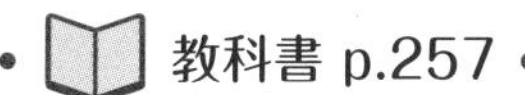

教科書 p.257

活用　学びをいかして考えよう

直列回路と並列回路を流れる電流を，第１章で学習した電子(でんし)の流れで考えよう。

解説

電源の－極から出た電子は，回路を通り電源の＋極へ流れている。－極を出た電子は増減することなく＋極にもどってくる。このことから，直列回路，並列回路の各点を移動する電子の数がどうなるか考えてみる。

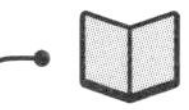

教科書 p.257

確認

下図のそれぞれの回路で，ア～エ点を流れる電流の大きさは，それぞれ何Ａか。

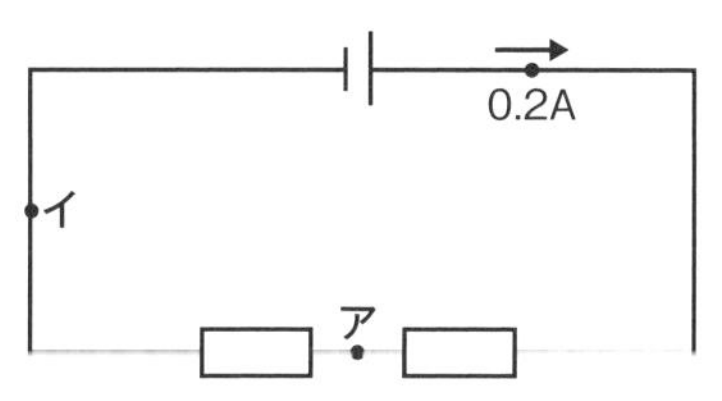

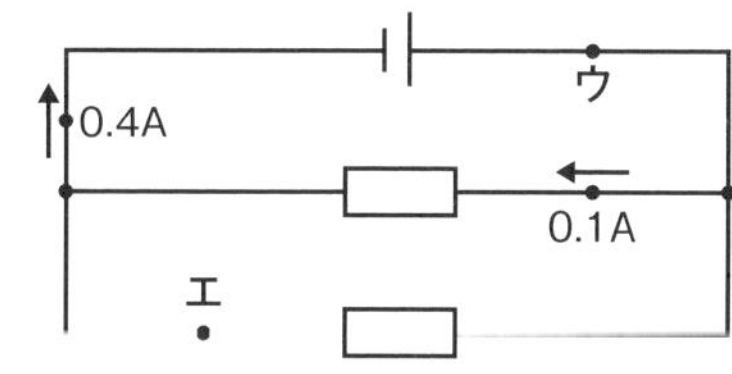

解答(例)

左側の図(直列回路)：ア点…0.2Ａ，イ点…0.2Ａ
右側の図(並列回路)：ウ点…0.4Ａ，エ点…0.3Ａ

解説

直列回路では，各点を流れる電流の大きさは等しい。

並列回路では，枝分かれする前の電流の大きさは，再び合流した後の電流に等しく，枝分かれした後の電流の和にも等しい。

これより，エ点を流れる電流は，0.4Ａ－0.1Ａ＝0.3Ａ

第3節　回路に加わる電圧

要点のまとめ

▶**電圧**　回路に電流を流そうとするはたらき。電圧の大きさの単位は，**ボルト**(記号**V**)である。電圧の大きさは，電圧計で測定する。

▶**電圧計の使い方**

①電圧計をつなぐ

電圧を測定したい部分の＋側を電圧計の＋端子に，－側を電圧計の－端子に，それぞれ導線でつなぐ。

※電圧計は，回路に並列につなぐ。

②－端子を選ぶ

回路に加わる電圧の大きさが予想できない場合，針がふり切れて電圧計がこわれないように，初めに300Vの－端子を選ぶ。電圧を測定して，針のふれが小さいときは，15V→3Vの順に，－端子をつなぎかえる。

※電圧の大きさが予想できるときは，初めから適切な－端子を選ぶ。

③目盛りを読む

つないだ－端子に合った値を読む。例えば，15Vの－端子につないだときは，最大の目盛りを15Vとして読む。

▶回路に加わる電圧

・**直列回路の電圧**…各区間に加わる電圧の大きさの和は，全体に加わる電圧の大きさに等しい。

・**並列回路の電圧**…各区間に加わる電圧の大きさと，全体に加わる電圧の大きさは等しい。

●直列回路の電圧

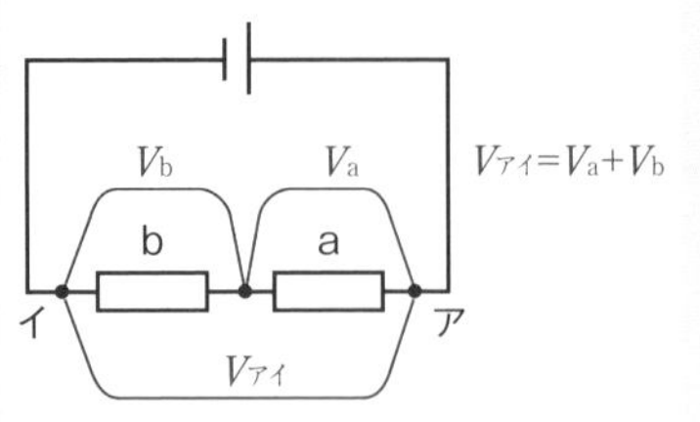

●並列回路の電圧

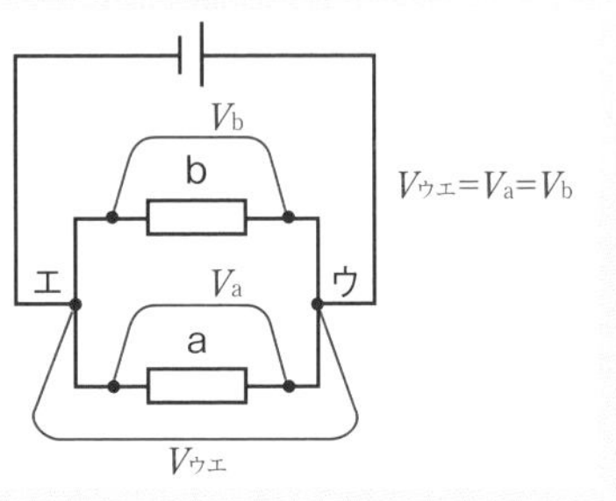

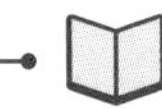 教科書 p.258

調べよう

教科書258ページの図２の回路で，次の①～④の電圧の大きさは，どのようになっているか。

①乾電池の両端(りょうたん)(アイ間)　③豆電球の両端(ウエ間)

②スイッチの両端(イウ間)　④導線の両端(エア間)

解答(例)

1.5Vの乾電池を使っているとする。

①乾電池の両端(アイ間)…1.5V　③豆電球の両端(ウエ間)…1.5V

②スイッチの両端(イウ間)…0V　④導線の両端(エア間)…0V

解説

乾電池の両端の電圧と，豆電球の両端の電圧はほぼ等しい。

導線やスイッチの両端の電圧はほぼ0Vである。

電源の電圧は，豆電球やモーター，電熱線などの電気器具に加わる。

 教科書 p.259

実験３

直列回路と並列回路に加わる電圧

実験のアドバイス

①電源(乾電池)の**＋側**を電圧計の**＋端子**につなぐ。

②電圧計は，測定したい部分に**並列**につなぐ。

③測定したい部分に加わる電圧が予想できないときは，初めに電源の一側を **300 V の－端子**につなぐ。
④導線のつなぎ方は，以下の通り。

直列回路

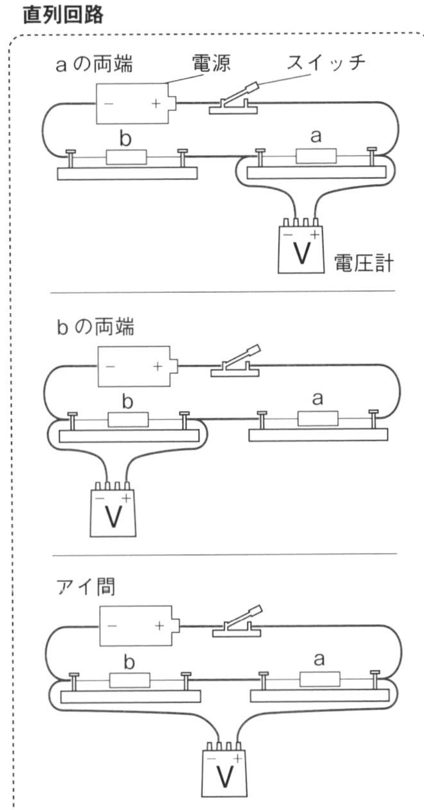

並列回路

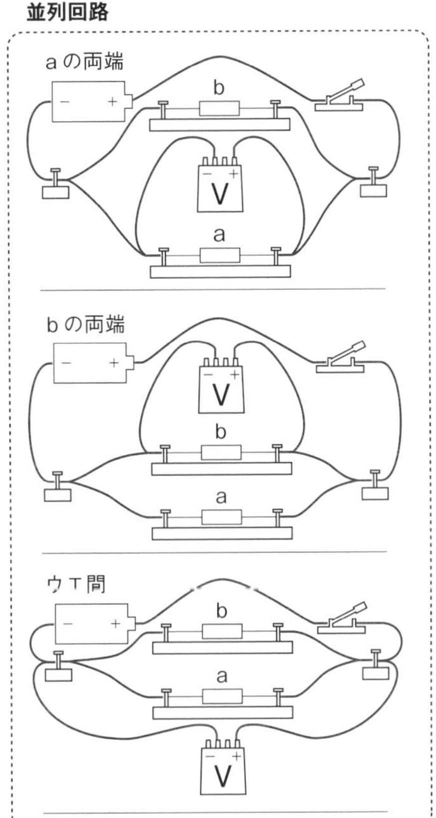

◎ **結果の見方**

●直列回路，並列回路のそれぞれで，各区間の電圧の大きさはどうなったか。

(例)直列回路

aの両端	bの両端	アイ間
1.00 V	0.50 V	1.50 V

並列回路

aの両端	bの両端	ウエ間
1.50 V	1.50 V	1.50 V

◎ **考察のポイント**

●直列回路，並列回路のそれぞれで，各区間の電圧と乾電池の電圧の大きさの関係は，どのようになっているか。

直列回路では，各区間に加わる電圧の大きさの**和**は，全体に加わる電圧の大きさに等しい。
並列回路では，各区間に加わる電圧の大きさと，全体に加わる電圧の大きさが**等しい**。

教科書 p.261

活用　学びをいかして考えよう

直列つなぎのモーターと並列つなぎのモーターの回転は，どちらが速いか説明しよう。

● 解答(例)

並列つなぎのモーター

◎ 解説

直列つなぎの場合，各モーターに加わる電圧の大きさの和が全体の電圧の大きさに等しくなるので，モーターの数が増えるほど１個のモーターに加わる電圧の大きさは小さくなる。

並列つなぎの場合，各モーターに加わる電圧の大きさは全体の電圧の大きさに等しいので，モーターの数が増えても１個のモーターに加わる電圧の大きさは変わらない。

そのため，並列つなぎのモーターの方が，回転が速くなる。

教科書 p.261

確認

下図のそれぞれの回路のアイ間，ウエ間に加わる電圧は，それぞれ何Ｖか。

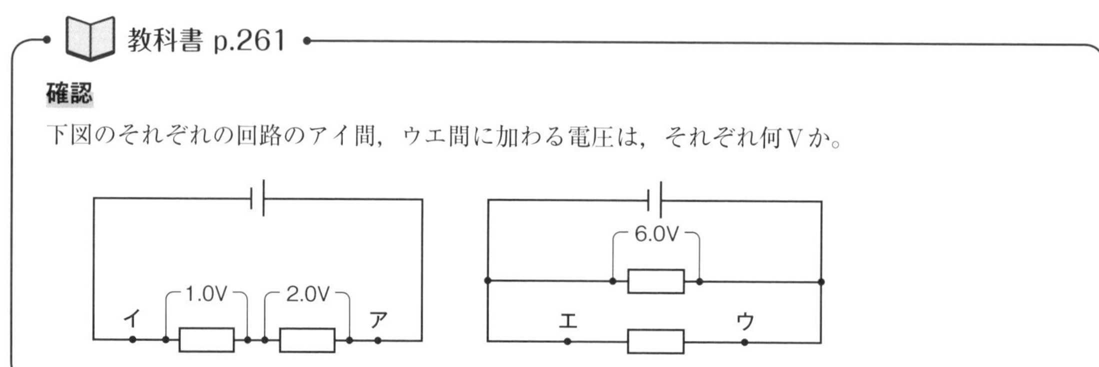

● 解答(例)

アイ間…3.0V　ウエ間…6.0V

◎ 解説

アイ間…直列回路なので，全体に加わる電圧の大きさは，各部分に加わる電圧の大きさの和に等しい。

よって，1.0V＋2.0V＝3.0V

ウエ間…並列回路なので，各部分に加わる電圧の大きさは，全て等しい。

第4節 電圧と電流と抵抗

要点のまとめ

▶**電気抵抗(抵抗)**　電流の流れにくさ。抵抗の大きさの単位は，**オーム**(記号Ω)である。

抵抗〔Ω〕＝$\frac{\text{電圧〔V〕}}{\text{電流〔A〕}}$

▶**オームの法則**　抵抗R〔Ω〕の金属線の両端にV〔V〕の電圧を加えたときに流れる電流をI〔A〕としたときの，次のような関係。

電圧〔V〕＝抵抗〔Ω〕×電流〔A〕

$(V = R \times I)$

●**直列回路の合成抵抗**

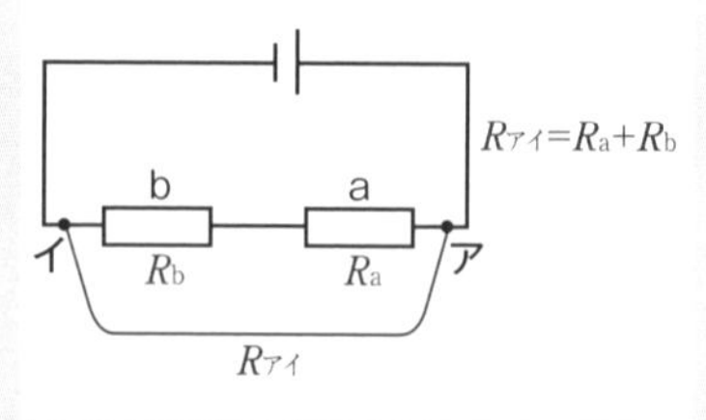

▶**合成抵抗**

・**直列回路の抵抗**…回路全体の抵抗(合成抵抗)の大きさは，各抵抗の大きさの和に等しい。

・**並列回路の抵抗**…回路全体の抵抗(合成抵抗)の大きさは，ひとつひとつの抵抗の大きさより小さい。

▶**導体**(どうたい)　金属のように抵抗が小さく，電気を通しやすい物質。

▶**不導体**(ふどうたい)**(絶縁体**(ぜつえんたい)**)**　ガラスやゴムなどのように抵抗がきわめて大きく，電気をほとんど通さない物質。

●**並列回路の合成抵抗**

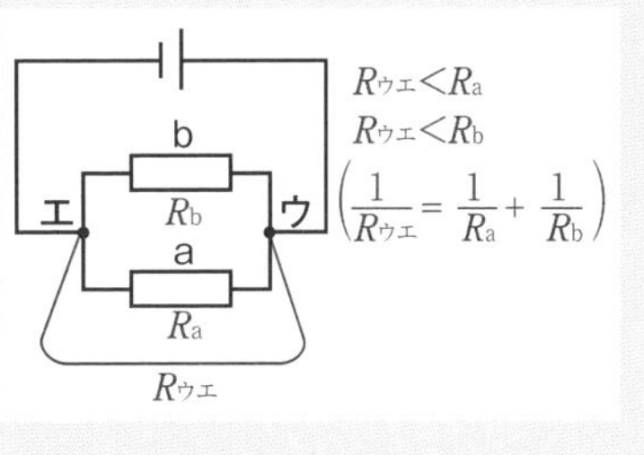

 教科書 p.263～p.264

実験4

電圧と電流の関係

実験のアドバイス

電流計は抵抗器に**直列**に，**電圧計**は抵抗器に**並列**につなぐ。

電源装置の電圧を大きくしていったとき，電流計や電圧計の針がふり切れないように注意する。

抵抗器のかわりに電熱線を用いてもよいが，豆電球を用いてはいけない。

電熱線に電流を流すと発熱するので，測定をするときだけ電熱線に電流を流す。

抵抗器に電圧が加わらないときの電流の大きさは0Aなので，これも測定値とする。

結果の見方

●**電圧を大きくしたとき，電流はどのように変化したか。**

●**抵抗器の種類によって，どのようなちがいがあったか。**

電圧〔V〕		0	1	2	3	4	5
電流〔A〕	抵抗器a	0	0.052	0.100	0.149	0.193	0.245
	抵抗器b	0	0.108	0.200	0.302	0.400	0.497

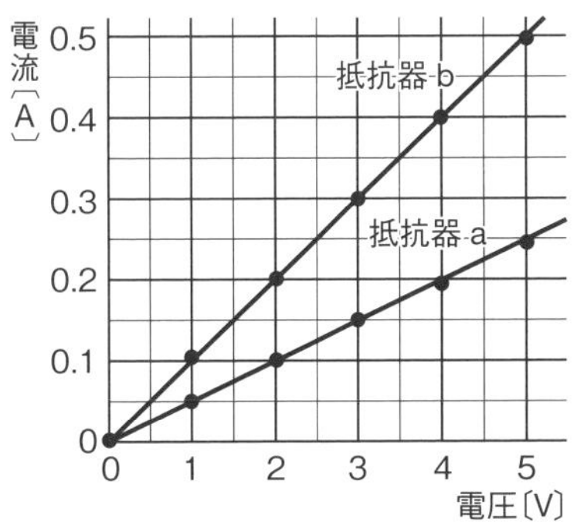

考察のポイント

●**まずは自分で考察しよう。わからなければ，教科書264ページ「考察しよう」を見よう。**

①**結果の表をもとにした抵抗器**(ていこうき)**aのグラフから，電圧と電流には，どのような関係があるといえるか。**

②**同様に，抵抗器bのグラフから，電圧と電流には，どのような関係があるといえるか。**

③抵抗器a，bのグラフにちがいは見られるか。ちがいが見られるとしたら，その理由は何か。

抵抗器に加わる電圧の大きさを2倍，3倍，…にすると，抵抗器に流れる電流の大きさも2倍，3倍，…となる。

つまり，**抵抗器に流れる電流の大きさは，抵抗器に加わる電圧の大きさに比例する**。この関係は，別の抵抗器にかえてもなり立つ。

抵抗器に同じ大きさの電圧が加わったとき，抵抗器aを流れる電流の大きさは，抵抗器bより小さい。よって，抵抗器aは，抵抗器bより電流が流れにくい。抵抗器の電流の流れやすさのちがいによって，**グラフの傾き(かたむ)き**が変わる。

教科書 p.265

練習

抵抗器bについても，抵抗の大きさを求めなさい。

解答(例)

10 Ω

解説

2Vのとき，0.2Aの電流が流れるので，

$$抵抗 = \frac{電圧}{電流} より，抵抗 = \frac{2\,V}{0.2\,A} = 10\,\Omega$$

教科書 p.265

確認

これまで行った教科書256ページの実験2，教科書260ページの実験3の結果について，抵抗器a，bそれぞれの抵抗の大きさを求めなさい。

解答(例)

抵抗器a…20 Ω

抵抗器b…10 Ω

解説

実験2，実験3では，同じ電源(乾電池)を使っているので，それぞれの抵抗器を流れる電流は実験2からわかり，それぞれの抵抗器の両端に加わる電圧は実験3からわかる。

・抵抗器a

実験2の直列回路，実験3の直列回路より，1.00Vの電圧が加わり0.050Aの電流が流れるので，

$$抵抗 = \frac{1.00\,V}{0.050\,A} = 20\,\Omega$$

・抵抗器b

実験2の直列回路，実験3の直列回路より，0.50Vの電圧が加わり0.050Aの電流が流れるので，

$$抵抗 = \frac{0.50\,V}{0.050\,A} = 10\,\Omega$$

教科書 p.266

結果を整理しよう

抵抗器２個を直列や並列につなぐと，１個のときと比べて，電流や電圧はどう変わるだろうか。教科書256ページの実験２と教科書260ページの実験３の結果をもとに，抵抗器２個を直列につないだときと，並列につないだときの電流と電圧の関係をまとめて確かめよう。

解答(例)

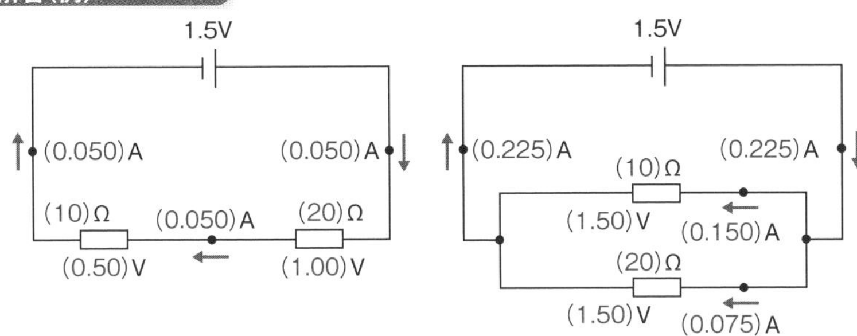

直列回路全体の抵抗(合成抵抗)…1.50V÷0.050A＝30Ω
→全体の抵抗は，各部分の抵抗の和(20Ω＋10Ω)に等しい。
並列回路全体の抵抗(合成抵抗)…1.50V÷0.225A≒6.67Ω
→全体の抵抗は，各部分の抵抗より小さい。

教科書 p.267

活用　学びをいかして考えよう

これまで実験に使ってきた豆電球やソケット，乾電池などの抵抗の大きさを，測定器(テスター)を使って測定しよう。導線の抵抗は，本当に小さいだろうか。これらの値が実験の結果に影響(えいきょう)をおよぼしていただろうか。このほかにもテスターを使って，さまざまな物の抵抗を測定しよう。

解答(例)

豆電球…0.8Ω　ソケット…0.2Ω　乾電池…0.4Ω　導線…0.1Ω　スイッチ…0.6Ωなど
実験に使ってきた導線の抵抗は小さいため，実験の結果への影響は小さいと考えられる。

第5節 電気エネルギー

要点のまとめ

▶**電気(でんき)エネルギー**　電気のもつエネルギー。電気のはたらきを利用して物を動かしたり，物をあたためたりできる。

▶**電力(消費電力)**　1秒間あたりに使われる電気エネルギーの大きさを表す値。電力の単位には**ワット**(記号**W**)が使われる。

電力〔W〕＝電圧〔V〕×電流〔A〕

▶**熱量**　電流を流すときに発生する熱の量。熱量の単位には**ジュール**(記号**J**)が使われる。水1gの温度を1℃上げるのに必要な熱量は，約4.2Jである。

熱量〔J〕＝電力〔W〕×時間〔s〕

▶**電力量**　一定時間電流が流れたときに消費される電気エネルギーの総量。電力量の単位には，熱量と同じジュール(記号J)が使われるが，**ワット時**(記号**Wh**)や**キロワット時**(記号**kWh**)が使われることもある。

電力量〔J〕＝電力〔W〕×時間〔s〕

「100V，1000W」と表示されている電気製品であれば，100Vの電源につなぐと，1000Wの電力を消費し，10Aの電流が流れることを示しているよ。

 教科書 p.269～p.270

実験5

電熱線の発熱と電力の関係

○ **実験のアドバイス**

発泡ポリスチレンのカップを使ったり，水の温度を室温と同じにしたりするのは，**電熱線の発熱による温度上昇だけをはかるため**である。

○ **結果の見方**

● **3種類の電熱線について，電熱線に電流を流す時間によって，水の温度はそれぞれどのように変化したか。**

電力(電圧×電流)	3W						6W						9W					
時間〔分〕	0	1	2	3	4	5	0	1	2	3	4	5	0	1	2	3	4	5
水温〔℃〕	16.9	17.3	17.8	18.3	18.7	19.1	17.0	17.8	18.6	19.4	20.2	20.9	14.6	15.8	17.2	18.4	19.6	20.7
上昇温度〔℃〕	0	0.4	0.9	1.4	1.8	2.2	0	0.8	1.6	2.4	3.2	3.9	0	1.2	2.6	3.8	5.0	6.1

○ **考察のポイント**

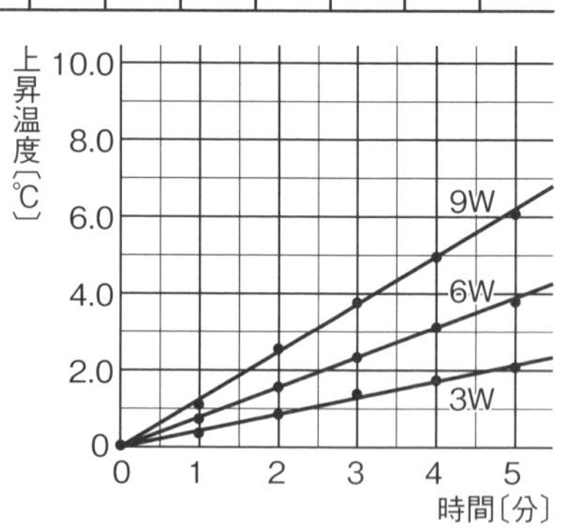

●**まずは自分で考察しよう。わからなければ，教科書270ページ「考察しよう」を見よう。**

①電熱線に電流を流す時間が長くなると，水の上昇温度はどうなるか。

②電力が一定のとき，電熱線に電流を流す時間と水の上昇温度には，どのような関係があるといえるか。

③電熱線の電力の値が大きくなると，水の上昇温度はどうなるか。

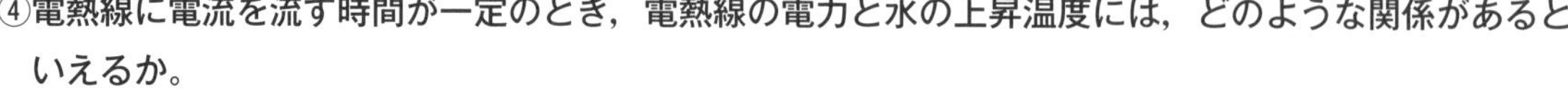

④電熱線に電流を流す時間が一定のとき，電熱線の電力と水の上昇温度には，どのような関係があるといえるか。

電流を流す時間が長いほど，水温の上昇が大きい。電力が一定のとき，電熱線に電流を流す時間と水の上昇温度は比例関係にある。

また，電熱線の電力の値は，電圧と電流の積となっており，電力の値が大きいほど，水温の上昇が大きい。電熱線に電流を流す時間が一定のとき，電熱線の電力と水の上昇温度は比例関係にある。

 教科書 p.271

活用　学びをいかして考えよう

学校や家庭で節電をするには，どのような方法があるだろうか。学校や家庭にある電気製品の電力を調べて，それをもとに提案しよう。

解説

簡単にすぐできる節電方法には次のようなものがあるが，電気器具の消費電力や待機電力を調べて，有効な方法を考えよう。

人のいない部屋の明かりをこまめに消す。冷蔵庫の設定温度を見直し，冷蔵庫の出し入れは手早く行い，開けた扉は短時間で閉める。エアコンの設定温度を見直す。ポットや炊飯器などでの長時間の保温はやめる。テレビなどのリモコンで操作する電気器具を使わないときは，本体の主電源を切って待機電力を減らす。長時間使用しない電気器具のプラグをコンセントからぬく。

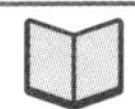 教科書 p.272

章末　学んだことをチェックしよう

❶ 回路に流れる電流

直列回路を流れる電流と，並列回路を流れる電流の特徴をそれぞれ説明しなさい。

解答(例)

直列回路…各点を流れる電流の大きさは，どこも同じ。

並列回路…枝分かれする前の電流の大きさは，枝分かれした後の電流の和に等しく，再び合流した後の電流にも等しい。

❷ 回路に加わる電圧

直列回路に加わる電圧と，並列回路に加わる電圧の特徴をそれぞれ説明しなさい。

解答(例)

直列回路…各区間に加わる電圧の大きさの和が，全体に加わる電圧の大きさに等しい。

並列回路…各区間に加わる電圧の大きさと，全体に加わる電圧の大きさが等しい。

❸ 電圧と電流と抵抗

抵抗器を流れる電流の大きさは，抵抗器の両端に加わる電圧の大きさに(　　)する。この関係を(　　)という。

解答(例)

比例，オームの法則

解説

オームの法則は，次のような式で表すことができる。

電圧〔V〕＝抵抗〔Ω〕×電流〔A〕

❹ 電気エネルギー

電熱線に3Vの電圧を加えて1Aの電流が流れたときの電力は何Wか。また，2分間電流を流したとすると，電力量は何J，何Whか。

解答(例)

3W，360J，0.1Wh

解説

電力〔W〕＝電圧〔V〕×電流〔A〕＝3V×1A＝3W

電力量〔J〕＝電力〔W〕×時間〔s〕＝3W×(2×60)s＝360J

1Wh＝3600Jだから，360J＝0.1Wh

教科書 p.272　章末　学んだことをつなげよう

乾電池1個と，同じ種類のモーター2個をつないで，モーターを回転させる。モーターが回転する速さは，次の①②のどちらが速いか。

①乾電池にモーター2個を直列につなぐ。　②乾電池にモーター2個を並列につなぐ。

解答(例)

②

解説

直列つなぎの場合，各モーターに加わる電圧の大きさの和が全体の電圧の大きさに等しくなるので，1個あたりのモーターの電圧の大きさは小さくなる。

並列つなぎの場合，各モーターに加わる電圧の大きさは全体の電圧の大きさに等しいので，1個あたりのモーターに加わる電圧の大きさは変わらない。

そのため，並列つなぎのモーターの方が，回転が速くなる。

教科書 p.272

Before & After

電流とは何だろうか。私たちの生活と，どのような関係があるだろうか。

解説

電流は身のまわりにある電気製品を使うために必要なもので，私たちの生活とは切っても切れない関係にある。

定着ドリル　第2章　電流の性質

①下図の回路で，ア点，イ点を流れる電流の大きさは，それぞれ何Aか。

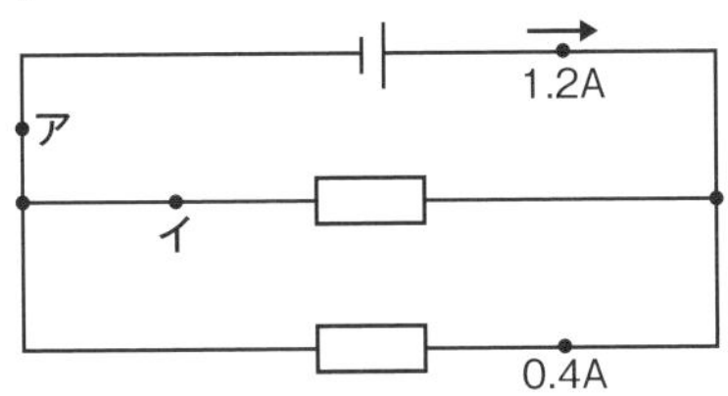

②下図のそれぞれの回路のアイ間，ウエ間に加わる電圧は，それぞれ何Vか。

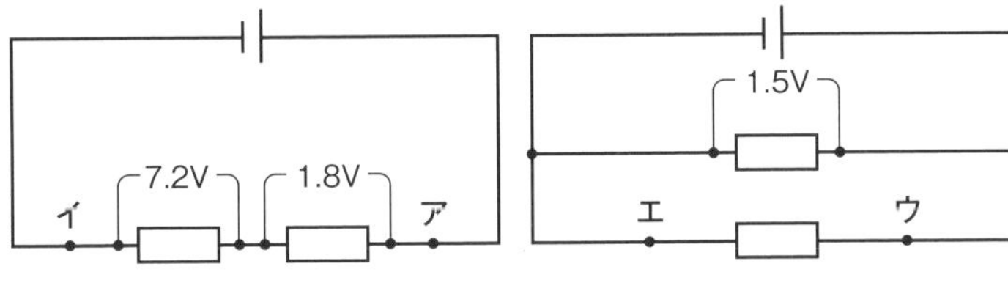

③グラフから，電圧が3Vのときの電流の値を読みとり，抵抗器の抵抗の大きさを求めなさい。また，抵抗器に流れる電流が0.5Aのとき，抵抗器の両端に加わる電圧を求めなさい。

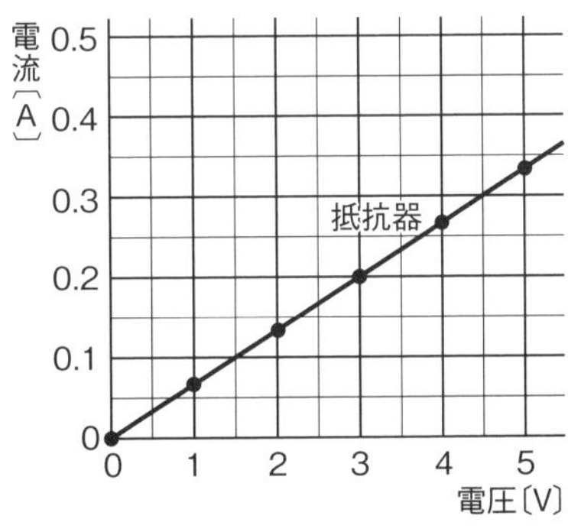

①ア点	
イ点	
②アイ間	
ウエ間	
③抵抗	
電圧	

解答
①ア点…1.2A　イ点…0.8A　②アイ間…9.0V　ウエ間…1.5V　③抵抗…15Ω　電圧…7.5V

定期テスト対策 第2章 電流の性質

解答 p.200

/100

1 次の問いに答えなさい。

①電源，導線，電気を利用するところからなり立っている，電流が流れる道筋を何というか。

②電流の流れにくさを何というか。

③金属のように電気を通しやすい物質を何というか。

④電気をほとんど通さない物質を何というか。

1	計12点
①	3点
②	3点
③	3点
④	3点

2 次の問いに答えなさい。

図1

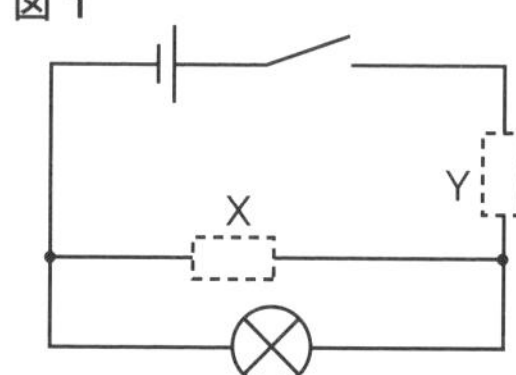

①図1の⊗は，何を表す電気用図記号か。

②図1の⊗を流れる電流と両端に加わる電圧を調べたい。図1のX，Yには電流計，電圧計のどちらをつなげばよいか。

③電流計の－端子は，電源の＋側，－側のどちらにつなぐか。

④電流計の500mAの－端子を用いると，針は図2のようにふれた。このときの電流の大きさは何mAか。

図2　図3

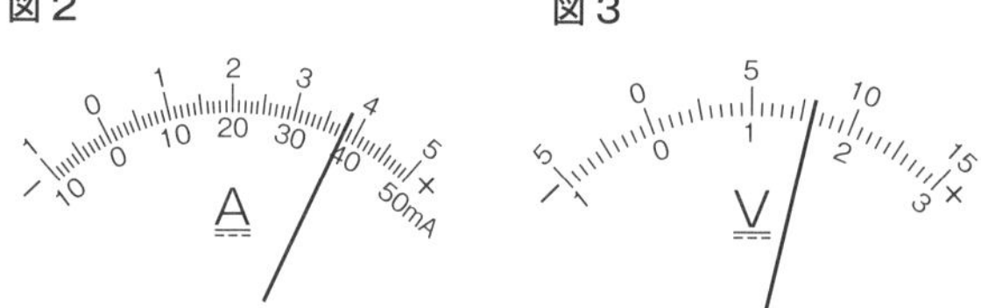

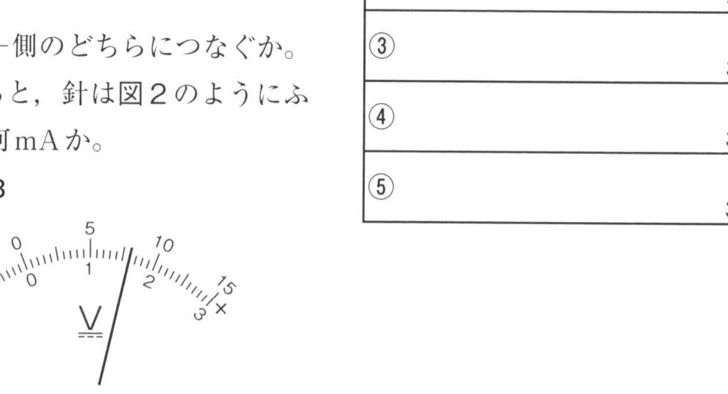

⑤電圧計の3Vの－端子を用いると，針は図3のようにふれた。このときの電圧の大きさは何Vか。

2	計18点
①	3点
② X	3点
Y	3点
③	3点
④	3点
⑤	3点

3 電熱線a，bの両端に加わる電圧の大きさを変えて，流れる電流の大きさを調べた。図はその結果である。次の問いに答えなさい。

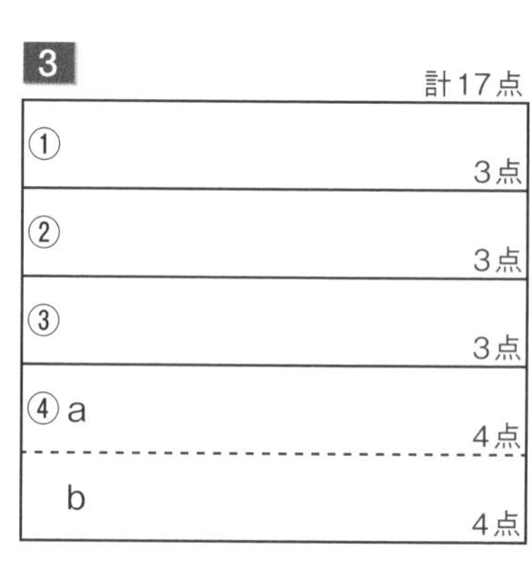

①電熱線を流れる電流の大きさと，電熱線の両端に加わる電圧の大きさの間にはどのような関係があるか。

②①の法則を何というか。

③電熱線a，bで，どちらの方が電流が流れにくいか。

④電熱線a，bの抵抗の値はそれぞれ何Ωか。

3	計17点
①	3点
②	3点
③	3点
④ a	4点
b	4点

4 図の回路について，次の問いに答えなさい。

①抵抗器が図のようにつながっている回路を何回路というか。

②抵抗器Yを流れる電流は何Aか。

③抵抗器Yの両端に加わる電圧は何Vか。

④抵抗器Xの両端に加わる電圧は何Vか。

⑤電源の電圧は何Vか。

⑥抵抗器Xの抵抗は何Ωか。

⑦回路全体の合成抵抗は何Ωか。

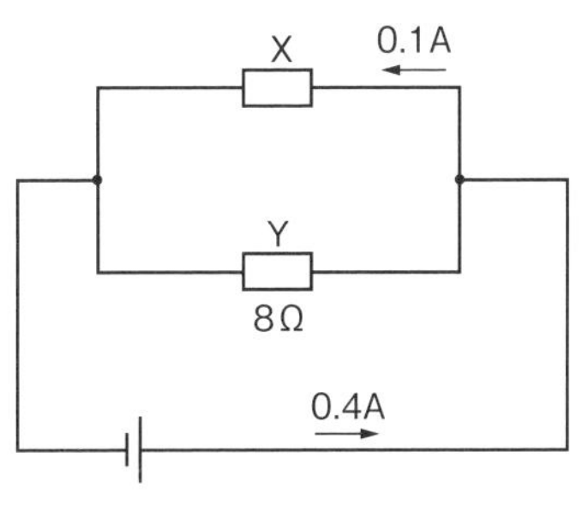

4 計28点

①	4点
②	4点
③	4点
④	4点
⑤	4点
⑥	4点
⑦	4点

5 電熱線A～Cを用意し，図の回路をつくった。それぞれの電熱線に6Vの電圧を加え，5分間電流を流し，水の上昇温度を調べたところ，表のようになった。次の問いに答えなさい。

①電熱線A～Cの消費電力はそれぞれ何Wか。

②この実験からわかることを，次の**ア**～**エ**から選び，記号で答えなさい。

ア　ワット数が大きいほど，発熱量は大きい。

イ　ワット数が小さいほど，発熱量は大きい。

ウ　ワット数が大きいほど，発熱量は小さい。

エ　ワット数と発熱量は関係がない。

③電熱線Aに5分間電流を流したとき，発生した熱量は何Jか。

④電熱線Bに5分間電流を流したときの電力量は何Whか。

⑤発泡ポリスチレンのカップを使い，熱の出入りを少なくしているが，この装置では熱の出入りを0にすることはできない。さらに実験装置を工夫して，熱の出入りを少なくすると，水の上昇温度は，表と比べてどうなるか。簡単に書きなさい。

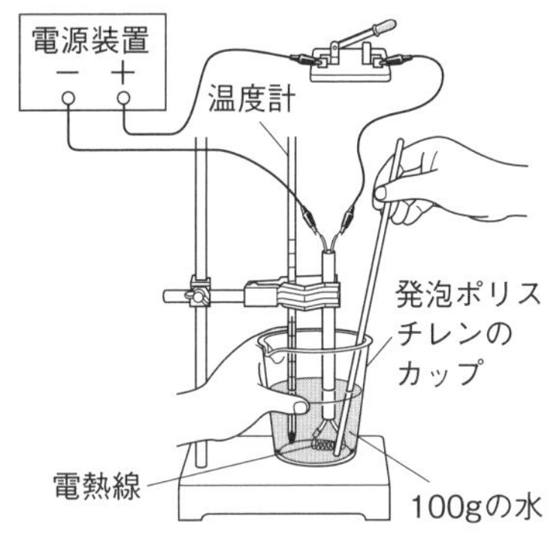

電熱線	A	B	C
電圧〔V〕	6.0	6.0	6.0
電流〔A〕	0.5	1.0	1.5
上昇温度〔℃〕	2.0	3.9	6.1

5 計25点

① A	3点
B	3点
C	3点
②	3点
③	4点
④	4点
⑤	5点

第3章 電流と磁界

これまでに学んだこと

▶**磁力**(中1)　2つの磁石を近づけると，同じ極では反発し合い，異なる極では引き合うように力がはたらく。

▶**電磁石**(小5)　導線を巻いたものを**コイル**という。

コイルの中に鉄しんを入れ，電流を流している間，鉄しんが磁石になる物を**電磁石**という。

電磁石にも，磁石と同じように，N極とS極があり，電流の向きが逆になると，極が逆になる。

電流を大きくしたり，コイルの巻数を増やしたりすると，電磁石のはたらきが大きくなる。

▶**電気の利用**(小6)　手回し発電機などを使ってモーターを回すと，電気をつくることができる。

▶**電気をためる**(小6)　電気は，コンデンサーなどにためて，使うことができる。

●**電磁石**

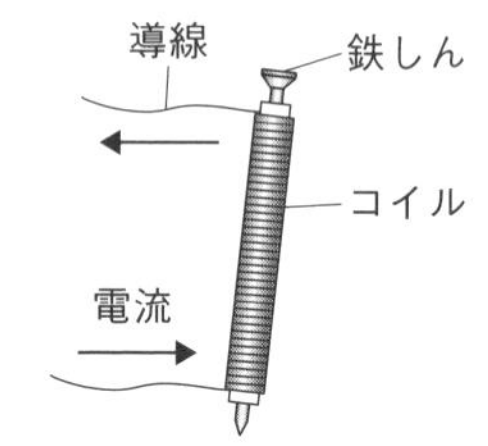

第1節 電流がつくる磁界

要点のまとめ

▶**磁力**　磁石が，ほかの磁石を近づけると，引き合ったり反発し合ったりする力。

▶**磁界(磁場)**　磁力がはたらく空間。

▶**磁界の向き**　磁針のN極が指す向き。

▶**磁力線**　磁界のようすを表した線。棒磁石のまわりに鉄粉をまいたときに現れる模様は，棒磁石のまわりの磁界のようすを表している。

①N極から出てS極へ入る。

②間隔がせまいところほど磁界は強い。

③とちゅうで折れ曲がったり，交わったりしない。

▶**コイルのまわりの磁界**　コイルに電流を流すと，まわりに磁界ができる。コイルの巻数を増やしたり，コイルに流れる電流を大きくしたりすると，磁界は強くなる。

●**磁力線**

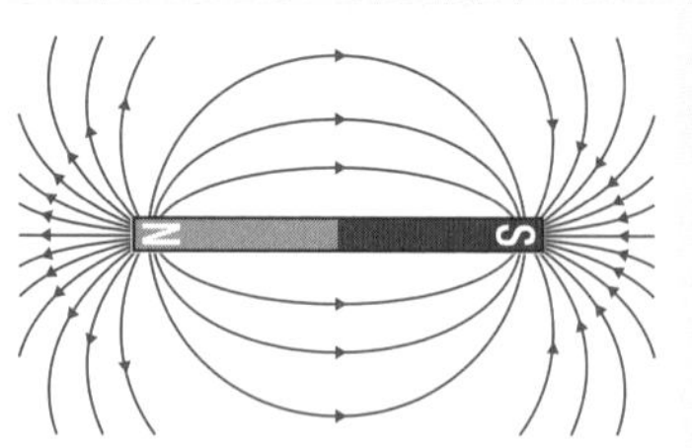

●**コイルのまわりの磁力線**

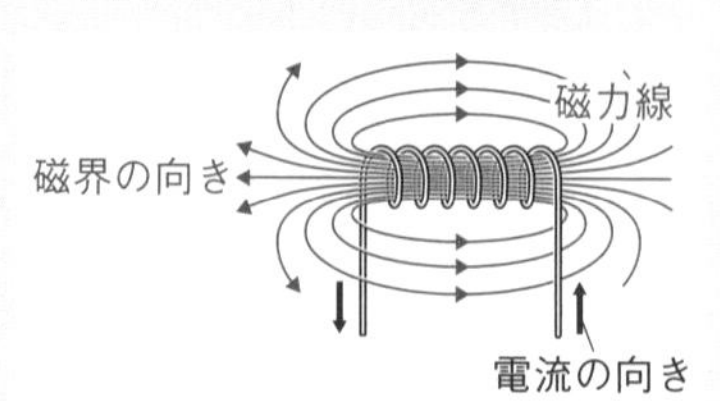

▶導線を流れる電流のまわりの磁界

①導線を中心として同心円状にできる。

②電流の向きを右手の親指の向きとすると，残りの指を内側へ曲げたときの向きが磁界の向きになる。

③導線に近いほど磁界は強い。

●導線を流れる電流のまわりの磁界

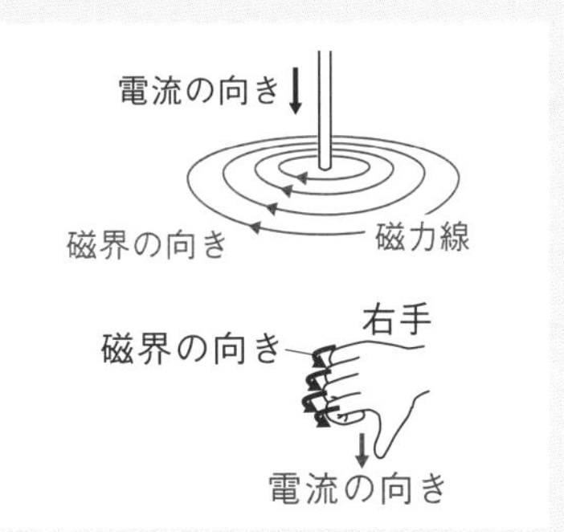

教科書 p.275

実験6

コイルを流れる電流がつくる磁界

結果の見方

●コイルの内側やまわりの鉄粉のようすはどうなったか。

・ステップ2…コイルを中心として，輪の形の鉄粉の模様ができた。
コイルの内側は，コイルの外側に比べて，模様がはっきりしていた。

・ステップ3…コイルに流れる電流の向きが変わると，方位磁針の向きが逆になった。

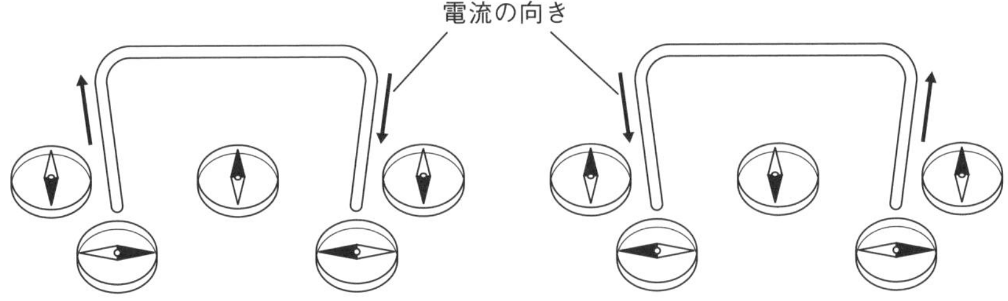

考察のポイント

●電流の向きが変わると磁界の向きはどうなるか。

コイルのまわりの磁界のようすを磁力線で表すと，下図のようになり，コイルの外側よりも内側の方が，磁界が強いといえる。

また，コイルに流れる電流の向きが変わると，磁界の向きも変わる。

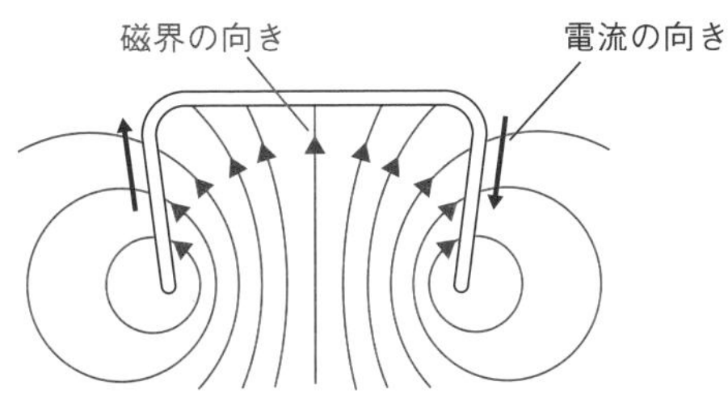

教科書 p.277

活用　学びをいかして考えよう

コイルがつくる磁界を強くするには，どのような方法が考えられるだろうか。また，教科書277ページの下図を参考に，電流の向きと磁界の向きの関係をまとめて説明しよう。

解答(例)

コイルの巻数を増やす。

コイルに流れる電流を大きくする。

解説

1本の導線を同じ向きに何回も巻いてコイルにすると，導線に流れる電流によってできる磁界が集まる。このとき，導線に流れる電流の向きが同じなので，それぞれの導線のまわりの磁界の向きも同じになって磁界が重なり合い，強められる。このため，コイルの巻数を増やすと，磁界は強くなる。

また，それぞれの導線のまわりの磁界を強くするために電流を大きくする方法もある。

第2節 モーターのしくみ

要点のまとめ

▶磁界の中で電流が受ける力

・磁界の中の導体(導線やアルミニウムはくなど)に電流が流れると，導体に力がはたらく。

・電流を強くすると，導体にはたらく力が大きくなる。

・電流または磁界の向きを逆にすると，導体にはたらく力が逆向きになる。

▶モーター　磁石とコイルを流れる電流との間でおよぼし合う力を利用して，コイルを回転させる装置。整流子とブラシを使うことでコイルに流れる電流の向きを変え，常に一定の向きに回転し続けるようになっている。

●磁界の中で電流が受ける力

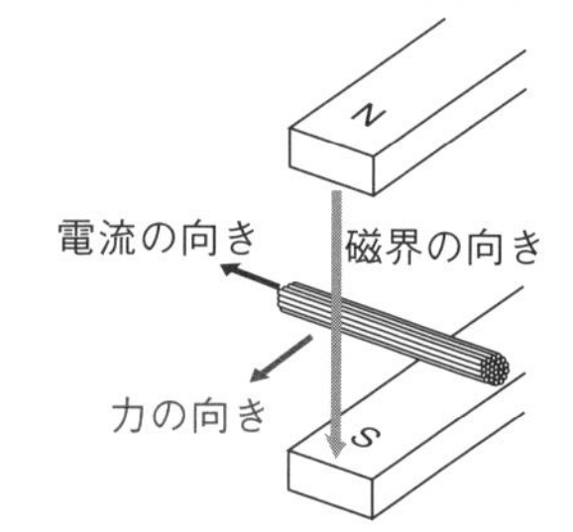

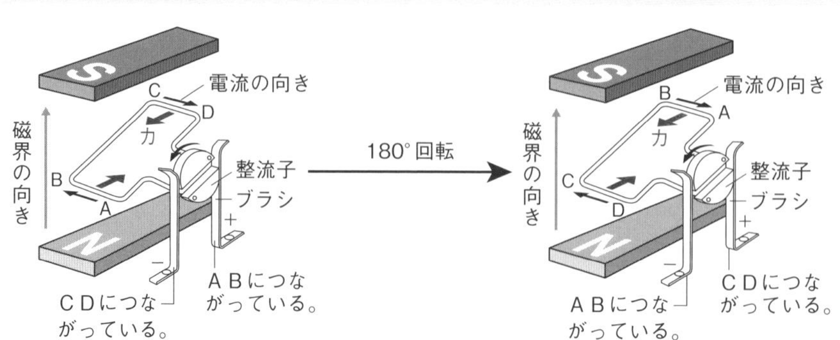

教科書 p.279

実験７

磁界の中で電流を流したコイルのようす

◎ **結果の見方**

●電流の大きさを変えると，コイルが受ける力はどうなったか。

・ステップ１…コイルが奥に動いた。

・ステップ２…電流を大きくすると，コイルの動きは大きくなった。

電流を小さくすると，コイルの動きは小さくなった。

コイルの動く向きは，どちらも変わらなかった。

●電流の向きや磁石の磁界の向きを変えると，コイルが受ける力の向きはどうなったか。

・ステップ３…電流の向きだけを変えると，コイルは逆方向に動いた。

磁石の磁界の向きだけを変えると，コイルは逆方向に動いた。

電流と磁石の磁界の向きを両方変えると，コイルは初めと同じ向きに動いた。

◎ **考察のポイント**

●コイルが受ける力の大きさや向きには，どのようなことが関係しているか。

磁界の中に置いたコイルや導体に電流を流すと，コイルや導体は**力を受けて動く**。

電流を大きくすると，コイルや導体は**強い力**を受ける。

コイルや導体が受ける**力の向き**は，**電流の向き**と**磁石の磁界の向き**によって決まる。

教科書 p.281

活用　学びをいかして考えよう

モーターの回転を速くするには，どうしたらよいだろうか。

◎ **解説**

速く回転するモーターをつくるには次のような方法が考えられる。

・コイルに流れる電流を大きくする。

・強い磁石を使う。

・コイルの巻数を増やす。

回転しているモーターの回転の速さを変えるのであれば，モーターに電流を流す電源の電圧をコントロールして，コイルに流れる電流の大きさを大きくする。

また，磁石のかわりに電磁石を使ってモーターをつくると，電磁石に流れる電流をコントロールすることで磁界の強さも変えることができるので，さらに速く回転させることができる。

第3節 発電機のしくみ

要点のまとめ

▶**電磁誘導**（でんじゆうどう） コイルの内部の磁界が変化すると，その変化にともない電圧が生じてコイルに電流が流れる現象。電磁誘導を利用して電流をつくり出している装置を発電機という。

▶**誘導電流**（ゆうどうでんりゅう） 電磁誘導で流れる電流。磁界の変化が大きいほど，また，コイルの巻数が多いほど，大きくなる。

●**電磁誘導**

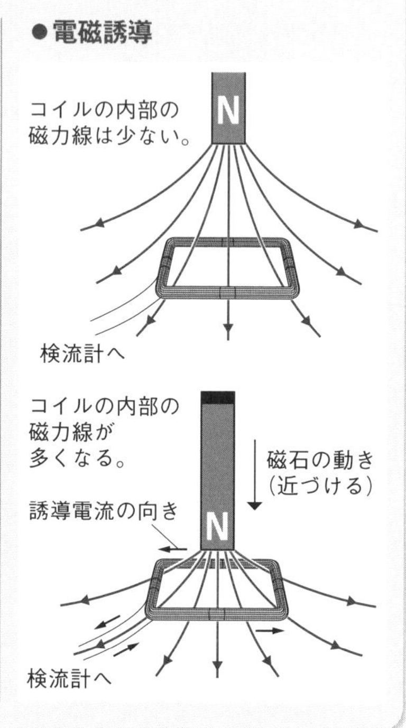

 教科書 p.283

実験8

コイルと磁石による電流の発生

● **結果(例)**

コイルに流れる電流の向き

	コイルに棒磁石のN極を		
	ア 入れる	イ 入れたまま	ウ とり出す
検流計の針	＋の向きにふれた	ふれなかった	－の向きにふれた
	コイルに棒磁石のS極を		
	ア 入れる	イ 入れたまま	ウ とり出す
検流計の針	－の向きにふれた	ふれなかった	＋の向きにふれた

○ **結果の見方**

●**電流が大きくなったのはどのようなときか。**

棒磁石を動かす速さを速くすると，コイルに流れる電流が大きくなった。

●コイルの巻数が増えると，流れる電流の大きさはどうなったか。

コイルの巻数を増やすと，コイルに流れる電流が大きくなった。

考察のポイント

●コイルや棒磁石の動かし方と電流の流れ方との間には，どのような関係があるか。

コイルの内部の**磁界が変化**すると，コイルに**電流が流れる**。

コイルの巻数が多いほど，また，磁界の変化が大きいほど，コイルに大きな電流が流れる。

教科書 p.284

活用　学びをいかして考えよう

右図のように，コイルの上で磁石を動かしたとき，コイルには電流が流れるだろうか。その理由も考えよう。

解答(例)

棒磁石をコイルの左側→コイルの上→コイルの右側，と移動させると，コイルの内部の磁界は変化するので，電磁誘導によって電流が流れる。

解説

棒磁石が初めの位置(コイルの左側)にあるとき，下向きの磁力線はコイルの左側を通る。

棒磁石がコイルの上にきたとき，下向きの磁力線はコイルの内側を通り，コイル内部の磁界が弱→強と変化するので，電磁誘導によってコイルに電流が流れる。

さらに棒磁石がコイルの右側まで移動すると，下向きの磁力線はコイルの右側を通り，コイル内部の磁界が強→弱と変化するので，電磁誘導によって逆向きの電流が流れる。

第4節 直流と交流

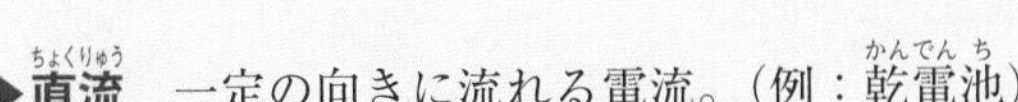

要点のまとめ

▶**直流**(ちょくりゅう)　一定の向きに流れる電流。(例：乾電池(かんでんち))

▶**交流**(こうりゅう)　向きが周期的に変化する電流。(例：コンセント)

▶**周波数**(しゅうはすう)　1秒あたりの波のくり返しの数。単位には**ヘルツ**(記号**Hz**)が使われる。家庭に供給されている交流の周波数は，東日本では50 Hz，西日本では60 Hzである。

●**直流と交流のちがい**

(発光ダイオード)

直流	交流
――――	- - - - - -

教科書 p.286

分析解釈　調べて考察しよう

①色の異なる２個の発光ダイオードを教科書286ページの図２㋐のように乾電池につなぎ，左右にふって，どのように見えるか調べる。次に，乾電池の＋極，－極を逆向きにして同様に調べる。

②２個の発光ダイオードを使った教科書286ページの図２㋑のような装置(抵抗器(ていこうき)が組みこまれている)をコンセントにつなぎ，左右にふって，どのように見えるか調べる。

結果(例)

①右側の発光ダイオードだけが点灯し，１本の光の線のように見える。
乾電池の＋極と－極を逆向きにつなぐと，左側の発光ダイオードだけが点灯し，見え方は変わらない。
②２個の発光ダイオードが，交互に点灯する。

解説

乾電池による電流は，＋極から回路を通って－極へ流れ，電流の**向きは一定**である。
コンセントによる電流は，＋極と－極が絶えず入れかわり，電流の**向きが周期的に変化**する。

教科書 p.288

活用　学びをいかして考えよう

家庭のコンセントに，＋(プラス)極と－(マイナス)極の区別がないのはなぜだろうか。

解答(例)

家庭のコンセントの電流は，＋極と－極が絶えず入れかわっているから。

教科書 p.289　章末　学んだことをチェックしよう

❶ 電流がつくる磁界

1. 磁界の向きは，磁針の(　　)極が指す向きである。
2. 直線状の導線に電流を流すと，導線のまわりには，(　　)状の磁界ができる。

解答(例)

1. N　　2. 同心円

❷ モーターのしくみ

1. 磁界の中にある導線に電流が流れている場合，電流を大きくすると，導線が受ける力はどうなるか。
2. 磁界の中にある導線に電流が流れている場合，電流の向きを逆向きにすると，導線が受ける力はどうなるか。

解答(例)

1. 向きは同じだが大きさは大きくなる。　2. 大きさは同じだが逆向きになる。

❸ 発電機のしくみ

1. コイルに磁石を入れるときと出すときで，流れる電流の向きはどうなるか。
2. コイルに出し入れする磁石の極を変えると，流れる電流の向きはどうなるか。

解答(例)

1. 逆になる。　2. 逆になる。

❹ 直流と交流

1. 交流とは周期的に(　　)が変化している電流である。
2. 交流には変圧器によって簡単に(　　)を変えられる利点がある。

解答(例)

1. 流れる向き　2. 電圧

教科書 p.289　章末　学んだことをつなげよう

電流によって磁界ができること，磁界の変化によって電流が流れることは，それぞれ私たちの生活にどのように役立っているだろうか。

解説

電流によって磁界ができることを利用した電磁石は，リニアモーターカーや人体の断層画像を得るMRIなどに用いられている。また，電流が流れるコイルが磁界の中で受ける力を利用して回転するモーターは，私たちの生活のなかでいろいろなところに使われている。

多くの発電機は，磁界の変化によって電流が流れること(電磁誘導)を利用している。家庭で利用する電流の多くは，発電機でつくり出されて送られてくる。

教科書 p.289

Before & After

電気はどのようにつくられ，どのように送られてくるのだろうか。

解説

火力発電所や水力発電所などでつくられた交流の電気は，送電線や変圧器を通って家庭や工場まで送られる。なお，送電線で熱が発生し電気エネルギーの一部が失われるので，その損失の割合が小さくなるように，発電所からは電圧を大きくしたままで電気が送られ，とちゅうで変圧器によって電圧を下げている。

定期テスト対策 第3章 電流と磁界

解答 p.200

/100

1 次の問いに答えなさい。

①磁石がほかの磁石と引き合ったり，反発し合ったりするような力を何というか。

②磁石のまわりの①がはたらくような空間を何というか。

③②のようすを表した線を何というか。

④右図は，棒磁石のまわりの③のようすを表している。A，Bに置いた磁針の向きはどうなるか。次の**ア**～**エ**からそれぞれ選び，記号で答えなさい。

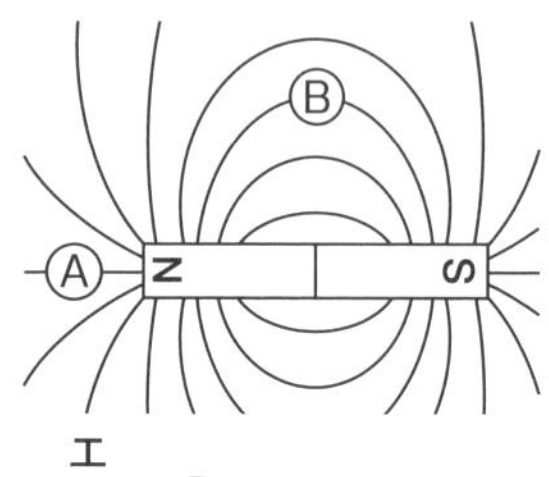

ア N極

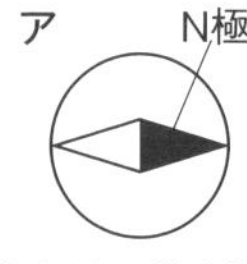

イ

ウ

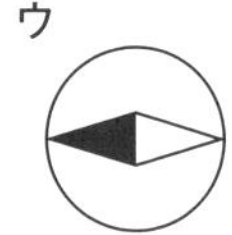

エ

⑤交流電源をオシロスコープで調べたときに見られる波のような形で，1秒あたりの波のくり返しの数を何というか。

1	計26点
①	4点
②	4点
③	4点
④ A	5点
B	5点
⑤	4点

2 図は，電流がつくる磁界のようすを表したものである。次の問いに答えなさい。

①図1で，磁界は導線を中心としてどのような形にできるか。

②図1のように電流が流れると，磁界の向きはどうなるか。図1の**ア**，**イ**から選び，記号で答えなさい。

③図1のように磁針を置くと，N極の向きはどうなるか。N極を黒くぬりなさい。

④コイルの内部に置かれた磁針が図2のようになった。コイルの外側の磁界の向きを，図2の**ウ**，**エ**から選び，記号で答えなさい。

図1

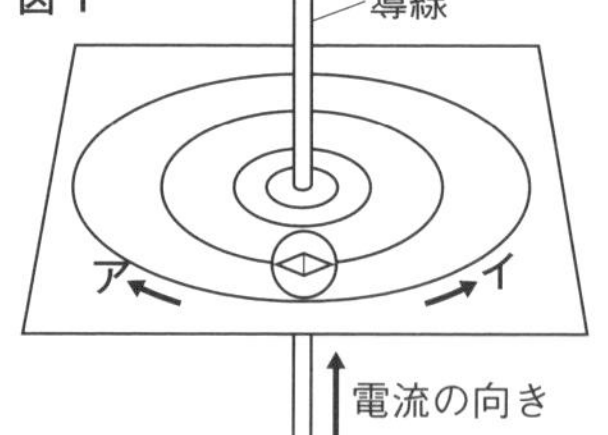

図2

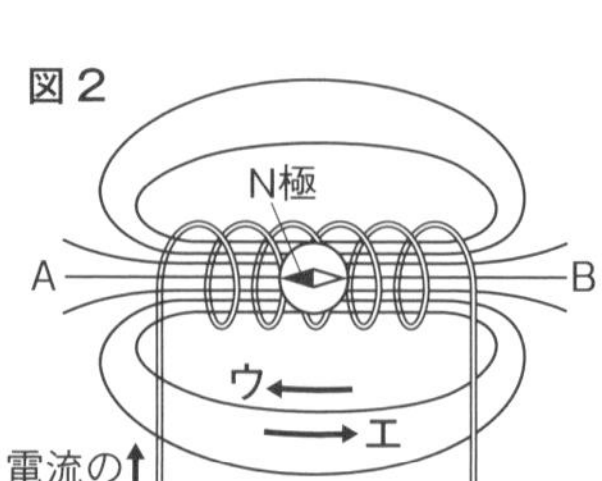

⑤コイルのまわりにできる磁界は，棒磁石の磁界と似ている。コイルを棒磁石に置きかえてみると，棒磁石のS極にあたるのは，図2のA，Bのどちらか。

2	計25点
①	5点
②	5点
③ 作図	5点
④	5点
⑤	5点

3 図のように電流を流すと，コイルはエの向きに動いた。次の問いに答えなさい。

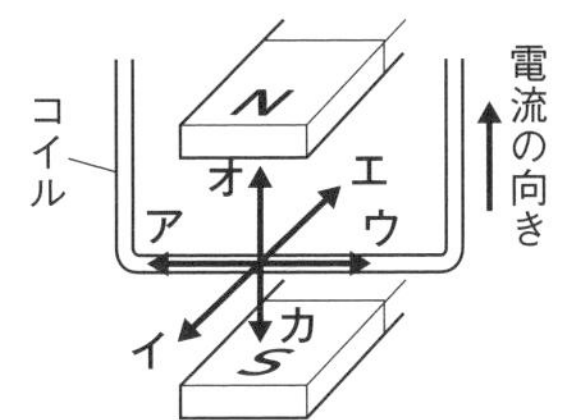

①磁石の磁界の向きはどれか。図の**ア**～**カ**から選び，記号で答えなさい。

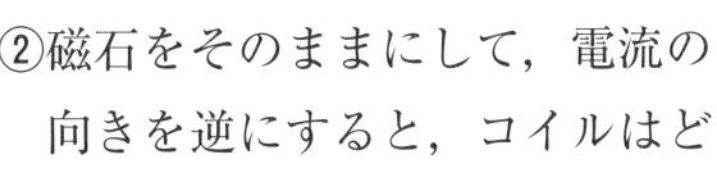

②磁石をそのままにして，電流の向きを逆にすると，コイルはどちらに動くか。図の**ア**～**カ**から選び，記号で答えなさい。

③電流の向きを変えず磁石のS極とN極を入れかえるとコイルはどちらに動くか。図の**ア**～**カ**から選び，記号で答えなさい。

3 計15点

①	5点
②	5点
③	5点

4 図のように，コイルに棒磁石のN極を近づけると，検流計の針が左にふれた。次の問いに答えなさい。

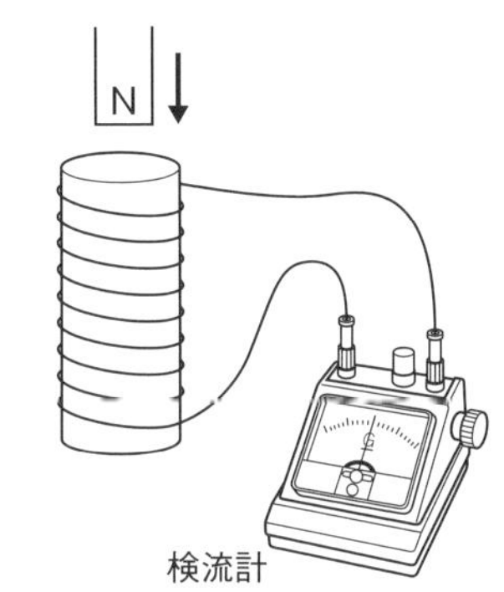

①N極をコイルの中に入れたままにすると，検流計の針はどうなるか。次の**ア**～**ウ**から選び，記号で答えなさい。

ア　右にふれる。

イ　ふれない。　　**ウ**　左にふれる。

②N極をコイルから遠ざけると，検流計の針はどうなるか。①の**ア**～**ウ**から選び，記号で答えなさい。

③S極をコイルに近づけると，検流計の針はどうなるか。①の**ア**～**ウ**から選び，記号で答えなさい。

④コイルの内部の磁界が変化したとき，コイルに電流を流そうとする電圧が生じる現象を何というか。

4 計20点

①	5点
②	5点
③	5点
④	5点

5 次の問いに答えなさい。

①電流の流れる向きが周期的に変化する電流を何というか。

②家庭のコンセントの電流を流したとき発光ダイオードの見え方は，次の**ア**，**イ**のどちらか。

ア　点滅して見える。

イ　全く点灯しないか，点灯したままかのどちらかになる。

③②のように見えるのはなぜか。次の**ア**～**エ**から選び，記号で答えなさい。

ア　電流の向きが常に一定であるから。

イ　電流の大きさが常に一定であるから。

ウ　電流の向きがたえず変化するから。

エ　電流の大きさがたえず変化するから。

5 計14点

①	4点
②	5点
③	5点

教科書 p.294

確かめと応用 単元4 電気の世界

1 静電気の性質

紙ぶくろ入りのストロー2本を用意し，それぞれを勢いよくとり出し，1本を洗たくばさみにはさんでつるした。そこにもう片方のストローを近づけると，つるしたストローは矢印の方へ動いた。

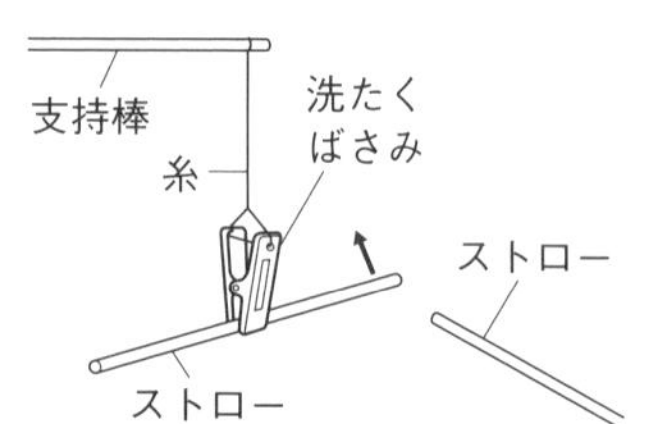

❶ちがう物質でできたものをこすり合わせると生じる電気を何というか。

❷この2本のストローの間には，どのような力がはたらいたか。

❸つるしたストローに紙ぶくろを近づけると，どのような力がはたらくか。

❹このような現象は，ストローと紙ぶくろの間で，＋（プラス），−（マイナス）のどちらの電気が移動することによって生じるか。

解答(例)

❶静電気　❷反発し合う力　❸引き合う力　❹−の電気

解説

異なる物質どうしをこすり合わせると，一方の物質から−の電気を帯びた電子が他方の物質に移動する。ストローと紙ぶくろでは，電子は紙ぶくろからストローへ移動し，その結果，−の電気が多くなったストローは−に帯電し，−の電気が少なくなった紙ぶくろは＋に帯電する。同じ種類に帯電した物質どうしは反発し合うので，ストローどうしは反発し合う。異なる種類に帯電した物質どうしは引き合うので，ストローと紙ぶくろは引き合う。

教科書 p.294

確かめと応用 単元4 電気の世界

2 放電と電流

右図のような電極板A，Bを入れた真空放電管に電圧を加えると，蛍光板（けいこうばん）に光る道筋が見られた。

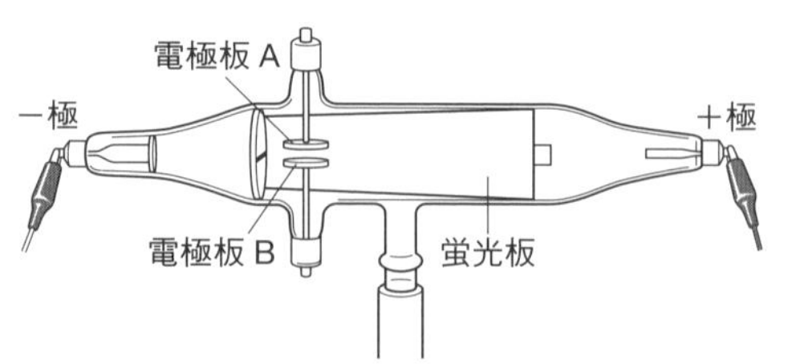

❶下線部の光る道筋を何というか。

❷❶は電気をもつ小さな粒子（りゅうし）の流れである。この粒子を何というか。

❸❷の粒の流れる向きを，次のアまたはイから選びなさい。

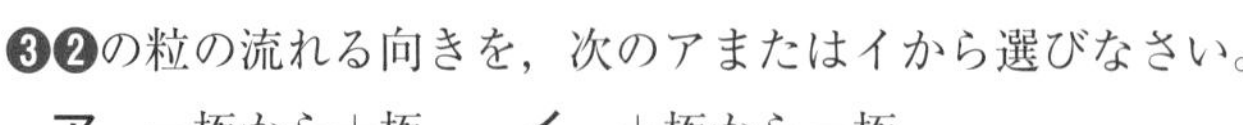

ア　−極から＋極　　**イ**　＋極から−極

❹電極板Aが−極，電極板Bが＋極になるように電圧を加えた。このとき，光る道筋はどうなるか。図にかきこみなさい。

解答(例)

❶陰極線(いんきょくせん)

❷電子

❸ア

❹右図

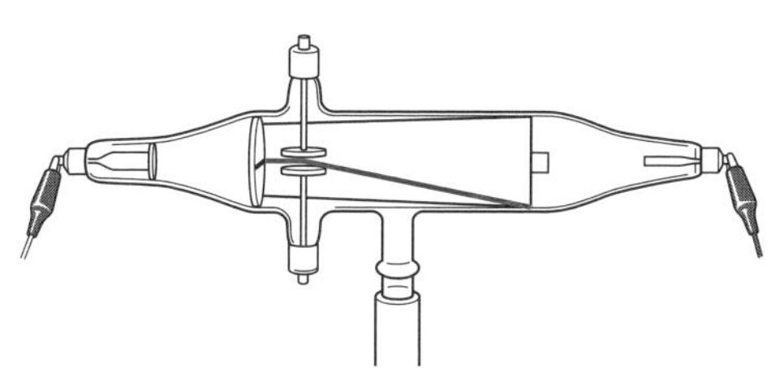

解説

❶❷❸真空放電管(クルックス管)に電圧を加えると，蛍光板に－極から＋極に向かう光る道筋が見られる。これを陰極線という。この陰極線は電子の流れである。

❹陰極線は電子の流れで，電子は－の電気を帯びているので，＋極に引き寄せられる。そのため，＋極である電極板Bに引き寄せられ下側に曲がる。

教科書 p.294

確かめと応用　単元4　電気の世界

3 電流計・電圧計のつなぎ方と読みとり

電流計や電圧計を使い，回路をつくった。

❶右の図ア～エの電流計，電圧計のつなぎ方として適当なものを，ア～エから選びなさい。

❷電流計の針が右図のように指していたとき，流れた電流の値(あたい)はいくらか。このときの－端子(たんし)は500 mAを使用していた。

❸❷において，－端子に50 mAを使用していたとすると，電流の値はいくらか。

❹電圧計の針が右図のように指していたとき，加わった電圧の値はいくらか。このときの－端子は3 Vを使用していた。

❺電流計や電圧計の針が－の方にふれてしまったときは，どのような操作を行えばよいか。

解答(例)

❶ウ

❷330 mA

❸33.0 mA

❹1.20 V

❺＋端子につながっている導線と，－端子につながっている導線を逆にする。

解説

❶電流計は回路に直列につなぎ，電圧計は並列につなぐ。

❷500 mAの端子につないでいるので，最大の目盛りが500 mAになる。1目盛りの$\frac{1}{10}$まで読みとるので，330 mAとなる。

❸50 mAの端子につないでいるので，最大の目盛りが50 mAの目盛りを読む。1目盛りの$\frac{1}{10}$まで読みとるので，33.0 mAとなる。

❹3 Vの端子につないでいるので，最大の目盛りが3 Vの目盛りを読む。1目盛りの$\frac{1}{10}$まで読みとるので，1.20 Vとなる。

教科書 p.294

確かめと応用　単元4　電気の世界

4 オームの法則

抵抗器(ていこうき)に加える電圧の大きさを変えて，流れる電流の大きさを調べた。次の表は，その結果である。

電圧〔V〕	0	2	4	6	8
電流〔mA〕	0	80	160	240	320

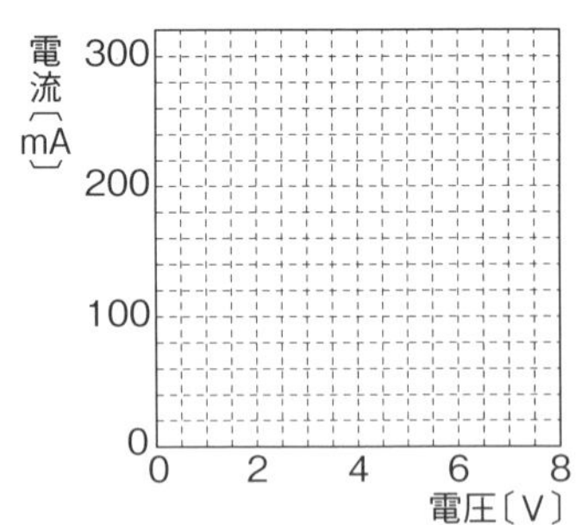

❶抵抗器に加える電圧と流れる電流の大きさの関係をグラフに表しなさい。

❷グラフから，回路に流れる電流と抵抗器に加える電圧の大きさにはどんな関係があるといえるか。

❸❷の関係を表す法則を何というか。

❹この抵抗器の抵抗の大きさは何Ωか。

❺この抵抗器に1Aの電流を流すためには何Vの電圧を加えればよいか。

解答(例)

❶

電流〔mA〕 0 100 200 300
電圧〔V〕 0 2 4 6 8

❷比例　❸オームの法則

❹25 Ω　❺25 V

解説

❶全ての測定点のなるべく近くを通り，目安として，測定点が線の上下に平均して散らばるように，直線を引く。

❷原点を通る直線のグラフは，比例を表す。

❹抵抗〔Ω〕$= \dfrac{電圧〔V〕}{電流〔A〕} = \dfrac{2\,V}{0.08\,A} = 25\,\Omega$

❺ 1 A の電流を流すために 1 V の電圧が必要であったとき，抵抗の大きさは 1Ω である。25Ω の抵抗器なので，25 V の電圧を加えればよい。
または，電圧〔V〕＝抵抗〔Ω〕×電流〔A〕より，電圧＝25 Ω × 1 A ＝ 25 V として求めてもよい。

教科書 p.295

確かめと応用　単元 4　電気の世界

5 回路の電流・電圧・抵抗

下図の直列回路と並列回路に電流を流した。

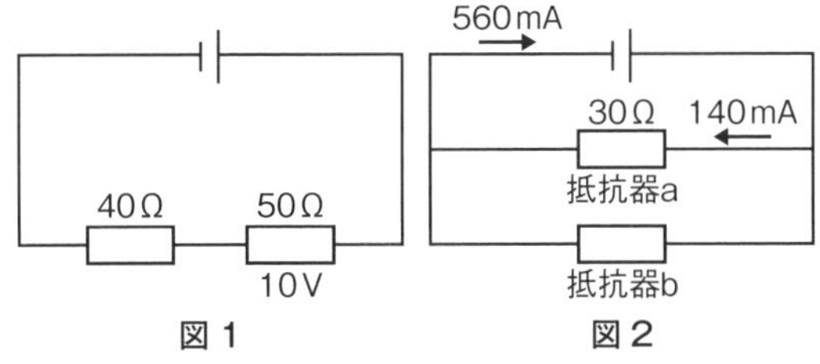

図 1　図 2

❶図 1 の 50 Ω の抵抗器に流れる電流は何 A か。

❷図 1 の 40 Ω の抵抗器に加わる電圧は何 V か。

❸図 1 の電源の電圧は何 V か。

❹図 2 の抵抗器 a に加わる電圧は何 V か。

❺図 2 の電源の電圧は何 V か。

❻図 2 の抵抗器 b に流れる電流は何 mA か。

❼図 2 の抵抗器 b の抵抗は何 Ω か。

解答(例)

❶0.2A　❷8V　❸18V　❹4.2V
❺4.2V　❻420mA　❼10Ω

解説

❶電圧〔V〕＝抵抗〔Ω〕×電流〔A〕より，電流〔A〕＝$\frac{電圧〔V〕}{抵抗〔Ω〕}=\frac{10\,V}{50\,Ω}=0.2\,A$

❷電圧〔V〕＝抵抗〔Ω〕×電流〔A〕より，電圧〔V〕＝40Ω×0.2A＝8V

❸直列回路では，回路全体の電圧の大きさは，各区間に加わる電圧の大きさの和に等しいので，8V＋10V＝18V

❹電圧〔V〕＝抵抗〔Ω〕×電流〔A〕より，電圧〔V〕＝30Ω×0.14A＝4.2V

❺並列回路では，回路全体の電圧の大きさと，各区間に加わる電圧の大きさは等しいので，電源の電圧は，4.2V

❻並列回路では，枝分かれする前の電流の大きさは，枝分かれした後の電流の大きさの和に等しく，再び合流した後の電流の大きさにも等しいので，560mA－140mA＝420mA

❼電圧〔V〕＝抵抗〔Ω〕×電流〔A〕より，抵抗〔Ω〕＝$\frac{電圧〔V〕}{電流〔A〕}=\frac{4.2\,V}{0.42\,A}=10\,Ω$

教科書 p.295

確かめと応用　単元4　電気の世界

6 電気エネルギー

右図のような装置で，電熱線に6Vの電圧を加え，1.5Aの電流を5分間流したときの水の温度変化を測定した。

❶電熱線が消費した電力は何Wか。

❷電熱線で発生した熱量は何Jか。

❸この実験では，水の温度が4.0℃上昇(じょうしょう)した。電圧を加える時間を10分間にすると，水の温度は何℃上昇すると考えられるか。

❹この電熱線の抵抗は何Ωか。

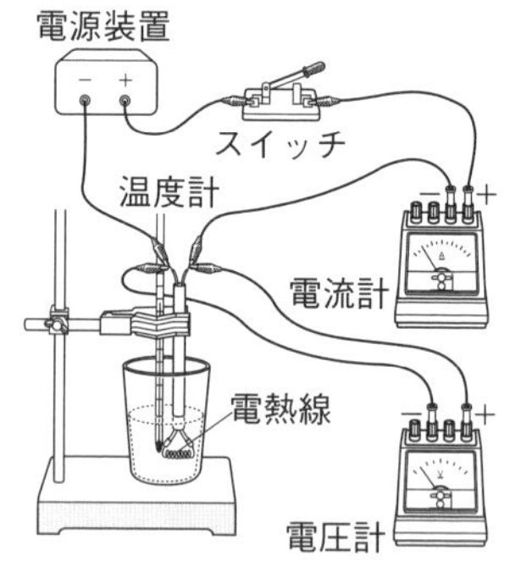

解答(例)

❶9W

❷2700J

❸8℃

❹4Ω

解説

❶電力〔W〕＝電圧〔V〕×電流〔A〕より，電力〔W〕＝6V×1.5A＝9W

❷熱量〔J〕＝電力〔W〕×時間〔s〕より，熱量〔J〕＝9W×300s＝2700J

❸熱量〔J〕＝電力〔W〕×時間〔s〕より，時間が2倍になると熱量も2倍になる。そのため，水の上昇する温度も2倍になる。

❹電圧〔V〕＝抵抗〔Ω〕×電流〔A〕より，抵抗〔Ω〕＝$\frac{電圧〔V〕}{電流〔A〕}$＝$\frac{6V}{1.5A}$＝4Ω

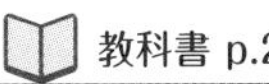

教科書 p.295

確かめと応用　単元 4　電気の世界

7 電力量

電球a(40W)と電球b(100W)を次の図のようにつないだ。

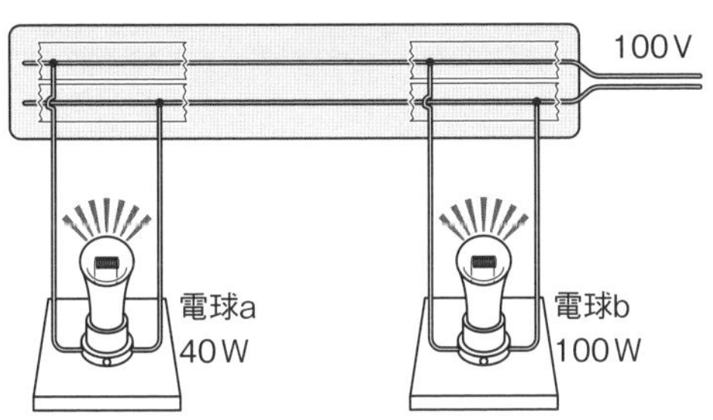

❶電球aに流れる電流は何Aか。

❷抵抗が小さいのは，どちらの電球か。

❸明るくつくのは，どちらの電球か。

❹電球bだけを3分間使ったとき，消費する電力量を単位をつけて答えなさい。

解答(例)

❶0.4A　❷電球b

❸電球b　❹18000J

解説

❶電力〔W〕＝電圧〔V〕×電流〔A〕より，電流〔A〕＝$\frac{電力〔W〕}{電圧〔V〕}$＝$\frac{40W}{100V}$＝0.4A

❷電球aの抵抗は，電圧〔V〕＝抵抗〔Ω〕×電流〔A〕より，抵抗〔Ω〕＝$\frac{電圧〔V〕}{電流〔A〕}$＝$\frac{100V}{0.4A}$＝250Ω

また，電球bに流れる電流は，電流〔A〕＝$\frac{電力〔W〕}{電圧〔V〕}$＝$\frac{100W}{100V}$＝1A

電球bの抵抗は，抵抗〔Ω〕＝$\frac{電圧〔V〕}{電流〔A〕}$＝$\frac{100V}{1A}$＝100Ω

❸消費電力の大きい電球の方が明るい。

❹電力量〔J〕＝電力〔W〕×時間〔s〕より，電力量〔J〕＝100W×180s＝18000J

教科書 p.295

確かめと応用　単元4　電気の世界

8 磁界から電流が受ける力

右図のような装置をつくり，手回し発電機を回転させたところ，アルミニウムはくが矢印の向きに動いた。

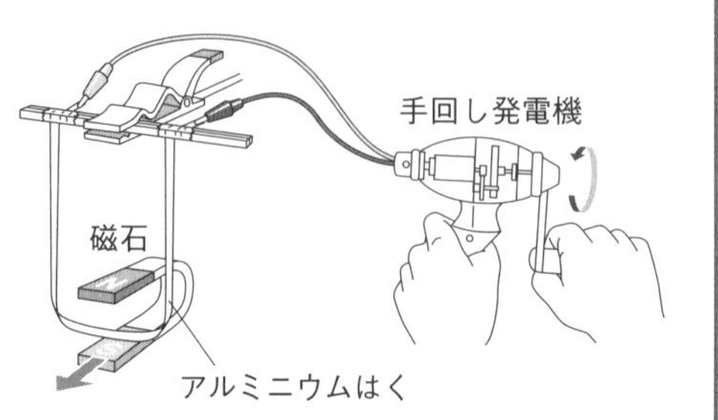

❶図で，アルミニウムはくの動きを大きくするためには，どのような方法が考えられるか。
❷図で，アルミニウムはくの動く向きを逆にする方法を２つ書きなさい。
❸電流が磁界から受ける力を利用した器具にはどのようなものがあるか。

解答(例)

❶手回し発電機の回転を速くする。
❷磁石の向きを逆にする。
手回し発電機の回転の向きを逆にする。
❸モーター

解説

❶手回し発電機を速く回すと，アルミニウムはくに流れる電流が大きくなる。電流が大きいと，電流が磁界から受ける力が大きくなり，アルミニウムはくの動きも大きくなる。
❷手回し発電機の回転の向きを逆にすると，アルミニウムはくに流れる電流の向きが逆になる。磁石の向きを逆にすると，磁界の向きが逆になる。

教科書 p.295

確かめと応用　単元4　電気の世界

9 コイルと磁石による電流の発生

右図のような回路をつくり，コイルに棒磁石を出し入れした。
❶コイルに流れる電流を大きくするためには，棒磁石をどのように動かせばよいか。
❷棒磁石を動かさずにコイルを動かしたとき，電流は流れるか。
❸誘導(ゆうどう)電流を利用して電流を得られるようにした装置は何か。

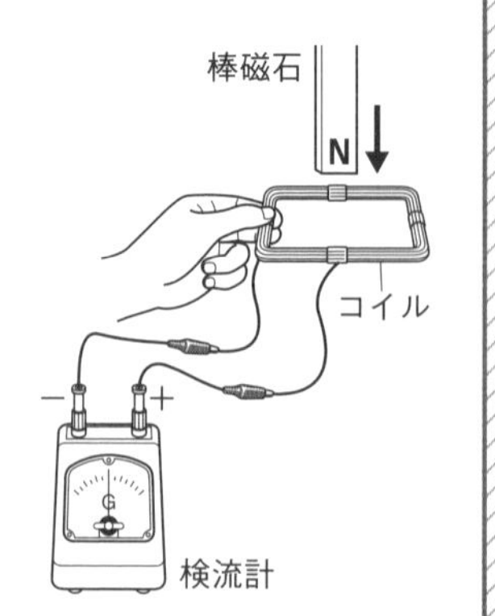

解答(例)

❶棒磁石を速く動かす。　❷流れる。　❸発電機

解説

❶磁界の変化が大きいほど，コイルに大きな電流が流れる。

❷コイルを棒磁石の右側→棒磁石の真下→棒磁石の左側へと移動させる場合を考えてみる。
コイルが棒磁石の右側にあるときには，下向きの磁力線はコイルの左側を通る。コイルが棒磁石の真下に移動すると，下向きの磁力線はコイルの内側を通り，コイル内部の磁界が変化するので，電磁誘導によってコイルに電流が流れる。さらに，コイルが棒磁石の左側に移動すると，下向きの磁力線はコイルの右側を通り，コイル内部の磁界が変化するので，電磁誘導によって逆向きの電流が流れる。

教科書 p.296

活用編

確かめと応用　単元4　電気の世界

1 回路に流れる電流

図1のように，1つの電源にテーブルタップを用いて複数の電気器具を使用することは，タコあし配線とよばれている。たかおさんは，タコあし配線は危険な場合があると聞いて，その理由を知るために実験をして調べた。

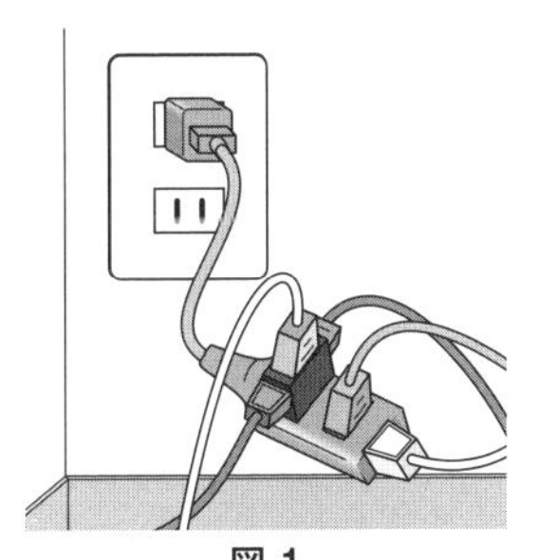
図1

〔実験方法〕

①図2のように，抵抗器(ていこうき)を電気器具に見立てて並列回路をつくる。

②電源装置の電圧を6Vにしてスイッチを切りかえて，それぞれの抵抗器や回路全体を流れる電流の値(あたい)を測定する。

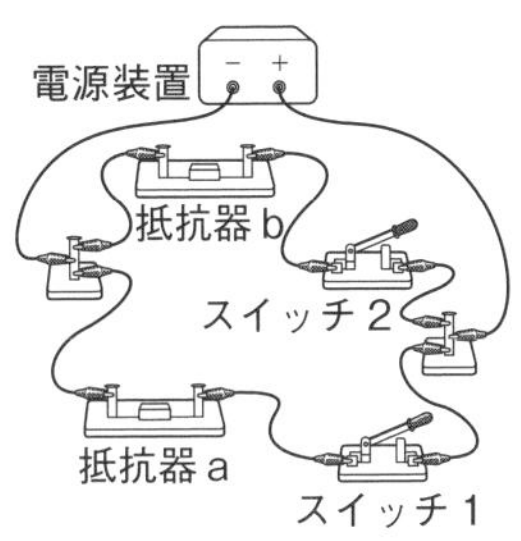

図2

〔実験の結果〕

回路	スイッチ		電流〔A〕		
	1	2	抵抗器 a	抵抗器 b	回路全体
ア	切	入	0	0.60	0.60
イ	入	切	0.15	0	0.15
ウ	入	入	0.15	0.60	0.75

❶抵抗器a，抵抗器b，回路全体に流れる電流の値を測定するにあたり，結果の表にある回路ア～ウのように調べる条件を変えるのはなぜか。

❷回路アまたはイのようにどちらかのスイッチを切った場合の抵抗と，回路ウのようにどちらのスイッチも入れた場合の回路全体の抵抗を比べると，どのような関係になっているか。

❸安全に使用できるように，テーブルタップには流してもよい電流の限度が決められている。タコあし配線をして複数の電気器具を同時に使用すると危険な理由を説明しなさい。

❹家庭で使われる電気器具は，コンセントやテーブルタップで並列につながっている。なぜ並列にしているのか説明しなさい。

解答(例)

❶タコあし配線をしているときとしていないときを想定して，どのようなちがいがあるかを調べるため。
❷回路ウのときの回路全体の抵抗の方が小さい。
❸テーブルタップに流れる電流が大きくなるため。
❹直列につながっている状態で１つの電気器具のスイッチを切ると，全ての電気器具に電流が流れなくなるため。

解説

❷アの場合の回路全体の抵抗

電圧〔V〕＝抵抗〔Ω〕×電流〔A〕より，抵抗〔Ω〕＝$\dfrac{\text{電圧〔V〕}}{\text{電流〔A〕}}=\dfrac{6\,\text{V}}{0.60\,\text{A}}=10\,\Omega$

イの場合の回路全体の抵抗

電圧〔V〕＝抵抗〔Ω〕×電流〔A〕より，抵抗〔Ω〕＝$\dfrac{\text{電圧〔V〕}}{\text{電流〔A〕}}=\dfrac{6\,\text{V}}{0.15\,\text{A}}=40\,\Omega$

ウの場合の回路全体の抵抗

電圧〔V〕＝抵抗〔Ω〕×電流〔A〕より，抵抗〔Ω〕＝$\dfrac{\text{電圧〔V〕}}{\text{電流〔A〕}}=\dfrac{6\,\text{V}}{0.75\,\text{A}}=8\,\Omega$

❸１つのテーブルタップにタコあし配線でつながれた電気器具は，並列での接続になっている。よって，コンセントにつないだ導線に流れる電流は，それぞれの電気器具を流れる電流の和に等しくなる。そのため，注意しないとそのテーブルタップの限度以上の電流が流れることもあるので危険である。

教科書 p.296

活用編

確かめと応用　単元４　電気の世界

２ 合成抵抗

ひろみさんは，ヘアドライヤーに関する右図の表示を見て興味をもち，ヘアドライヤーのしくみについて調べた。
あるヘアドライヤーの内部の構造を調べると，プロペラを回転させるモーターのほかに，図１のような抵抗器２個と電熱線１個が並列につながっている部分があることがわかった。また，図１のア～ウの３か所のスイッチをオンやオフにすることで，あたたかさと風の強さを決めていることもわかった。抵抗器Ａと抵抗器Ｂの抵抗の大きさは同じとして，次の問いに答えなさい。

《本製品の特徴》
・「温風」と「冷風」が選べます。
・風の強さは，「強」と「弱」の切りかえができます。

❶温風を強で使用するときには，図１のア～ウのどのスイッチがオンになっているか。オンになっているものを，図１のア～ウから全て選びなさい。
❷温風の強と冷風の強を比較すると，風の強さはどのようになるか。次のア～ウから選び，その理由を説明しなさい。

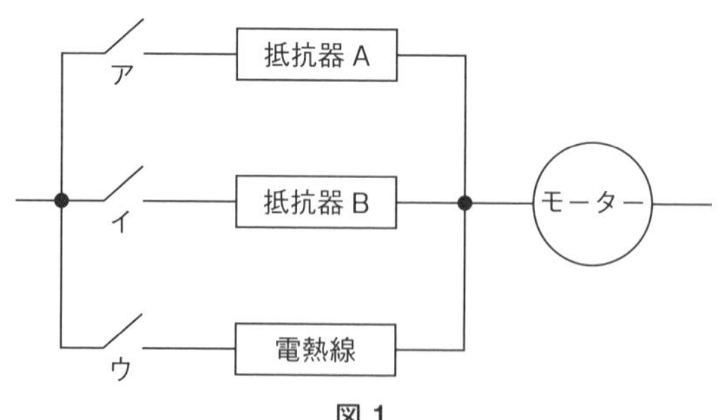

図１

ア　温風のときの方が強い。　**イ**　冷風のときの方が強い。　**ウ**　強さは変わらない。

❸このヘアドライヤーの消費電力を調べたところ1200Wと表示されていた。表1は電源が100Vのときの電気器具の消費電力をまとめたものである。流せる電流の上限が15Aのテーブルタップに，ドライヤーと表1の電気器具を複数同時につなぐとき，上限をこえずに安全に使用できる組み合わせを全て答えなさい。

表1

電気器具	消費電力〔W〕
アイロン	1200
テレビ	35
電気ポット	700
電子レンジ	1100
パソコン	150

解答（例）

❶ア，イ，ウ

❷ア　（理由）温風のときの方が回路全体の抵抗が小さく，流れる電流が大きくなるから。

❸ドライヤーとテレビ，ドライヤーとパソコン，ドライヤーとテレビとパソコン

解説

❶温風を使用するので電熱線のスイッチはオンにする。また，他の２つの抵抗器のスイッチをオンにすることで全体の抵抗が小さくなり，流れる電流が大きくなるので電熱線の発熱量を大きくできる。

❸１Wは，１Vの電圧を加えたときに，１Aの電流が流れるときの電力である。100Vの電源で上限が15Aのテーブルタップなので，電力〔W〕＝電圧〔V〕×電流〔A〕より，100V×15A＝1500Wがこのテーブルタップの上限となる。ヘアドライヤーの消費電力が1200Wなので，1500Wをこえない組み合わせは，「ドライヤーとテレビ」，「ドライヤーとパソコン」，「ドライヤーとテレビとパソコン」となる。

教科書 p.297

活用編

確かめと応用　単元 4　電気の世界

3 電気エネルギー

熱帯魚を飼育しようと考えているゆうきさんと先生の会話を読み，次の問いに答えなさい。

ゆうきさん「熱帯魚を飼育しようと思って，水槽のセットを買いました。そこにヒーターが入っていたのですが，これは何に使うのですか。」

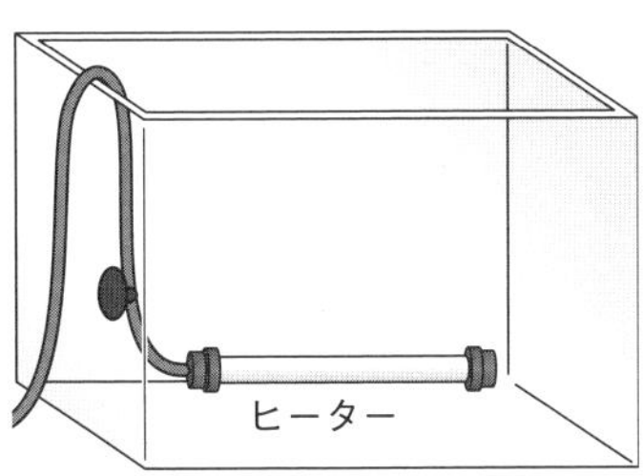

先生「熱帯魚は冷たい水では飼育できないから，水をあたためるために使うのですよ。いっぱんてきには熱帯魚は25℃くらいで飼育することが多いです。」

ゆうきさん「なるほど。じゃあ，水槽の水があたたまるまで熱帯魚は入れたらだめですね。私が買った水槽には水が60L入り，ヒーターが150Wとなっているから，20℃の水を使ったときは(　**ア**　)分後には25℃になり，熱帯魚を入れてもだいじょうぶですね。」

先生「その計算はまちがっていませんが，イ)実際にはもっと時間がかかるはずですよ。温度計で水温をはかってから入れるようにしてください。だいじょうぶですね。」

❶文中の空欄(くうらん)(　**ア**　)に当てはまる数値を答えなさい。ただし，1gの水の温度を1℃上昇(じょうしょう)させるために必要な熱量を4.2Jとする。

❷なぜ計算とはちがって時間がかかるのか，下線イ)の理由を答えなさい。

❸❶の時間にできるだけ近づけて水温を25℃にするためには，どのようなくふうが考えられるか。ただし，このヒーターは25℃をこえると，スイッチが切れるしくみをもっている。

解答(例)

❶140分

❷発生した熱が空気中ににげてしまうため

❸ヒーターの数を増やす，熱がにげないようにおおう，など。

解説

❶水60Lは60000gである。1gの水の温度を1℃上昇させるために必要な熱量は4.2Jであるから，60Lの水の温度を5℃上昇させるために必要な熱量は，$4.2 \times 60000 \times 5 = 1260000$より，1260000Jである。150Wのヒーターを使ってあたためるので，電力量〔J〕＝電力〔W〕×時間〔s〕より，

$$\text{時間〔s〕} = \frac{\text{電力量〔J〕}}{\text{電力〔W〕}} = \frac{1260000\ \mathrm{J}}{150\ \mathrm{W}} = 8400\ \mathrm{s}$$

であるから，8400秒である。

これを分になおすと，$8400 \div 60 = 140$より，140分となる。

定期テスト対策 解答

単元1 化学変化と原子・分子

p.16 第1章 物質のなり立ち

1 ①化学変化(化学反応) ②分解 ③熱分解
④原子 ⑤化学式 ⑥単体 ⑦化合物

2 ①桃色 ②白くにごる。
③炭酸ナトリウム，水，二酸化炭素(順不同)
④(例)発生した液体で試験管が割れるのを防ぐため。

3 ①イ ②A…ウ B…イ ③水素

4 ①ア，ウ，オ ②a…H b…Cl c…Cu
③d…炭素 e…亜鉛 f…マグネシウム

5 ①㋐水 ㋑2 ㋒1
②A…水素(分子) B…酸素(分子)
C…二酸化炭素(分子)

6 ①a…H_2O b…O_2 c…Fe
d…CO_2 e…NaCl
②a，b，d ③a，b，c，d，e ④b，c

解説

3 ①電流を流れやすくするために加える。

6 ③食塩水は塩化ナトリウムと水の混合物。

p.24 第2章 物質どうしの化学変化

1 ①化合物 ②硫化鉄 ③水 ④化学反応式

2 ①FeS ②B ③A ④1：1

3 ①二酸化炭素 ②$C+O_2 \longrightarrow CO_2$ ③水
④イ ⑤$2H_2+O_2 \longrightarrow 2H_2O$
⑥$2H_2O \longrightarrow 2H_2+O_2$

解説

2 ②，③硫化鉄は鉄や硫黄とは性質がちがう。

3 ④反応の前後で元素とそれぞれの原子の数は変わらない。

p.32 第3章 酸素がかかわる化学変化

1 ①酸化 ②酸化物 ③燃焼 ④還元
⑤酸化鉄 ⑥酸素 ⑦二酸化炭素

2 ①(例)スチールウール(鉄)が酸素と結びついたから。
②B ③B ④A ⑤H_2

3 ①B ②A…イ B…ウ ③O_2 ④空気中
⑤A…酸化銅 B…酸化マグネシウム

4 ①a…水 b…H_2O ②白くにごる。
③a…二酸化炭素 b…CO_2 ④C
⑤有機物

5 ①二酸化炭素 ②(赤色の)金属光沢を示す。
③エ ④a…炭素 b…酸化銅
⑤(例)石灰水が逆流して試験管が割れるのを防ぐため。

6 ①㋐還元 ㋑酸化 ②水素
③$CuO+H_2 \longrightarrow Cu+H_2O$

解説

5 ③⟶の左右でそれぞれの原子の数は同じ。

6 ①酸化と還元は同時に起こる。

p.40 第4章 化学変化と物質の質量

1 ①硫酸バリウム ②質量保存の法則
③大きくなる。 ④変わらない。

2 ①$BaSO_4$ ②二酸化炭素
③A…変わらない。 B…小さくなる。
④変わらない。

3 ①酸化鉄 ②変わらない。③質量保存の法則
④㋐組み合わせ ㋑(原子の)数 ⑤なり立つ。
⑥なり立つ。

4 ①(例)空気(酸素)によくふれるようにするため。
②酸化銅
③(例)銅が全て酸素と結びついたから。
④0.25 g ⑤4：1 ⑥㋐2 ㋑2

解説

4 ⑤1.0 g：(1.25 g－1.0 g)＝4：1

p.45 第5章 化学変化とその利用

1 ①発熱反応 ②吸熱反応 ③①
④化学エネルギー

2 ①酸素 ②NH_3
③A…上がった。 B…下がった。
④(例)化学かいろ

3 ①有機物 ②上がる。③イ ④発熱反応

解説

3 有機物は燃焼すると水と二酸化炭素ができる。

単元2 生物のからだのつくりとはたらき

p.68 第1章 生物と細胞

1 ①単細胞生物　②多細胞生物　③組織
④器官　⑤個体

2 ①A…葉緑体　B…核　C…液胞
D…細胞膜　E…細胞壁
②A　③B
④酢酸オルセイン(酢酸カーミン)
⑤A，C，E　⑥A，C，D

3 ①A　②細胞質　③ア，イ，エ

解説

2 ⑤植物の細胞に特徴的なつくりは，葉緑体，液胞，細胞壁である。
⑥細胞膜と，その内側で核以外の部分を細胞質という。

3 ③ミドリムシ，アメーバ，ゾウリムシが単細胞生物で，ほかは多細胞生物である。

p.78 第2章 植物のからだのつくりとはたらき

1 ①葉脈　②気孔　③吸水　④蒸散　⑤光合成
⑥葉緑体

2 ①葉緑体　②イ　③A　④デンプン
⑤AとB　⑥AとC

3 エ

4 図1…C　図2…D

5 ①A…呼吸　B…蒸散　C…光合成
②X…酸素　Y…二酸化炭素　③ウ

解説

2 光合成は，植物の葉の緑色の部分(葉緑体)で行われる。光と水と二酸化炭素があると光合成により，酸素とデンプンなどができる。ヨウ素液をつけると，デンプンがある部分は青紫色に変化するため，光合成の実験ではよく用いられる。

3 呼吸により二酸化炭素は出されるが，光合成により二酸化炭素を吸収する量の方が多いので，全体としては中性の溶液中の二酸化炭素が減り，溶液はアルカリ性になる。

4 水や，水にとけた肥料分などが通る管を道管，葉でつくられた養分が水にとけやすい物質に変えられた後に通る管を師管という。また，道管と師管をあわせて維管束という。道管がCとD，師管がBとE，維管束がAである。

p.90 第3章 動物のからだのつくりとはたらき

1 ①消化酵素　②消化　③柔毛　④肺呼吸
⑤動脈　⑥静脈　⑦毛細血管　⑧静脈血
⑨体循環　⑩赤血球

2 ①イ　②AとC　③BとD

3 ①アミラーゼ　②ペプシン
③A…タンパク質　B…デンプン
④A…アミノ酸　B…ブドウ糖
C…脂肪酸，モノグリセリド

4 ①A…肺　B…小腸　C…じん臓　②肺循環
③動脈血　④a　⑤エ

解説

2 ①消化酵素は体温に近い温度でよくはたらく。
②デンプンの有無を調べるためには，ヨウ素液を用いる。デンプンをふくむ溶液に入れると，溶液の色が青紫色になる。
③麦芽糖の有無を調べるためには，ベネジクト液を用いる。麦芽糖をふくむ溶液に入れて加熱すると，赤褐色の沈殿ができる。

3 消化酵素は決まった物質にはたらく。脂肪は胆のうから出される胆汁(消化酵素ではない)や，すい液中のリパーゼのはたらきで脂肪酸とモノグリセリドに分解される。

4 ④静脈には心臓にもどる血液が流れる。また，肺で酸素を多くふくむ血液(動脈血)に変わる。
⑤動脈は，心臓から送り出される血液の圧力にたえられるように，かべが厚くなっている。静脈は，動脈よりもかべがうすく，血液が逆流しないようところどころに弁がある。

p.98 第4章 刺激と反応

1 ①中枢神経　②末しょう神経　③運動神経

2 ①感覚器官
②A…水晶体(レンズ)　B…網膜　③ウ

3 ①イ　②反射　③ウ

解説

2 ③目の感覚神経は脳につながっている。

3 ③うでの2つの筋肉は，どちらか一方が縮むと，もう一方がのばされる。

単元3 天気とその変化

p.124 第1章 気象の観測

1 ①露点　②霧　③ヘクトパスカル

2 ①右図

②58％

3 ①18℃

②熱が伝わりやすい性質。

③10.7g　④69％

⑤下がる。理由…(例)気温が上がると飽和水蒸気量は大きくなり，飽和水蒸気量に対する空気中の水蒸気量の割合が小さくなるから。

4 ①A　②1022hPa　③下降気流　④AからB

⑤B　⑥1018hPa　⑦Q地点　⑧**イ，ウ**

5 ①A…12N　B…12N　C…12N

②$0.08m^2$

③A…150Pa　B…100Pa　C…200Pa

④C→A→B　⑤1.2kg

解説

2 ①雲量が9だから天気はくもり，風向計は南西を示している。風力は矢ばねの数で表す。

②乾球の示度は22℃，乾球と湿球の示度の差は，22℃−17℃＝5℃である。湿度表で乾球22℃と示度の差5℃の交わる値を読みとる。

3 ②コップ内の水の温度と，空気とふれるコップの温度がはやく同じになるように，熱をよく伝える金属製のコップを使う。

③露点に達するときの飽和水蒸気量が，その空気$1m^3$中にふくまれる水蒸気量である。

④$10.7g/m^3 \div 15.4g/m^3 \times 100 \fallingdotseq 69$より69％

4 ④風は高気圧から低気圧に向かってふく。

5 ②$0.2m \times 0.4m = 0.08m^2$

③A…$12N \div 0.08m^2 = 150Pa$

⑤$200Pa \times (0.3m \times 0.4m) = 24N$

$24N - 12N = 12N$

12Nの重力がはたらくおもりをのせる。

p.131 第2章 雲のでき方と前線

1 ①水蒸気

②気圧…下がる。

温度…下がる(低くなる)。

③(例)フラスコ内の湿度が低いため，フラスコ内の温度が露点以下にならなかったから。

④(例)上空は地表近くより気圧が低いから。

2 ①右図

②A…寒冷前線

B…温暖前線

③積乱雲

④閉そく前線　記号…

⑤停滞前線　記号…

解説

1 ③フラスコ内の水蒸気量が少ないと，なかなか露点に達しない。

2 ③温暖前線付近では乱層雲や高層雲ができる。

p.140 第3章 大気の動きと日本の天気

1 ①移動性高気圧　②海陸風　③季節風

④あたたまりやすさ(冷えやすさ)　⑤陸

2 ①冬　②シベリア高気圧　③シベリア気団

④**イ**

3 ①初夏のころ…梅雨前線

夏の終わりのころ…秋雨前線

②(例)上昇するから。

4 ①夏　②太平洋高気圧　③小笠原気団　④**ウ**

⑤**エ**

5 ①熱帯低気圧　②偏西風

③(例)(あたたかい)海からの熱と水蒸気の補給が少なくなるから。

6 記号…**イ→ウ→ア**

理由…(例)(偏西風の影響で)天気(温帯低気圧)は西から東へ移り変わるから。

解説

3 ②南東の季節風などにより，海から大量の水蒸気が運ばれてくる。

4 ②日本の夏は，主に太平洋高気圧によってもたらされている。

5 ②台風は，太平洋高気圧が弱まると，高気圧のへりに沿うように，日本列島付近に北上することが多くなる。

単元4 電気の世界

p.158 第1章 静電気と電流

1 ①静電気　②帯電(する。)
③－の電気(電子)　④－(の電気)　⑤電子

2 ①B　②図2　③C

3 ①陰極線　②－極　③**イ**　④－　⑤電子

解説

2 ①②電気には＋と－の2種類あり，同じ種類の電気どうしは反発し合い，異なる種類の電気どうしは引き合う。
③摩擦したものどうし，異なる種類の電気を帯びる。

3 ②陰極線は，－極(陰極)からの電子の流れ。

p.174 第2章 電流の性質

1 ①回路　②電気抵抗(抵抗)　③導体
④不導体(絶縁体)

2 ①電球　②X…電圧計　Y…電流計　③－側
④380 mA　⑤1.60 V

3 ①比例(の関係)　②オームの法則
③電熱線a　④a…30Ω　b…20Ω

4 ①並列回路　②0.3 A　③2.4 V
④2.4 V　⑤2.4 V　⑥24Ω　⑦6Ω

5 ①A…3.0 W　B…6.0 W　C…9.0 W　②**ア**
③900 J　④0.5 Wh　⑤大きくなる。

解説

2 ②電流計は電流を測定したい部分に直列に，電圧計は電圧を測定したい部分に並列につなぐ。
④電流計は500 mAの－端子を使っているので，針が右端までふれたときが500 mAになるように目盛りを読む。

3 ③同じ電圧を加えたときに流れる電流を比べる。
④a…6.0 V÷0.20 A＝30Ω
b…6.0 V÷0.30 A＝20Ω

4 ②0.4 A－0.1 A＝0.3 A
③8Ω×0.3 A＝2.4 V
④⑤並列回路なので，各区間に加わる電圧の大きさと，全体に加わる電圧の大きさは等しい。
⑥2.4 V÷0.1 A＝24Ω
⑦2.4 V÷0.4 A＝6Ω

5 ①A…6.0 V×0.5 A＝3.0 W
B…6.0 V×1.0 A＝6.0 W
C…6.0 V×1.5 A＝9.0 W
③時間の単位は秒を使う。5分＝300秒
3.0 W×300 s＝900 J
④6.0 W×(5÷60) h＝0.5 Wh
⑤熱の出入りがなければ，水の上昇温度は電力量に比例する。

p.184 第3章 電流と磁界

1 ①磁力　②磁界(磁場)　③磁力線
④A…**ウ**　B…**ア**　⑤周波数

2 ①同心円　②**イ**
③右図　④**エ**　⑤B

図1
導線
電流

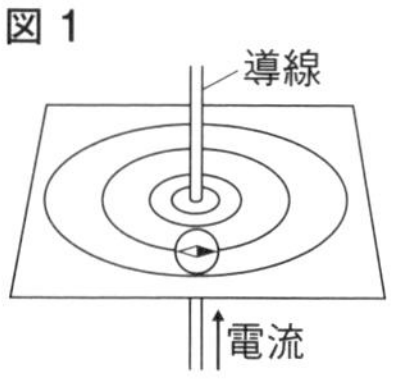

3 ①**カ**　②**イ**　③**イ**

4 ①**イ**　②**ア**　③**ア**
④電磁誘導

5 ①交流　②**ア**　③**ウ**

解説

2 ②③磁針のN極が指す向きが磁界の向き。
⑥磁力線は，N極からS極に向かう。

3 ②③電流が磁界から受ける力の向きは，電流の向きと磁界の向きによって決まる。

4 コイルの内部の磁界が変化すると，コイルに電流を流そうとする電圧が生じる。